居住空间环境解读系列

# 解读住宅宜忌

黄一真 主编

黑龙江出版集团
黑龙江科学技术出版社

# 黄一真

当代风水学泰斗，中国房地产风水第一人，现代风水全程理论的创始者。是国内外六十多个大型机构及上市公司的专业顾问，主持了国内外逾三百个著名房地产项目的风水规划、景观布局及数个城市的规划布局工作。

黄一真先生二十年精修，学贯中西，集传统风水学与中外建筑学之大成，继往开来，首创现代房地产项目的选址、规划、景观、户型的风水全局十大规律及三元时空法则，开拓了现代建筑的核心竞争空间。

黄一真先生的研究与实践足迹遍及世界五大洲，是参与高端项目最多，最具大局观、前瞻力、国际视野的名家，自1997年来对城市格局、财经趋势均作出精确研判，以其高屋建瓴的全局智慧，为国内外诸多上市机构提供了战略决策参考，成就卓著。

黄一真先生数十年如一日，潜心孤诣，饱览历代秘籍，仰观俯察山川大地，上下求索，以独到的前瞻功力做出的精准判断，价值连城，在高端业界闻名遐迩。

黄一真先生一贯秉持低调谦虚的严谨作风，身体力行实证主义，倡导现代风水学的正本清源，抵制哗众取宠的媚俗行为，坚拒当代风水学的庸俗化、神秘化与娱乐化。

黄一真先生的近百种风水著作风行海内外数十载，脍炙人口，好评如潮，创造多项第一。其于2000年出版的名著《现代住宅风水》被誉为"现代风水第一书"，十年巨著《中国房地产风水大全》是全世界绝无仅有的房地产风水大全，《黄一真风水全集》则是当代中国最大型的图解风水典藏丛书。黄一真先生的著作博大精深，金声玉振，其趋利避害、造福社会的真知灼见于现代社会的影响极为深远。

黄一真先生是香港凤凰卫视中文台《锵锵三人行》特邀嘉宾，香港迎请佛指舍利瞻礼大会特邀贵宾。2002年3月应邀赴加拿大交流讲学，2004年7月应邀赴英国交流讲学。

## 黄一真先生主要著作

《中国房地产风水大全》《黄一真风水全集》《现代住宅风水》《现代办公风水》《小户型风水指南》《别墅风水》《住宅风水详解》《富贵家居风水布局》《居家智慧》《楼盘风水布局》《色彩风水学》《风水养鱼大全》《人居环境设计》《风水宜忌》《风水吉祥物全集》《大门玄关窗户风水》《财运风水》《化煞风水》《健康家居》《超旺的庭院与植物》《多元素设计》《最佳商业风水》《家居空间艺术设计》《卧房书房风水》《景观风水》《楼盘风水》《办公风水要素》《生活风水》《现代风水宝典》等。

003

# 风水： 目光如炬辨宜忌

住宅是人类繁衍生息的地方，是人们养精蓄锐的场所，历来就有"安居乐业"之说。人因宅而立，宅因人而存，人宅相通，感应天地。住宅的格局显示出人类适应环境的智慧，"宅兴人旺"一直是人类几千年来对住宅文化的追求。住宅的环境规划理论是地球物理学、水文地质学、宇宙星体学、磁向方位学和人体生命信息学等学科的综合运用。因此，无论是建造私家住宅还是进行房地产项目开发，抑或是进行城市规划和建设，如果能将环境规划理论科学地运用到建设过程中，就会达到非常理想的效果，也会使人们对建筑物和居住环境产生一种舒适感和亲切感，还能为居家带来好的运气。相反，若是运用不当，或者说触犯了一些规划上的禁忌，就会招致不必要的麻烦。因此，科学合理地利用环境规划理论求得风水宝地也就成了一门学问。

什么样的房子旺财、旺官、旺健康呢？住宅的财位找对了吗？一命、二运、三风水，吉祥的居家环境，必然能给业主的人生锦上添花。人生活在自然界中，必然会受到自然环境的影响和制约。人们习惯认为风水就是讲风论水，就是先天生成的环境，而忽视了后天人为的力量。也有些人缺乏自信，认为一切都是命中注定，往往听天由命。孰不知，风水是可以改造的。

本书从"设计之宜""设计之忌"两个方面详细介绍了住宅外观、大门、玄关、客厅、卧房与婚房、老人房与儿童房、书房与居家办公、厨房、餐厅、卫浴间、楼梯、过道、窗户、阳台、庭院、车库、吉祥物十七个部分的设计知识，逐条列出，简单明了，通俗易懂，有助于读者学习、借鉴。

居家环境的好坏与我们每个人的饮食起居息息相关，希望读者在阅读此书时，能积极吸收其科学合理的成分，遵循居家设计之宜，避开居家设计之忌，为家居创造良好的人文环境和舒适的个人空间。

2006年2月于意大利翡冷翠

# 目录 |

解读住宅宜忌

一看就能明白的住宅宜忌 用就能转运的设计妙招

**005**

## 第二章　大门设计宜忌

### 大门设计之宜 ——— 宜

解读住宅宜忌

大师全解居家设计的宜忌法则
全面公开趋吉避凶的布局秘诀

## 大门设计之忌 ———————— 忌

解读住宅宜忌

一看就能明白的住宅宜忌 用就能转运的设计妙招

007

## 第三章 玄关设计宜忌

### 玄关设计之宜 ———————— 宜

### 玄关设计之忌 ———————— 忌

## 第四章 客厅设计宜忌

### 客厅设计之宜 —— 宜

解读住宅宜忌

一看就能明白的住宅宜忌 一用就能转运的设计妙招

## 客厅设计之忌 ———————— 忌

解读住宅宜忌

大师全解居家设计的宜忌法则
全面公开趋吉避凶的布局秘诀

## 第五章 卧房与婚房设计宜忌

### 卧房与婚房设计之宜 —— 宜

### 卧房与婚房设计之忌 —— 忌

## 第六章 老人房与儿童房设计宜忌

### 老人房设计之宜 — 宜

解读住宅宜忌

大师全解居家设计的宜忌法则
全面公开趋吉避凶的布局秘诀

## 第七章 书房与居家办公设计宜忌

## 书房与居家办公设计之宜 ——— 宜

## 书房与居家办公设计之忌 —— 忌

## 第八章 厨房设计宜忌

## 厨房设计之宜 —— 宜

解读住宅宜忌

一看就能明白的住宅宜忌
一用就能转运的设计妙招

015

解读住宅宜忌

大师全解居家设计的宜忌法则
全面公开趋吉避凶的布局秘诀

016

## 第十一章 楼梯设计宜忌

### 楼梯设计之宜 —————— 宜

### 楼梯设计之忌 —————— 忌

## 第十二章 过道设计宜忌

### 过道设计之宜 —————— 宜

## 过道设计之忌 ——————— 忌

## 第十三章 窗户设计宜忌

## 窗户设计之宜 ——————— 宜

## 窗户设计之忌 ——————— 忌

## 第十四章 阳台设计宜忌

## 阳台设计之宜 ——————— 宜

## 阳台设计之忌  忌

## 庭院设计之宜 宜

## 庭院设计之忌 忌

## 第十六章 车库设计宜忌

### 车库设计之宜

### 车库设计之忌 忌

## 第十七章 吉祥物宜忌

### 吉祥物之宜

解读住宅宜忌

大师全解居家设计的宜忌法则
全面公开趋吉避凶的布局秘诀

## 吉祥物之忌 ⸺ 忌

解读住宅宜忌

一看就能明白的住宅宜忌
一用就能转运的设计妙招

025

## 附录

### 附录一：居家吉方位图解

### 附录二：吉祥屋宅实例展示

### 附录三：居家布局自我检测

解读住宅宜忌

大师全解居家设计的宜忌法则 全面公开趋吉避凶的布局秘诀

# 第一章

# 住宅外观设计宜忌

住宅与人的关系息息相关，有时甚至可以影响一个人、一个家庭。风水学理论认为，佳宅需要有生气家庭才会兴旺，因此需要从周围的环境中纳气。按照五行的观点，气也有生、克，所以我们要懂得这些生克的讲究，只要在选择住宅时避免相克的一方，住宅就可以得到吉祥。

# 住宅外观设计之宜

　　人所居住的地方，应以大地、山河为主，大地、山河的"脉势"最大，与人的祸福关系最为密切。从环境规划理论上看，住宅前后有山，或者左水右山的居住环境，是非常有利于保健、养生的吉宅。现在就介绍一些切实可行的选择适宜的住宅的方法，全方位阐释居家环境的设计，让你轻松改善居家环境，创造更加美好的居家生活。

### 宜001 住宅宜空缺得位

　　在古代风水理论里，每个方向为45°，方位每个15°，如东北有丑、艮、寅三位置，丑15°、艮15°、寅15°。东北的丑方称为牛，寅方称为虎，这两个方位一般是不理想的，在建造屋宅时，如果将丑、寅位空缺的话，住之将会大吉大利。

### 宜002 住宅宜正向

　　现在许多小区因设计和地理环境的需要，往往有一部分的楼是正向的，而另一部分楼可能会偏离正方向15°～20°。在这种情况下，最好是选择正向的楼。那么，何谓正向楼呢？就是指正南正北、正东正西、正西北东南、正东北西南。看上去是四个方向，实际上是八个方向：坐南朝北、坐北朝南、坐东朝西、坐西朝东、坐西北朝东南、坐东南朝西北、坐东北朝西南、坐西南朝东北。《沈氏玄空学》认为用正向推吉是最有力度的，用罗盘磁针偏向（以方向字中心为准不能超过左或右的4°5′）3°以内，比如坐西向东的酉卯向，以酉字中间算起偏

左偏右在3°以内为大吉。实际上正位的磁力，气场是最有力的，风水学尤其重视正龙正向，讲究龙真穴正。宅居讲究方正的向，讲究这样的才是吉宅。

▲ 宅居讲究方正的向，方正的住宅才是吉宅。

### 宜003 住宅宜坐北朝南

　　住宅坐北朝南是传统风水理论的建筑原则之一。古人认为：北为阴，南为阳，好的地方就应该阴阳调和。直到现代，住宅坐北朝南仍是现代人居家、购房的首选。坐北朝南的住宅能充分利用太阳的光照，保持冬暖夏凉，而且坐北朝南会使住宅空

气充分流通。

▲ 好的风水就应该阴阳调和，北为阴，南为阳，坐北朝南的住宅能充分利用太阳的光照，使住宅空气流通。

意家庭和睦，富贵双全。

▲ 南方留空地的住宅，可为家庭提供更多的休闲娱乐空间，更加有利于藏风纳气，从风水的角度上说还寓意家庭和睦，富贵双全。

## 宜004 明堂宜宽阔

古代风水学理论认为，住宅前面的一片空地为"明堂"，没有空地则将人行道视为明堂。通常，住宅前面的人行道宜宽阔平整，住宅与马路间应保持一段适当的缓冲距离。若宅前的巷道胡同过于狭窄，会让人产生压迫感。事实上，眼前越开阔、整洁，人们的视线就会越远，屋前也象征未来和前程，明堂宽阔预示人的心胸宽广、志向远大。

## 宜005 南方宜有空地

南方有空地的住宅是非常理想的居住环境。无论是一块单纯的空地，还是已经开辟成的庭院、公园等场所，对居住者都有很好的效果。如果南方面对的是一个公园，还可得到更多的休闲和娱乐的空间。风水学理论认为，南方留空地的住宅，寓

## 宜006 住宅宜方正

吴才鼎在《阳宅丛书》中指出："凡阳宅须地基方正，间架整齐，东盈西缩，定损财丁。"屋相如人相，也要方方正正，忌尖角过多，奇形怪状。通常，方正的房子会给人一种稳定安全的感觉，而奇形怪状的房子则缺乏安全感，尖角会给人们的心理增加压力及负担。方正的房子，容易聚气，并且人居住感觉也较舒适。

## 宜007 住宅宜西高东低

住宅的地势如果西高东低，则非常吉祥。古书云：西高东低地无妨，正好修工兴宅住，后代资财石崇比，二千食禄任公侯。解释为：住宅地势若西高东低，正好适合兴建住宅，后代会富贵，会出高官能人。

029

▲ 地势若西高东低，正好适合兴建住宅。

▲ 住宅左边有流水的叫青龙，右边有长道的叫白虎，前面有池塘的叫朱雀，后面有丘陵的叫玄武。住宅如果四神俱全则为最佳。

## 宜008 住宅宜空气流通

最理想的居住环境应有柔和的清风徐徐吹来。倘若发觉房屋附近的风十分急劲，则不宜。因为即使这里的楼房真的有旺气凝聚，也会被疾风吹散，风水上最重视"藏风聚气"。还需要注意的是，风大固然不妙，但倘若风势过缓，空气不流通，也绝非善地。

## 宜009 住宅宜朱龙玄虎四神俱全

有诗曰：朱龙玄虎四神全，男子扬名女子贤，官禄不求还自至，儿孙之辈乐翩翩。屋宅左边有流水的叫青龙，右边有长道的叫白虎，前面有池塘的叫朱雀，后面有丘陵的叫玄武。如果这四种条件齐备，就是最好的建宅地点。

## 宜010 住宅坐向宜旺

坐向是指住宅的前方和后方，不是以房子的大门为向，而是以一栋楼的入口为主。坐向的当旺，主要是看坐向卦爻当旺、挨星当旺，以及坐向是否得到山水而生旺。

▲ 住宅的坐向是否当旺关系到整个住宅的运气，坐向的当旺，主要是看坐向卦爻当旺、挨星当旺，以及坐向是否得到山水而生旺。坐向当旺的住宅运气顺畅，富贵吉祥。

如坐北向南的房子后面有金星山，则为之坐方当旺。金生水，前面得木形山，为木火相生，则为向方生旺。一所真正坐与向都当旺的住宅，家人的命局都会比较好，运气顺畅，富贵吉祥，整个家族会越来越兴旺。

## 宜011 住宅宜阳光充足

住宅最讲究阳光、空气，所以选择住宅，不但要空气清爽，而且还要阳光充足。若是房屋阳光不足，光线昏暗，便不宜居住。

## 宜012 住宅楼高宜平衡、适宜

传统的风水格局要求平衡、对称，与建筑设计中所讲的平衡、对称原理一样。建筑与风水，一个强调"美"，而另一个强调"吉"。其实，现实生活中的很多现象也是如此，高楼住宅更是如此。太高住宅会四面受风，会使居住者产生孤立感。太矮小的屋宅会使人产生压抑感。

▲ 建筑既要强调美，又要强调吉，对于高层住宅来说也是，楼层的高度要适宜，平衡适宜就会使居家吉祥。

## 宜013 住宅外观图案宜简洁

看手相时，一看到掌上手纹，密密麻麻的掌相视为麻烦较多，这类掌相的人往往心思细腻，内心压抑，常独自承担着很多心事，内心有孤独感，家庭生活和个人经历很坎坷，很戏剧化。居住环境也如此。从宅相来讲，住宅外观的图案简洁、大方、稳重，寓意平安祥和。

## 宜014 住宅宜呈"四"字样

"四"字样，就是屋子方正如同"四"字形。传统的风水学理论认为这是丰衣足食的吉宅。

## 宜015 住宅附近宜有两支文笔

现今社会对人的文化素养要求越来越高，大人都希望自己的孩子能品学兼优。如果屋宅附近有文笔位，则有助读书之人品学兼优，成绩名列前茅。传统的文笔是指高直的山，但在城市里，高楼大厦也属于文笔之列。传统的风水学理论认为，住宅的附近有文笔，寓意居者会更聪明，接受能力强。如果文笔在住宅的东南方则更好，因为东南为巽，为四绿文昌，四绿属于柔木，文笔也属于柔木。

## 宜016 住宅外墙颜色宜与五行搭配

生物链显示自然界的生物是互相依存，也是互相制约的。这些现象在《周易》中称为"相生相克"，即五行的相生相克原理。五行平衡、五行调和、五行相生等，这不仅是《周易》的哲学原理，也是生存的法则，运气的原则。风水学理论认为，外墙颜色五行与主人的年命五行相生，或其比和为吉（如生肖为猴者属金，选用黄色，则为土生金，选用白色，则为金金比和），颜色和颜色之间相生或比和均为吉，颜色与方位之间相生或比和也为吉。住宅外墙的颜色五行搭配得宜，就会大吉大利。

▲ 根据五行相生相克的道理，住宅外墙的颜色五行若与主人的年命五行相生，搭配得宜，就会大吉大利。

## 宜017 住宅东北宜有高大的山脉

书云：艮方宅后有高冈，南下居之第一强，非但子孙紫衣贵，年年岁岁满仓粮。《周易》卦象里，艮为山，表示高山之相，住宅有高冈会旺其地气，因此大吉。住宅建在东北方位有高起的山脉，之地则更吉利。

## 宜018 住宅面积宜大小适中

从风水学角度来说，住宅应讲究聚气，若房屋的面积过大而人口稀少，则宅气涣散，

不吉利；若面积适中，人口多，能聚气，就是兴旺茂盛的吉利景象；若家里的房子面积太小，虽然能够提升小孩和大人之间的亲近感，增进家庭和睦，但每个房间各有其用途，房屋过小容易增加家人的心理压力。

现在提供两种计算合适的家庭住宅面积的方法。第一种方法：用家中各人岁数的总和乘以一点一平方米（1.1平方米）就得出适合这家人居住的房屋面积。例如，家中男主人是三十五岁，女主人是三十岁，两个小孩分别是十岁和五岁，全家人岁数总和是八十岁。用八十乘以一点一等于八十八（即80×1.1＝88平方米），就是说适合这家人在小孩十八岁前的住宅面积是八十八平方米左右。第二种计算方法：依三代人来计算，夫妻二人适合住宅面积全为五十平方米，学龄前的小孩每人为十平方米，小学至高中的小孩是每人十五平方米，大学的孩子和老人是每人二十平方米。

## 宜019 住宅宜兑丘坎林

风水学理论认为，住宅的西（兑）边有山丘，北（坎）边有树林，这种格局的住宅是吉宅，会令居住者福禄双全。

## 宜020 住宅宜东有流水，西有大路

古书有云："宅东流水势无穷，道在宅西南北通，因何富贵双全至，右自白虎左青龙。"

住宅东面有流水，西面有路，叫做青龙、白虎，各就其位，自然大吉，寓意居住者富贵双全，好运连连。

## 宜021 住宅的正北方宜有"金山"

屋后的正北方在五行中属水，风水学理论认为，如果住宅的正北方有一座五行属金的山，金水相生，水又生财，较吉利。然而，什么形状的山称为"金山"呢？圆形属金，长形属木，所以偏圆形状的山称为"金山"。

▲住宅的正北方有一座五行属金的山，有"金山"做靠，比较吉利。

## 宜022 住宅宜种树

如果住宅没有设围墙，而大门、窗户与邻家的大门或窗户相对，或者受屋角的冲射，都可以在其间种树来遮挡。

## 宜023 楼宇宜色泽光亮

人的面相和气色有好坏之分，楼宇也一样，如果是新楼房，一定要选择较为暖和的颜色，大红大绿或太过阴暗的颜色都不适宜。总之，风水学理论认为，一个好的住宅色泽是光亮的，像人一样，运气好的时候满脸红光，运气不好的时候灰头土脸。

▲光亮的住宅色泽能够给人精神焕发、气象更新的生机。

## 宜024 住宅西北宜有丘陵

住宅后方有山一般做靠山论，表示有贵人扶植，若西北（乾主西北）有丘陵，属于增强方位（乾为金，丘陵属土，土生

西北属于增强方位，若住宅西北有小山，寓意家庭会富贵双全。

金），寓意家庭富贵双全。

## 宜025 住宅西南方宜有水

古有"坤山坤向坤水流，富贵永无休"的说法。从风水学角度分析，西南为坤，属土。如果这个方位有水，就会有财运，水越大，财运越好。"坤山坤向"的意思就是，在上元二运坤卦得旺山旺向的时候建房子，如果坤方有水，就属于富贵无忧的理想宅居。

▲ 住宅的西南方有水，属于富贵无忧的理想住宅。因为此方位属土，此方位有水就会有财运，水越大财运越大。

## 宜026 宅前屋后宜有高山

诗云：宅前屋后有高砂，此地居之不为差，广有田财人口喜，家传富贵乐无涯。风水学理论认为，住宅前后都有高山（这里所指的高山是指住房被两山相夹），寓意居住者财源滚滚，人丁兴旺，金玉满堂。在丘陵地带，许多住宅的前后有很高的岭和小丘等，是主家宅人丁兴旺的屋宅。这

符合风水中所讲到的"山管人丁水管财"。

## 宜027 住宅宜被众山环绕

高而圆的山为楼台山，尖而秀的山为鼓角山。一栋屋宅位于四方有山环绕的平地之上，称为"盘龙地"，实际上，住宅在被众山环绕的环境中会有安全感。另外，有一些住宅会三方环山，而另一方有平地，这块平地称为明堂。这种格局是盘龙之地，利于地气蓄聚。

▲ 某些住宅三面环山，一方为平地，此乃盘龙之局，利于蓄聚地气。

## 宜028 住宅左右两边宜有流水环绕

家居左右水流长，久后儿孙福禄强，禾麦钱财常富贵，后来居上是书香。风水学理论认为，住宅的左右两边都有流水环绕，居住在此环境里会吉祥如意。风水学上有个法则：顺水要砂弯，逆水要横拦。左右水流经过比较长的路途源源而来，是十分理想的住宅风水。其水越长，发迹越长久；水流越大，家族就越旺盛。

## 宜029 住宅宜左水右路

从风水学角度来说，左边是流水，右边是大路，北面依着青山的屋宅很吉利。

▲ 住宅左边有流水，右边大路环绕，北面是青山，是"左水右路北山"的良好格局。

## 宜030 住宅宜四水归堂

江南民居普遍的平面布局方式和北方的四合院大致相同，只是一般布置紧凑，院落占地面积较小，以适应当地人口密度较高，要求少占农田的特点。住宅的大门多开在中轴线上，迎面正房为大厅，后面院内常建二层楼房。由四合房围成的小院子通称天井，仅作采光和排水用。因为屋顶内侧坡的雨水从四面流入天井，所以这种住宅布局俗称"四水归堂"。

"四水归堂"在风水学上是十分吉利的说法，能得到"四水归堂"的格局就是上好的住宅。在阳宅讲，明堂是指屋宇前方，宜宽敞。古人云：明堂如掌心，家富斗量金。明堂如掌心，必须周围砂水环绕相朝，才为富贵地。

## 宜031 住宅宜山环水抱

山体是大地的骨架，也是人们生活资源的天然宝库。水域是万物生机之源泉，没有水，人就不能生存。《墨子·辞过》云：古之民，未知为宫室时，就陵阜而居，穴而处。考古发现的原始村落几乎都在河边，这与当时人们的狩猎、捕捞、采摘生活相适应。依山的形式有两类：一类是"土包围"，即三面群山环绕，奥中有旷，南面敞开，房屋隐于万树丛中；另一种形式是"屋包山"，即成片的房屋覆盖着山坡，从山脚一直到山腰。风水学里称之为"山环水抱，富贵吉祥"。

▲ 山水有情，住宅前有河流，后有大山则成山环水抱的富贵吉祥之格局。

## 宜032 住宅宜有曲水抱城

诗云：龙神弯抱过门前，富贵足天园。流水在门前围绕住宅曲折地流过，形成弯抱住宅的格局，称为"曲水抱城"。曲水抱城的环境是十分吉利的，寓意万事顺利。

### 宜033 住宅旁边宜有花、月形池塘

住宅旁边的池塘若呈花形或半月形状，则为大吉。

▲ 住宅门前的池塘呈花形，为"莲花池"，寓意平安。

### 宜034 住宅外围宜形成"顺弓"格局

在传统的风水学上，住宅外围环境有"反弓"、"顺弓"之说。

"顺弓"适合居家，就像我们举起的一支箭，将箭搭上弦，在弓内的箭身处位置就是"顺弓"。"顺弓"和"反弓"就像我们生活中看到的不同的圆，圆内家宅是"顺弓"，为住所吉相，多会预示着家庭旺运如搭在弓弦上，百发百中。

### 宜035 住宅宜三面环水

古书云：水走则生气散，水融则内气聚。居住在三面环水的环境，称为"水融气聚"，谓之"金城环抱"，是财源滚滚之局，非常吉利。而且，江河支流

有外气环绕，人的气血气场为内气，当居住在天、地、人三个气场结合之处时，寓意事业蒸蒸日上，财运亨通，健康运也不错。

### 宜036 住宅门前左边宜有池塘

传统的风水学理论认为，住宅的门前左边有池塘，寓意财源广进，家人平安、健康，家庭和睦。

▲ 住宅门前的左边设置水池，属于好风水格局，宅内的人平安健康，财源广进。

### 宜037 住宅左边宜有斑马线

都市的住宅要注意附近有没有斑马线，风水学理论认为，从形势来看，斑马线如果在屋宅的左边，为青龙位，是吉相，会给居住者带来好运。

## 宜038 住宅门前宜有"Z""S"路

风水学理论认为，住宅门前如有"Z"形或"S"形的路横向而来，这种格局会令财运亨通，事业蒸蒸日上，生生不息。对着外弓形的路较为吉利，但对着内弯路则不宜。

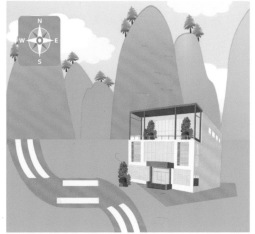

▲"Z"形或"S"形的路在住宅门前通过，此格能令财运亨通、事业顺利。

## 宜039 毗邻间距宜适度

毗邻间距应能满足日照和通风两大要求。间距是随着纬度、地形、住宅高度和长度以及住宅坐向等因素的变化而变化的。

通常可根据室内在冬季中午前后有两个小时以上日照时间这个最低要求进行估算。一般比较理想的要求是：前后间距等于楼房高度，并肩间距等于楼房高度的一半。例如：6层楼住宅，高18米，则以前后间距18米、并肩间距9米为理想。

## 宜040 住宅远处宜有尖塔

风水学理论认为，距离住宅十里以外的尖塔为文昌塔，特别是位于东南（东南为巽，巽为四绿文星），是为文昌塔，有利文昌星的发动，对家中读书人士非常有利，可助其学习进步。

## 宜041 住宅附近宜有商场

住宅附近有购物广场或商业中心会给家庭带来运气，同时，商业中心的商业气氛越浓厚，财气越旺，越能令家庭财运兴旺。其实，从日常生活的角度来分析，住宅附近有商业中心，购物方便，人气也很旺盛。

▲由于商业中心和购物公园的人气旺盛，因此财运也盛，住宅若在此则能给家庭带来好运。

## 宜042 毗邻宜整齐划一

如果是毗邻整齐划一、高矮相当，则呈现出建筑景观美。这种景观美反射到人们的心理上便是平等互助、和睦相处。因此，有利于建立和睦的邻里关系。

## 宜043 宜利用植物驱邪

自古以来，中国的民俗一直认为植物能避邪，深知植物与人之间存在生物场，现在科学家证实物质具有语言、情绪、灵性，其实有人可以与植物交流、沟通，借植物抒发情怀。植物还可以保护家宅平安，给家宅带来健康、和睦、吉祥、如意。"独在异乡为异客，每逢佳节倍思亲。遥知兄弟登高处，遍插茱萸少一人。"此诗足以说明诗人王维不仅表达了他对亲人的思念，也说明他对茱萸的钟爱之情。从风水角度来说，认为在重阳节登高时佩戴茱萸可避灾祸；过年的时候，用桃树和柳树枝插在门的旁边可以用来驱邪；端午节时，把菖蒲、艾叶挂在门旁，或用艾做成"艾虎"带在身上，也能起到驱毒辟邪的作用。

## 宜044 住宅周围宜有槐树、榆树

风水学关于绿化的理论是：村乡之有树木，犹人之有衣服，稀薄则怯寒，过厚则苦热，此中道理，阴阳要中和。住宅、庭院四周宜种些什么树？风水学有专门论述："东种桃柳（益马），西种榆树，南种梅枣（益牛），北种奈杏"、"中门有槐，富贵三世；宅后有榆，百鬼不近"，在庭院或院子里栽上槐树，寓意居住者世代富贵吉

祥，载上榆树则可起到挡灾避邪的功效。

## 宜045 住宅前后宜整齐、开阔

房屋前后景物整齐，环境优雅，视野开阔，是居住的理想场所。住在这种环境中，人会感觉舒适、豁达。

## 宜046 住宅周围宜有竹林

竹子自古被视为吉祥、平安的植物，在风水学中竹子还有障空补缺、避邪挡灾之功用。夏天，竹子清爽宜人；冬天，竹林可抵御寒风。竹林还可以消除部分噪音。住宅周围如果有竹林，有利于居住者的身体健康。但要注意，竹子一定要成林，否则也不吉利。

▲ 住宅附近有竹林，可抵御寒风，消除噪音。

# 住宅外观设计之忌

　　无论是农村的民房、郊区的私宅，还是城市中的豪宅、别墅等，有个好的住宅外观设计是非常重要的。对居住者也会有一定影响。住宅外观设计中要考虑的因素很多，其禁忌决定了住宅是否适合居住。

## 忌001 住宅忌左短右长

　　风水学理论认为，住宅左短右长有"虚弱"之势，不利居住。

## 忌002 住宅忌后高侧低

　　风水学理论认为，住宅左右两侧较低而屋后很高的屋地，居之不吉。两侧较低的屋宅，容易受风雨袭击，而屋后较高的话，不利于房屋的通风，这种格局住起来当然不吉利。

## 忌003 住宅忌呈三角形

　　风水学理论认为，在三角形的地形处建造房子，极为不利，如果无法避免带有三角形的屋宅，最好是将尖端处的房间作储藏室使用，切勿设计成卧室。

## 忌004 住宅忌右短左长

　　无论是农村的民房、郊区的私宅，还是城市中的商务大厦、别墅，一般人们比较重视前后左右的风景、交通状况

▲ 住宅左右两侧较低，屋后的高地很高，为"寡妇地"，不利于通风透气，居之不吉。

▲ 住宅的地形"右短左长"是非常不利的格局，会对居住者产生不良影响。

以及人气等，但却很容易忽略本身的地形：右短左长。住宅的地形为"右短左长"会对居住者产生不利影响。

### 忌005 住宅东侧忌有乱山

吉利的风水地忌有怪山、乱石等杂乱的山形破坏气场。如果屋地东侧有形状突兀的山，那么，这里是不理想的居住环境，居住在这种环境下，会使人产生不良影响。

### 忌006 住宅忌坐向衰弱

通常住宅后面为坐，前面为向。如坐西朝东的住宅，西属金，后面有半圆形山丘为坐旺，因为半圆属金，金金相助为旺。若有尖形山峰或建筑则为衰，因为尖形属火，火克金，坐方失利衰弱。朝向也同理，东属木，若前面有长星或高高山峰为木旺，

则向为"旺"；若前面有半圆山丘是为金克木，则向为"衰"。风水学认为，坐向衰弱对住宅不利。出现"坐向衰弱"的情况，补救办法有两种：一是可以在坐向外墙装修颜色上进行补救，比如坐向为金可用白色装修外墙，如果属木用绿色，水用黑色，火用红色，土用黄色装修外墙。二是可以在相应位置将门窗设计成合乎五行的形状，如西方属金，开圆门圆窗；东方属木，开长窗等。

### 忌007 住宅忌"势气"下泻

风水学主要是研究屋宅的气场，包括自然空气以及形势的"势气"。一般从住宅的形势来看，地下停车场是"势气"下泻之处，低层住家或商店大门靠近地下停车场入口，气则会往停车场入口流，象征好运流失。

▲坐西朝东的住宅，后面有半圆山丘为坐旺，因为半圆属金，金金相助为旺。若有尖形山峰或建筑则为衰。

▲地下停车场从住宅的形势来看属于"势气"下泻之处，底层住家或商店大门靠近地下停车场入口，气会往停车场入口流，这样好运就会流失。

## 忌009 住宅形状忌似刀、枪

风水学特别讲究气场的调和，最忌有呈剪刀、刀或枪等凶器形状的建筑物，此格局的屋宅对家人不利。如果遇到这种情况，可在对应位置挂上凹镜或凸镜利用凹镜或凸镜的折射作用加以化解。

## 忌012 住宅忌被太阳暴晒

许多人认为，多阳光的屋宅是很理想的。但是住宅朝东，太阳东升西落，斜面的阳光于上、下午分别从门和窗照射住宅。夏天，居住在其内部的人几乎整天在十分酷热的气氛下生活，容易心烦气躁，导致健康受损或精神不佳，工作、生活的状态不好。解决办法：选择冷色窗帘，使住宅光线布局合理。

▲ 朝东的住宅容易受到阳光猛烈地照射，人居住在这样的住宅夏天容易心烦气躁，健康状况易受到影响，最好选择冷色窗帘遮挡过猛的光线。

## 忌008 居住忌在"虎口屋"

在选宅时要避免选择"虎口屋"，即要慎选前后左右有街巷直冲的房屋。若房屋的大门正对直冲的马路，马路越长越大，车越多则危险就越多。另外，对面大楼开有八角大窗或似虎嘴状的窗子，在风水学上叫做"白虎开口"，居住者容易受到伤害，是很不吉的屋宅，可用一对貔貅或麒麟对着虎口，以降低不利干扰。

## 忌010 住宅外观忌像牢房

所谓大气招展，指的是建筑物外观有气势、门面大，看起来大方气派。这种建筑物可以带动人的心情、动力，让人可以大展身手，实力也能得到发挥。

相反，如果选择像牢房一样的住房，看起来门不像门，窗不像窗，不知何处才是主要的对外管道，这种住房的方向不明，气就无法伸展，住在里面的人的能力也就无从发挥。

## 忌011 住宅地形忌为圆形、椭圆形

一般而言，圆形和椭圆形的土地很少，自古以来，这种地形的土地都是用来盖寺庙或佛堂，一般民众都不喜爱用。民众的这种看法，并非毫无凭据。风水学理论认为，椭圆形、圆形的土地，其周围气场一定会有约束。所以，圆形地形有制约、束缚以及闭塞的意思，象征居住人发展空间有限。

解读住宅宜忌

一看就能明白的住宅宜忌 用就能转运的设计妙招

041

## 忌013 住宅楼顶忌呈尖形

风水学理论认为，屋宅楼顶呈尖形，不管是装修的艺术品带尖，还是电视天线，只要在屋宅中心尖上去，均不吉。尖形屋顶，往左右两边倾斜的屋宅名为"寒肩屋"，象征财气不聚，越尖负面影响就越大。

▲ 在屋宅的中心尖形直冲上升，是尖角之格，象征屋中财气不聚，形状越尖其负面影响越大。

## 忌014 住宅户型忌缺角

户型中有凹凸形状的，在风水上称为缺位。东缺一块西缺一块的房子必然导致五行的能量此消彼长、不能平衡。但如果只是阳台部分凸出，缺位或凸出的面积小也可忽略不计。

## 忌015 住宅忌处于窄巷

通常窄巷是指只有1～1.5米宽的通道，进出很不方便。这种密集的居住环境令人的身心颇受压抑。

## 忌016 住宅忌房小人多

如果房小人多，会使得阳气加重，形成阳重阴轻之象，居住在里面的人容易产生烦躁的情绪。补救办法是把室内灯光调至柔和，多用黄色灯光，多开窗户，使空气流通，使阴阳达到平衡。

## 忌017 住宅忌房大人少

房大人少，这里是指整个住宅面积大，居住的人少，其实我们也能看得出来，空荡荡的住宅只有自己一个人，难免会有寂寞之感。房子大了寂寞，那么你可能会有几个选择：把父母接来同住；找个对象或者添个孩子；邀请好朋友们和自己分享这套房子。

▲ 住宅的面积很大而居住在里面的人很少的话，会给人寂寞之感。

## 忌018 住宅忌对着三支烟囱

烟囱为燃烧物品时排出废气之用，大厦对着烟囱，对居住者身体健康不利，面对三支烟囱并列这种格局的住宅更不吉利。

▲ 面对三支并列在一起的烟囱的住宅对居住者的身体健康不好。

## 忌019 住宅忌脚下悬空

借鉴很多国外的设计，有些楼梯设计时在楼中间开门洞，南方称这种房子为"骑楼"。房子下面是空的，对于房子的保暖、坚固都不会有好作用。人、车经常从房子下面穿过，凭空多出许多噪音、废气和不安定的因素，脚下经常吹风、过人会让居住者有一种住在桥上的感觉。悬空的房子又称"脚底穿心"，家里好的能量没有土地作依托保护，会流失得比较快。

## 忌020 住宅忌形如"7"和"凹"字

"7"字形的楼宇指的是一面楼翼长，而另一面的楼翼短，拐个直角弯，不宜。同样的道理，户型是"7"形的也不宜；"凹"字形是指同一住宅的前后或左右高起，而中间凹下去。"7"字形和"凹"字形都属残缺的形状，不吉。

▲ 同一住宅的前后或左右高起，而中间凹下去这种格局就是"凹"字形格局，属于残缺的形状，不吉。

## 忌021 住宅忌泰山压顶

传统的风水学十分讲究形势，讲究气场，居所气场是否顺从主人，是否威严、富贵是非常重要的。若四周高楼林立，唯独自家所居之楼房低矮，会使居住者产生备受压制之感。

### 忌022 住宅忌前宽后窄

前宽后窄的屋地，形状像棺材，也叫棺材地，俗称"斧头形"。这样的屋地十分不吉利，不利居住。

### 忌023 住宅忌外墙剥落

住宅外墙剥落、崩裂，甚至钢筋外露，是很不吉利的，使人的情绪受到影响。外墙的损毁程度与负面影响力成正比。

### 忌024 住宅忌外形单薄

房屋的外形不宜窄长、单薄，否则有摇摇欲坠的感觉。风水学认为，单薄则意味着"元气"不足，对财运和健康均不利，两边墙没有窗户则更不利。

### 忌025 住宅忌设计成白墙蓝瓦

现在有些房屋为了追求美观，设计成白墙蓝瓦，从风水学的角度来分析是不吉利的。白墙蓝瓦的色调大多用于灵堂、阴宅、纪念堂等阴性较重的建筑物，不适合一般的住宅，否则会加重房屋的阴气，令居住者产生不好的感觉。最理想的颜色为红瓦白墙。

### 忌026 忌选择透明的住宅

四下透明的玻璃帷幕建筑只适合做无私密性顾虑的办公室，如果用来做住宅就犯了"泻"字诀，会使居住者缺乏安全感。

### 忌027 忌居住得太高

现代都市多高楼大厦，选择这样的建筑，不要去挑选太高的楼层。因为这样人可能会吸收不到地球的磁能，而且又会接受过多的太阳能，容易影响心情，对身体有一定的不利影响。另外，住得太高因"经常性微幅摆动"会让人神经系统失调并引起失眠。如果你现在住的正好是高楼层，解决办法是多种些盆栽和加装窗帘。

▲住宅太高，居住在高层的人可能会吸收不到地球的磁能，容易使人心情烦躁，住得太高的话会因"经常性微幅摆动"让人神经系统失调并引起失眠。

### 忌028 住宅忌靠近悬崖边

不要把住宅建在悬崖边上。悬崖边上险象环生，不宜居住。如果家中有小孩，就更不应居住在这种地方了，避免小孩失足坠崖的危险。

### 忌029 住宅忌形成鹤立鸡群的格局

现在许多人喜欢住在最高的地方，例如：山顶或半山腰，或者在平地上有别于其他楼宅的高度争取最高楼层，形成一种"鹤立鸡群"的格局。但是这种格局很不吉利，高处不胜寒，地气不稳，大部分会烟消云散，将住宅建在高处，或者楼层高于其他屋宅，会四面风吹，失去龙砂的护卫，气随之飘散。

### 忌030 住宅忌众高独矮

近年不少城市都出现很多旧区重建的情况，而拆卸旧区重建之时，因种种关系，有些旧楼未能拆除重建，反而两旁却盖起一些高楼大厦，形成众高独矮的情况。因独矮的房屋被两边高楼夹着，屋顶上必然出现长而窄的空间，而阳气的特性是遇空而窜，因而屋顶出现阳气难聚之象。而阴气则从地下传导，矮屋传导阴气之力必强，而且两旁之高楼亦成为阴气之导体，因此矮屋受阴气笼罩，从而形成阴气极盛之象。化解方法唯有把屋内的灯光加强，多把窗户开启，从而使阴阳能够和合。

### 忌031 忌大山挡路

古有"愚公移山"的故事，说明一切事物都是向前发展的，住宅也不例外。如果住宅前面被大山挡住，产生"无路可去"的感觉，那么，这种环境不宜居住。住宅门口直接面对着大山，距离越近，负面影响就越大，因为这样会导致气流不通畅。从实际生活来分析，会使

家人不能直路前进，需要绕道而行，对财运、健康运都不好。

▲ 住宅前面被大山挡路，会产生"无路可去"的感觉，住宅前面直接面对着大山越近其负面影响就越大，因为这样会导致气流不通畅。

### 忌032 住宅忌夹在两山中间

房屋的前后都是山，房屋夹在山的中间，形成两山相夹的格局，会使居住者产生被束缚的感觉，是很不吉利的居住场所。

▲ 房屋夹在山的中间，前后都是山，形成两山相夹的格局，很不吉利。

一看就能明白的住宅宜忌 一用就能转运的设计妙招

大师全解居家设计的宜忌法则
全面公开趋吉避凶的布局秘诀

046

### 忌033 住宅忌左右是山丘

屋宅的左右两边都有一些小丘陵，而艮方（东北）后面却是平坦大道，这种格局非常不吉，在巽位（东南）开门还可以弥补，但在兑方（西方）开门或兑方有大道则十分不利。

### 忌034 忌选低洼之地的住宅

比一般土地更低的地，不论从家宅风水学或建筑学上来看，都比一般平坦地要差。因为水往低处流，所以低地一定是积水之地。即使有再健全的排水设备，由于其先天的条件就比平地差，也比平地潮湿。如下雪的话，低地积雪比其他地方厚，所以融化的时间一定也比其他地方长，同时，低洼之地也是灰尘堆积的地方，风把各地的灰尘都吹到低地来了。所以，低地确实有其先天性恶劣的条件。

尤其是河流旁的低地，在下了场大雨后，往往易受到河水泛滥的灾害。低地向来比其他地方更容易受到灾害，而且受灾程度也比一般地方大。人住在低洼之地，容易对健康造成不利的影响。

如住在低洼地带而又无法搬走的话，其补救办法是日间把窗户打开，让阳光能够照入室内。而室内则要保持光线，尤其是在门前及门内之玄关位置，最好有灯长开，使阳气增强。

### 忌035 住宅后面忌靠"恶山"

住宅后面不要靠"恶山"。如：所靠之山并非明丽秀美，而是山丑石怪、寸草不生，给人曲折、坎坷的感觉。后山不宜太陡、太高，这会形成压迫感，太贴近山壁而盖的房子也不宜，即后面没有回旋空间，表示后退无路，气运闭塞不通。

### 忌036 住宅忌"斜路东北"

在八卦中东北为艮，西为兑，道路从东北通向西方称为"斜路东北"、"通兑"。事实上，风水学认为，屋宅有斜路从住宅的东北方通向西方，是十分不吉利的。在这种格局的房子居住，最好是住一段时间就搬迁。

▲ 屋宅有斜路从住宅的东北方通向西方称为"斜路东北"、"通兑"，是非常不吉利的。

### 忌037 宅后忌无靠

住宅背后有山，是为有靠山。坐后无靠，会产生孤立之感。

在城市无法寻找真山，一般以大楼为山，就是说，要在此大楼的背后有其他大楼支撑，如果背后没有其他大楼，那就形成孤阳宅了，是为不吉。

## 忌038 住宅忌四面是丘地

风水学理论认为，屋宅在丘陵地带，前后是南北方位，特别正南方或正北方有小丘的，不是很理想的居住环境。居住在这种环境的住宅，家运不畅。

## 忌039 忌风大气散

风水学最重视"藏风聚气"，但倘若风势过大，宅内气散，则为不吉之所。最理想的居住环境，应是柔和的风徐徐吹来，送来阵阵凉爽不佳。从科学的角度来分析，"风大气散"也不利家人健康。

▲ 住宅所处的地形风势太大，不利于藏风纳气。

## 忌040 住宅周围的树上忌有蜂蚁

如果住宅周围的树上有蜂窝或蚂蚁窝，是很不吉利的。蜜蜂在住宅的周围，容易蜇伤人，而蚂蚁则对人们残留的食物很感兴趣，麻烦很多。

## 忌041 住宅忌割脚水

割脚水是水靠近住宅，而住宅受水之压迫，最明显的影响是容易使人情绪不定，思想不能集中。但须注意的是割脚水一定是迫近居室的，而且水深而直，不是任何靠近居室的水都是割脚水。

## 忌042 忌住宅四周都是林木

风水学理论中最关键的内容就是阴和阳，阴阳通则万物生生不息，阴阳不通则万物不生。在一个四周都是林木的地方建造房屋是不吉利的，构成了"阴气重"的格局，这样的地是阴宅地，不利居住者的健康。

▲ 住宅的四周被林木包围就会使阴气太重，这种地形是阴宅地，于居住者健康不利。

## 忌043 住宅忌两边白虎

住宅的东西方位都有道路相夹，称为"两边白虎"，风水学理论认为这属不吉利的住宅，对居住者的生活产生不利影响。

一看就能明白的住宅宜忌 一用就能转运的设计妙招

047

全面公开趋吉避凶的布局秘诀

大师全解居家设计的宜忌法则

## 忌044 住宅周围忌桑树成林

风水学理论认为，住宅周围有桑树成林，是十分不吉利的，因为"桑"与"丧"同音，丧是很不吉的一个字眼，容易引起人的反感。再者，成林的树木阴气较重，不利于人体健康。

▲"桑"与"丧"同音，住宅的四周桑树成林非常不吉利。

## 忌045 住宅忌乾林坤水

在住宅的西北（乾）方有树林，西南（坤）方有河流、池塘等，这种格局不吉利。

## 忌046 住宅忌正对锯齿形建筑物

现在有些欧陆风格的住宅，为了增加室内空气和采光纳风，多加有大型凸窗，所以外墙便容易形成很多尖角，看起来便似一排尖锐的锯齿，如果自家住宅正对着这类锯齿形的建筑物，其锯齿的形状会对住户产生负面影响，令人心情不快。

## 忌047 住宅西北方忌有水池

周易方位西北为乾，属天门，巽为地户，若有水池在西北，即是金寒水冷，很不吉利。

西北

［乾天门位］

▲住宅的西北方设置水池很不吉利。

## 忌048 住宅忌水冲射正南午方

住宅如果是坐北朝南的方位，前方或左边有水冲射而流入正南午方则不吉。

## 忌049 住宅忌藤蛇缠身

古人认为藤蛇是不吉的象征，想想突然被毒蛇缠身的景象，不禁会毛骨悚然。虽然会化险为夷，但不免要经过一场心惊肉跳的惊吓。屋宅外墙攀满树根枝攀的话叫藤蛇缠身，其浓密程度与负面影响成正比。在现代生活中，有些艺术爱好者喜欢在家种植许多植物，还配上色灯，从艺术角度看，是很浪漫、温馨的，但却犯了风水学之大忌。

▲ 屋宅外墙攀满树根枝攀叫藤蛇缠身，藤蛇是不吉的象征，屋宅藤蛇缠身不利于事业的发展，也不利于家人的身体健康。

### 忌050 住宅忌被"丫"形水流包围

如果住宅被"丫"形水流包围，住宅就会像小岛一样，居住在这种环境下很没有安全感。

▲ "丫"形水流包围住宅，居住在这种环境下没有安全感。

### 忌051 住宅外围忌有死水

住宅外围忌死水。一般风水学概念上的死水指形成浑浊、污染、发臭的水，因为它们缺乏生命能量，自然是不利于人的生活环境，也不利于人的健康，更不可能给人以好的心情。所谓"死水一潭，枯井无波，了无生气，令人窒息"。

### 忌052 住宅忌前水后墓

屋宅前有流水，后面有坟墓，风水学上认为属于败家之屋宅。遇到这种环境的住宅，最好是搬迁。

▲ 前有流水后有坟墓的住宅在风水学上属于败家之屋宅，不吉利。

### 忌053 住宅外围忌水势急

若要选择堂前聚水的家宅，当以平静祥和的水景为好。若水势急促，会使你的心境浮躁，心态不稳。另外，面海的家宅也要注意切勿过于贴近大海。事实上，太近大海容易受到涨潮、海浪和海上强风的侵害，这样的房子缺少安全感、宁静感，因此要特别注意。

## 忌054 住宅东北方忌有孤坟

古书云："艮地孤坟一墓安，莫教百步内中间。痴聋久后并喑哑，有病纵令治不好。"住宅附近有坟墓是不吉利的，特别是在住宅的东北（艮）方位如果有坟墓则更不吉利。

▲ 住宅的东北（艮）方位有坟墓十分不吉利。

## 忌055 住宅下忌有地铁穿过

随着现代都市地铁的发展，地铁站附近的建筑物越来越多，因为交通方便，所以楼价较一般楼宇高。风水学理论认为，房屋接近地铁站是没有什么不妥的，但在选择建在地铁通道之上的楼宇时，应考虑购买6层以上的楼层为佳。

## 忌056 住宅忌灯柱直冲

现在城市的小区楼宇大多数都楼层较高，从风水学的观点来看，居住在四楼以下的，比较容易面临"灯柱直冲"的问题。因为现在街道或公园及小区附近都安装照明灯，这些灯柱就有可能影响某些住户的风水。门或窗中央的前方有一灯柱直冲过来的话，是为不吉，易使居住者脾气暴躁。如果出现这种情况，可悬挂一面凸镜以降低干扰

▲ 在现代高楼中四楼以下的住户都容易面临"灯柱直冲"的问题，门或窗户中央的前方有一灯柱直冲过来不吉，易使居住者脾气暴躁。

## 忌057 忌居住在立交桥附近

立交桥上高速行使的车辆产生的噪音和涡旋气流会影响住户身心健康。交叉的大道旁产生的影响力和立交桥处差不多，而且还会尘土飞扬，居住在这种环境中，日常起居都无法安宁。

## 忌058 住宅四面忌都是马路

住宅四面都是交通要道，许多人认为是"四通八达"的格局，其实不然。交通要道车流量大，会产生很多的噪声和灰尘，会使人产生彷徨不安的感觉，影响正常的生活。

▲ 住宅的四面都是交通要道的话会产生很多噪音和灰尘，影响居住者的正常生活。

## 忌059 住宅忌设于道路尽头处

道路尽头分为两种情形，第一种是T字形道路的尽头，第二种是巷道尾端。

住宅建在T字形道路尽头，有两种危险：一种是容易受到对手的袭击；另一种是台风时承受风力最强，尤其发生火灾时，这种住宅遭受的灾害最为惨重。另外，此地发生车祸的比率比其他地区要高出很多。

至于巷道尾端的住宅，缺点可分为三种：第一，外出时必须经过别的住家前面，处处觉得不方便；第二，火灾时除非巷尾另有其他通路，否则逃生不易，增加危险性；第三，巷道尾端申请建筑许可不太容易，有各种建筑限制，处理起来很麻烦。

## 忌060 忌选择底层是商店的住宅

在国内的许多城市中，常可见到有些住家和店面连在一起的情形，这种住宅常被称为"骑楼"。

住宅之气宜静而商店之气宜动，动静相克，格格不入。

## 忌061 住宅背后忌遭路冲

由于都市规划的缘故，造成了有些楼宇背后遭到路冲，这种路冲较正面的路冲危害更大，对居住者极为不利。

▲ 住宅的背后遭到路冲，较正面的路冲危害更大，这样的格局对居住者非常不利。

## 忌062 毗邻布局忌错乱

如果毗邻的是布局错乱、高矮参差不齐的房屋，则不仅是视觉上不美而且会反射到人的心理上，使人相互歧视而造成隔阂。这正如古代风水著作《水法诸言》所说："凡人家，屋门乱杂错综向，必定兄弟不和睦；屋后人家有两向，便断大家忤逆足。"如果住宅矮于毗邻的房屋。特别是气口被高的建筑物所阻挡，则极不吉利。

## 忌063 住宅忌有半边受路冲

随着城市建设的发展，常常有道路要进行拓宽，有些建筑物可能会造成半边路冲的情形。风水学理论认为，被路直冲的这半边较为不利，居住者最好不要背后靠玻璃窗坐卧，否则不利健康。屋前、屋后有半边路冲来都是不吉利的。

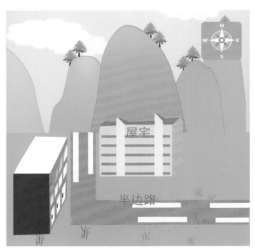

▲ 住宅被半边路冲，居住者最好不要背后靠玻璃窗坐卧。

## 忌064 住宅忌紧挨路边

如果住宅太挨近铁路或公路边，灰尘、噪音、汽车的尾气等污染，日日夜夜都有。此外，由于车辆川流不息，还影响到环境场不稳定，使人体场难以适应而容易体力不佳、精神不振。

而且住宅太挨近铁路、公路边还容易发生交通事故，小孩、老人进出都得提心吊胆，担惊受怕。更何况铁路、公路还不时要扩建、改线，房屋时时面临拆迁的威胁。

## 忌065 住宅门前忌有大树

在阳宅堪舆学中有人认为，在门前有大树者，会阻扰阳气的进入，使阴气易于兴旺。大门系"生气"入口之处，其重要性犹如人之咽喉。倘若"气口"之上设置障碍，维系生命的"气"就会受到威胁，而难得滚滚的生气，人岂能健康长寿。

以现代的观点来看，门前横着大树，会有碍交通。因为现代交通乃是以车辆为主，人们于行走间遇见大树可以侧身从缝隙穿过，但车子不可能像人一样方便地穿梭往来于树缝之间。所以说门前有大树者，较之以往更为不便。另外，门前的大树会阻挡人的视线，使人目不能望，眼不能眺，视线遭到破坏，造成人的情绪烦闷、抑郁，进而影响主人的健康。

如果屋前有枯树则更不吉利，因枯树所发出的气为死气晦气，形象上也是代表着死亡，会给人带来衰落之感，比如情绪低落，没精打采。

遇到以上情况，皆适宜用植物、反光镜等物件化解。

### 忌066 忌住在医院附近

医院是病人聚集汇合之地。从人道主义的角度说，它有救死扶伤的功能，是功德无量之地，但家居风水学认为，它是不宜为邻的，因为病人汇集之地，也就是病气、阴邪之气集中的地方，居住在其附近，就难免受到邪气的侵扰，给居住者的身心健康带来不利影响。

### 忌067 忌居住在坟林旁边

风水学理论认为，坟地附近不宜建房子。因坟场围绕着住宅，阴气很重。从健康角度来看，也会影响家人精神状态，使人过早衰老，睡眠质量不好。

▲ 住宅被坟场围绕，阴气很重，容易影响家人的精神状态。

### 忌068 住宅忌近工业区

住宅近工业区有很多不利，灰尘、废气、废水和噪音对住户的影响是极其明显的，尤其对婴幼儿和老人。

工业区的噪声比较大，而噪声对人的睡眠影响较大，它不仅使人难以入睡，即使睡着之后也容易被吵醒，吵醒之后又往往不容易再入睡。时间长了，则会影响人的食欲及健康。

▲ 工业区不利于居住，安置在工业区的住宅容易受到灰尘、废气、废水和噪音等因素的影响，其身体和精神健康都会受到不良影响。

### 忌069 住宅忌在庙宇附近

住宅要远离庙宇。一是由于庙宇处于风水宝地，占尽旺气，而余气所剩无几。如住宅建在其后，势必形成外强内弱、生气薄弱的格局；二是庙宇人来人往，噪声不断，使周围环境很不安静。因此，不是理想的居住环境。

## 忌070 住宅边忌天桥飞架

马路纵横交错，还有天桥连贯于两栋楼房之间的居住环境，对于居住者的日常生活很方便。但如果居住在高架路或天桥边，经常饱受噪音及长期的震动，易造成精神衰弱。许多人认为居住在天桥旁边很不吉利，其实从形势风水讲，要看天桥是在楼房的前方还是在左右方，左方为青龙方，为吉宅；右方为白虎方，则为不吉；在中心穿射，则最不吉。

▲ 住宅的旁边设有天桥，居住者经常会受到噪音及震动的影响，容易导致精神衰弱。

## 忌071 忌住在垃圾场、厕所附近

厕所、垃圾场，是人排泄污秽物、倾倒脏物的地方，它们时时散发恶臭、霉味，污染周围空气，导致细菌滋生、病菌蔓延，对人的健康十分有害。从风水学的角度而言，肮脏之地易生阴邪之气，阴邪害阳，致人生疾病或在心理上产生负面的、压抑的反应。

若遇这种情况，就只有自己想法来改善了。最有效的办法是在自家的阳台种养一些花草，特别是能吸收污秽之气，制造新鲜空气的植物。

## 忌072 忌住在菜市场附近

住宅不宜以菜市场为邻，是基于以下几方面的原因：

菜市场的清洁卫生不好。虽然现在政府加强了管理，但菜市场的不干净是与生俱来的，不可能彻底根除。比如，被丢弃的烂菜根烂菜叶，各种过期而舍不得扔掉的食物等，会产生许多细菌，散发难闻的气味。

菜市场里面各种动物、植物，散发出各种不同的气味：鱼腥味、肉酸味、咸鱼味、酸菜味、臭皮蛋味……混杂的味道，可导致气场混乱，混乱的气场对人的身心是极为不利的。

菜市场常宰杀各种动物，如鸡、鸭、鱼、鹌鹑、青蛙等，血气刺鼻，杀气太重。它对人的心理暗示作用是冷酷、冷漠，对小孩善良之心的培养颇为不当。

如果实在因条件限制无法避免，则可在住宅窗外挂一个真葫芦，并打开葫芦盖，以起到化污秽之功效。

## 忌073 忌住在高压电站等附近

高压电站、广播电视发射塔周围形成极为强大的电磁场，它所发射的电磁波错综复杂，这对人体的神经血液系统干扰损害是很大的。我们知道，手机如果使用太频繁，比如打出或接听电话过多、过密，都会使你出现头疼头晕，身体不适等现象，更何况是那样强大的电磁场的干扰？所以，在高压电站、电视广播发射塔边居住都为不宜。如果无法避免，可在窗户或阳台养阔叶盆栽来减弱电磁波的辐射，降低不良影响。

## 忌074 住宅忌正对尖形物体

住宅的前面不能正对尖形物体，因为尖顶类型的建筑物会产生咄咄逼人的感觉。尖形属于三角形类，是不聚气的形格。尖形物体，在雨天容易遭雷击，给附近人们的生命带来威胁，还可能放射出长振波或污染辐射线或粒子流，导致人头痛、眩晕、内分泌失调等症状。

▲ 尖形的建筑物在雨天容易遭受雷击，给附近的人的生命造成威胁。

## 忌075 忌住在电影院、剧院等附近

电影院、剧院、体育场馆的特点是不稳定，在电影放映，体育比赛或表演的时候，它人山人海，车来人去，热闹非凡；

一旦放映、比赛、表演结束，便马上冷冷清清，空无一人，这就造成周边环境在人气的旺与衰、声音的闹与静、车辆的动与止之间大起大落。再加上影剧演出时，随着故事情节的高潮低潮，波澜起伏，幸福与悲伤的情节快速交替，人们的情绪也时而紧张、时而松弛、时而快乐、时而痛苦，大起大落。这种时空上、人气上、声音上、情绪上的两个极端的钟摆运动，导致这些地方气场上的高低起伏，对邻近居民的影响便是命运的暗示意义：时好时坏，大起大落。

## 忌076 住宅忌面对窄巷

由于两幢高楼之间只距离一条窄缝，建在窄缝里的房屋难以躲避强气流的冲击。夹道的风最硬且风速也快，远远超过人体的血流速度，所以这种的风使人的身体无法承受。

▲ 如果两幢高楼大厦之间只有一条狭窄空隙，面对此窄巷的住宅难以躲避强气流的冲击。

大师全解居家设计的宜忌法则 全面公开趋吉避凶的布局秘诀

## 忌077 住宅忌色彩杂乱

五行中的金、木、水、火、土，在风水学中有着十分重要的作用，《周易》把色彩分别用五行概括，白色属金、绿色属木、黑色属水、红色属火、黄色属土。五色可调配出丰富多彩的颜色，不管采用哪种配色，从美术角度来讲，一幅好的作品，色彩要协调，要与所画之物尽量保持一致。建筑物也一样，如果色彩杂乱，就会带来一定的负面影响。风水学理论认为，这种住宅象征不和谐。

▲ 建筑物的色彩要协调，不宜杂乱，色彩杂乱的建筑物象征不和谐。

## 忌078 住宅忌遭受反光冲射

现代建筑中玻璃幕墙的运用越来越广泛，虽然很美观，但却产生了"光污染"。如果采用的是反光玻璃，影响就更为严重。玻璃位于住宅的东方或西方，则影响更坏。长期受到反光冲射的人，容易心烦气躁，情绪低落。不过如果出现这种情况，可以在对着玻璃的地方挂一个太极图案或八卦图。

▲ 住宅采用反光玻璃容易遭受反光冲射，长期受到反光冲射容易使人心烦气躁，情绪低落。

## 忌079 忌邻栋间距不大影响采光

由于城市里地狭人稠，大多邻栋间距不大，甚至多数都仅隔一个狭窄的防火巷，再加上各户自行加装的铁窗等设施，室内采光条件大打折扣，不但使室内常年处于阴暗的气氛中，更伤害到家中成员的视力。因此，考虑更换新居时，应特别注意邻近建筑物是否会妨碍住宅的自然通风和采光。

## 忌080 住宅忌正对火性物体

如果住宅面对属火的物体，如高大的烟囱、红色的高楼大厦、油库等，是不吉利的，可以用石龟化解。但如果这些建筑物恰好是位于属火的南方，则更是火上加油，令人心情烦躁。

# 第二章

# 大门设计宜忌

从风水学的立场和经验来看，居家环境中，大门的方向是进气的方向，所以大门就成了整个住宅的"首脑"。它主宰着整个住宅的生气及运势。大门就如人的脸面，所以大门的方向、高矮、大小以及颜色等都要十分讲究。

# 大门设计 之 宜

　　大门是分隔内外空间最重要的标志，大门对外的部分能显示出家庭的观念和对外在世界的态度、看法。因此，要想给人的第一印象好，大门的外观应十分讲究，比如不能过于低矮或高大，要与整个房屋的空间大小相称，宜结合四周的环境和主人的性格、爱好等等进行设计。

## 宜001 大门的坐向宜视情况而定

　　我们站在屋内，面向着大门，则所面向的方位便是"向"，而与"向"相对的方位便是"坐"。

　　震宅坐东方，大门宜向西。

　　巽宅坐东南方，大门宜向西北。

　　离宅坐南方，大门宜向北。

　　坤宅坐西南方，大门宜向东北。

　　兑宅坐西方，大门宜向东。

　　乾宅坐西北方，大门宜向东南。

　　坎宅坐北方，大门宜向南。

　　艮宅坐东北，大门宜向西南。

## 宜002 水流从左至右宜开虎门

　　风水学理论认为，水流由"龙边"向"虎边"流，表示地势是左边高于右边，水流、马路的流向或气流自左边向右边流，这样的房子适合开虎门（右为白虎，白虎门也叫虎门），即在住宅的右边开门。

## 宜003 水流从右至左宜开龙门

　　风水学理论认为，水自"虎边"流向"龙边"，也即地势是右边高于左边（站在家中往外看），水流或气流由外向左动，此类地理形势则适合开龙门（左为青龙，青龙门也叫龙门），即开在左边。

▲水流由右向左移动，适合开龙门，即门开在左边。

## 宜004 宜通过改门扉调整门向

　　若是已做好的正门方向与生命磁场方向不合，可以通过改门扉来调整门向。只要将门扉移动，方位也随之更改，也可以请专业人员将门扉移动90°。移动时，只要将门扉的方向变成面向自己生命磁场方向的吉方就可以了。

## 宜005 地势平坦宜开中门

地理环境影响着开门的方位。若门前地势非常平坦，不倾斜，也非山坡，在附近也看不到高低起伏的地势，这种情形则开中门为吉。

▲ 如果门前地势非常平坦，以开中门为吉。

## 宜006 开门宜配合门前环境

中国传统以四种灵性动物来象征表示南北东西四大方位，分别是：朱雀、蛇龟、青龙、白虎。其方位口诀为："前朱雀、后玄武、左青龙、右白虎。"别墅的房屋开门有四个主要选择，即：开南门（朱雀门）、开左门（青龙门）、开右门（白虎门）、开北门（玄武门），但玄武方不宜开门，西方称北门为"鬼门"，东方称北门为"败北"，均不开北门。

开朱雀门：前方有一宽敞绿茵、平地、水池、停车场，即是有明堂。这样，外气聚于前就用中门接收，门便适宜开在前方中间。

开青龙门：风水学里以路为水，讲究来龙去脉。地气从高而多的地方向低而少的地方流去，如果大门前方有街或走廊，右方路长为来水，左方路短为去水，则宜开左门来牵引收截地气。此法称为"青龙门收气"。

开白虎门：如果大门前方有街或走廊，左方路长为来水，右方路短为去水，则住宅宜开右门来牵引收截地气。此法称为"白虎门收气"。

## 宜007 大门宜位于交通便利处

便利的交通条件可方便日常生活，顺畅的交通也代表着顺利的家运。但要注意，大门不可与大路直冲，家人的身体健康不利。如果住家的大门正好面对路冲而无法改变的话，最好是在屋前种植树木化解。

▲ 为了方便日常生活，大门应开在交通便利处。但是要注意，大门不可与大路直冲。

## 宜008 开门方向宜与职业相符

大门开向哪一个方位才适合自己，有利于事业呢？古人认为，以东、南两个方位为佳。

正门向东：太阳从东边升起，旭日东升，象征着朝气活力，是最适合商家的门向。

正门向南：代表以坐北为主，南面称臣，适合政治家、企业家、宗教家、富商、名人等的门向。

▲ 开门方向宜与职业相符，一般而言，以东南两个方向为佳。

## 宜009 外大门宜用乳白色、红色等

大门是一个家庭的颜面所在，一座房屋给人的第一印象大多取决于大门的颜色。一般传统意义上大门宜用乳白色、红色、绿色。大门用白色表示纯洁，用红色表示鸿运当头，用绿色表示希望。

## 宜010 宜建造与身份相称的大门

大门与围墙是一体的，围墙的形状常因身份不同而有所不同。大门的形状也要根据居住者的身份、地位而有所区别。

## 宜011 大门宜有个性

大门是家给人的第一印象空间，此处的外观应十分讲究，比如不能过于低矮或高大，要与整个房间的空间大小相称，装饰风格宜结合四周的环境和主人的性格、爱好进行设计等等。因为大门作为居家外观形象，实际上就像一个人的脸面，面相关乎命运，家居大门也关系着一家人的运势。

## 宜012 大门宜往内推

大门往内推，站在门外就会有种被接纳的归属感，人们也就会喜欢回家，家庭凝聚力增强，做什么事情都很顺利。另外，若从屋里或房内出来时，往内推的门才不会不小心打到正好经过门口的人。

## 宜013 内大门宜颜色光亮

内大门颜色以整洁、光亮为佳，这样既美观，又能显现出宅内人的光明磊落，可以说是形神俱佳、一举两得。

## 宜014 外大门宜设在房子左边

古人认为，外大门应设在房子左边为佳，因为左边为龙，除非左边有直冲干扰，才可以安在白虎方（右）。店铺的大门开在"龙边"代表生意兴隆、大吉大利。如果整个门面都是店铺的大门，那出入的通道就应设在"龙边"，这样才会大吉大利，其效果与大门开在"龙边"相同。

▲ 因为左边为龙，一般情况下，外大门设在房子左边。

## 宜015 住宅宜有后门

现在的高楼很多，因为高楼的房子都是集合式住宅，每户均可以聚气，且前后多伴有阳台，不需要有后门。但是谈到独栋住宅，不管是别墅还是平房，一定要有后门。后门打开会使气流相通，促进室内空气流通。如果有前无后代表有始无终，在安全上也多了一层顾虑。如果实在没办法开后门，则可在宅后适当的位置开启较大的窗户，使新鲜的空气适时进入。

## 宜016 大门宜避让相邻的大门

装修装饰中，大门的开向应与对面的大门错落相对，避让相邻的大门开向，不与邻居的大门形成"大眼瞪小眼"的格局。另外，大门要与安全门错开。

## 宜017 大门的高度宜合乎比例

大门的高度要合乎比例，通常以2.3米为标准。大门高度不可太高，否则犹如监狱大门，是不吉利。

## 宜018 大门宜与墙壁保持一定距离

大门应与邻居家墙壁以及自家的围墙保持适当的距离，这样才能体现出空间上的立体感，且能够以独立的姿态展现在人们面前，进而彰显出主人的品位和气度，也可避免墙壁挡住采光及气的流通。

▲ 大门应与邻居家墙壁以及自家的围墙保持适当的距离。

## 宜019 门前宜有宽广的活动场所

门前有空旷的草地或活动场所是接气聚气的大好环境，且方便家人休闲活动。从风水学角度来讲，会令住宅人气兴旺，运气增强。

▲ 门前有空旷的草地或活动场所，方便家人休闲活动。

## 宜020 大门入口宜有门槛

中国传统住宅讲究门槛规格，门槛指门下的横木。传统住宅的大门入口处必有门槛，人们进出大门均要跨过门槛，能起到缓冲步伐、阻挡外力的作用。

古时的门槛高与膝齐，如今的门槛已没这么高，大约只有一寸，实现了美观性向实用性的转换。

用木质门槛会明确将住宅与外界分隔开来，且门槛既可挡风防尘，又可把各类爬虫拒之门外，因而实用价值很大，对阻挡外部不利因素有一定作用。

## 宜021 大门宜为方形

大门是纳气所在，外形方正的大门有利于气的流通，也能体现宅内之人大气、端庄、稳重的一面。

## 宜022 外大门宜坚固耐用

外大门的坚固耐用关系到家的长治久安，坚固的外大门能很好地保护住宅的安全。在日常生活中，也可防贼防盗，给居住者以安全感。

## 宜023 大门的尺寸宜与房子成比例

大门的尺寸与房子的大小应当成比例，不可门过大而宅过小，亦不可宅过大而门太小，这牵涉到一个和谐问题。大门是家的一部分，它比房子更为显眼，大门不好则会影响住宅的整体美，还会影响到居住者的品位和形象。

▲ 大门会影响住宅的整体美，其尺寸与房子的大小应成比例。

门槛的颜色宜与屋主出生季节相配合

## 屋主出生季节与门槛宜忌颜色对照表

| 出生季节 | 门槛宜忌颜色 |
|---|---|
| 春季<br>（农历一月至三月） | 首选宜用：白色、金色、银色等<br>次选宜用：蓝色、紫色、灰色等<br>忌：绿色 |
| 夏季<br>（农历四月至六月） | 首选宜用：蓝色、紫色、灰色等<br>次选宜用：白色、金色、银色等<br>忌：红色、橙色等 |
| 秋季<br>（农历七月至九月） | 首选宜用：绿色<br>次选宜用：红色、粉红色、橙色等<br>忌：白色、金色、银色等 |
| 冬季<br>（农历十月至十二月） | 首选宜用：红色、粉红色、橙色等<br>次选宜用：绿色<br>忌：蓝色、紫色、灰色等 |

## 宜025 大门宜贴财神像

财神是中国民间普遍供奉的善神之一，每逢新年，家家户户悬挂财神像，希望财神保佑大吉大利。大门是吉利位，也是接纳外气的关键位置，宜贴财神像。

## 宜026 大门对角宜摆盆景

坐北朝南的住宅，屋门对角的西方在卦相上有天、父、创始万物的含义，所以应放一盆植物，让这里显得生机盎然，可增加住宅主人的创造活力。而且，摆盆景比摆花草好，因为盆景四季常青，恒久不变，象征主人创造力的稳健、持久；如果摆放生命力弱的花草，一年花开花落几次，蕴涵着主人财运不佳。

## 宜027 开门宜见红

开门见红，也叫开门见喜，即开门就见到红色的墙壁或装饰品，入屋放眼则有喜腾腾之感，给人以温暖振奋的感觉，使人心情舒畅。

## 宜028 宜在门旁摆水景催财

古人认为，大门是整个屋宅的纳气口，财气进屋，必然经过大门。宜在门旁边摆水，所谓"山主人丁水主财"，有水的地方无财能生财，有财能旺财。除了水之外，所有水种植物及插花都有催财的寓意。

大师全解居家设计的宜忌法则
全面公开趋吉避凶的布局秘诀

### 宜029 门柱宜笔直

从建筑学观点来看，门柱笔直才能坚固，才能有支撑力。古时候的住宅大门或现在的寺庙大门，门柱上有两扇极重的门板，因此，门柱必须坚固，既要能够承受屋顶的压力，还要能支持门板的拉力。

▲ 门柱笔直才能坚固，才能够承受屋顶的压力和支持门板的拉力。

### 宜030 大门图案宜与五行相生

大门除了讲求八卦方位的配合外，其图案也有讲究。各类图案是由不同形状组成的，而不同的形状都有其五行属性。

金行——圆形、半圆形；

木行——长线、长方形；

水行——由几个圆形或半圆形所组成，如梅花形、波浪形；

火行——三角形、多角形；

土行——正四方形。

### 宜031 开门宜见绿

开门见绿即一开门就见到绿色植物，木即"材（财）"，有招财进宝之意，又显得生机盎然，可收到养眼明目之功效。

### 宜032 门向宜与地垫颜色相配合

门向与地垫颜色配合得宜可令家宅运气旺上加旺。以下是八个门口朝向宜配合的地垫颜色：

门口朝向东方、东北方，配合黑色地垫；

门口朝向南方、东南方，配合绿色地垫；

门口朝向西方、西南方，配合黄色地垫；

门口朝向北方、西北方，配合乳白色地垫。

▲ 门向与地垫颜色配合得宜可令家宅运气旺上加旺

## 宜033 正大门宜贴关公像

在正大门上贴上关羽、周仓的彩色画像，俗称"门神"，象征保护家宅。关公是守护之神，所以也可在大门一左一右贴上关公像，寓意平安、顺利、财源滚滚。

▲ 在大门一左一右贴上关公像，寓意平安、顺利、财源滚滚。

## 宜034 大门两旁宜摆放吉祥物

大门两旁宜摆放麒麟、貔貅、石狮、石象等吉祥物，它们都是镇宅的主要物品，可趋吉避凶，象征家庭吉祥如意，还可以增添运气。

## 宜035 开门宜见画

若开门就能见到一幅雅致的图画，一能体现居者的涵养，二则可缓和进门后的仓促感。至于挂什么画要根据画的五行功用来选择，如五行缺水的人可以挂九鱼图。

## 宜036 宜利用大门颜色开运

为家中的大门挑选一个吉祥如意的颜色可以为家庭带来好运。红色在五行中属火，对应到八卦方位是南方，如果大门开在正南方，喜庆的红色大门可以有效加强大门的气场，吉祥的气就能容易进入；如果大门开在北方，则最好选用黑色或蓝色，因为黑与蓝在五行中属水，象征北方稳定的力量，但如果传统审美上比较认可鲜艳、喜气的颜色，也可以利用五行相生相克的原理，即"金生水"，选用金色、银色的大门，一样可以带来优质气场。

## 宜037 大门前宜有良好的采光

大门前的空间必须有良好的采光，例如，传统的四合院就是属于前庭宽广、开阔，光线充裕的建筑物。前庭宽广开阔，光线自然充足，光线充足后气流自然顺畅。如果大门采光不足，就会给日常生活带来诸多不便，也会影响家运。

## 宜038 木门的选择宜配合居室环境

木门属于居室的立面功能性饰品。一般来说，木门同家居中的家具、墙面漆、窗套哑口的关联比较大。当居室环境为暖色调时，可以选择较暖色系的木材制成的木门，如：紫薇、樱桃木、柚木等。当居室环境为冷色调时，相对应选择色浅一点的木材制成的木门，如白色混油、桦木等。另外，木门应该同家具的颜色接近，应该同窗套哑口尽量保持一致。

解读住宅宜忌

选择大门的颜色主要参考两个数据，一是根据大门的方位来选择吉祥的颜色；二是应根据房主的五行之色选择适宜旺运的颜色。

### 大门方位颜色宜忌表

| 方位 | 属性 | 大门颜色宜 | 大门颜色忌 | 大门颜色平 |
|------|------|-----------|-----------|-----------|
| 东门（震方） | 木 | 木：青、绿<br>水：黑、蓝 | 金：金、白<br>火：红、紫、橙 | 土：黄、咖啡 |
| 东南门（巽方） | 木 | 木：青、绿<br>水：黑、蓝 | 金：金、白<br>火：红、紫、橙 | 土：黄、咖啡 |
| 南门（离方） | 火 | 木：青、绿<br>火：红、紫、橙 | 水：黑、蓝<br>土：黄、咖啡 | 金：金、白 |
| 西南门（坤方） | 土 | 火：红、紫、橙<br>土：黄、咖啡 | 木：青、绿<br>金：金、白 | 水：黑、蓝 |
| 西门（兑方） | 金 | 土：黄、咖啡<br>金：金、白 | 火：红、紫、橙<br>水：黑、蓝 | 木：青、绿 |
| 西北门（乾方） | 金 | 土：黄、咖啡<br>金：金、白 | 火：红、紫、橙<br>水：黑、蓝 | 木：青、绿 |
| 北门（坎方） | 水 | 金：金、白<br>水：黑、蓝 | 土：黄、咖啡<br>木：青、绿 | 火：红、紫、橙 |
| 东北门（艮方） | 土 | 火：红、紫、橙<br>土：黄、咖啡 | 木：青、绿<br>金：金、白 | 水：黑、蓝 |

# 大门设计之忌

"大门者，气口也。气口如人之口中，气之口正，便于顺纳财气，利人物出入。"大门设计的好坏对居住者的运势可以产生极大的影响，它的位置、形状、大小关系着居家纳气的旺、衰、强、弱。因此，我们要了解大门设计的诸多忌讳，以便在居家生活中予以避免。

## 忌001 忌街道直冲大门

倘若门前有街道直冲，这在传统的风水学上看来不吉，应避免。

## 忌002 忌斜坡冲射大门

有些房屋建在斜坡尽头，大门面对斜坡，形势险恶，于生活也不安全。

## 忌003 忌选用逆纹门

安装大门时，必须看清楚木纹是顺生还是逆生。通常，由上至下生的纹是顺纹，由下至上生的纹是逆纹。顺纹门寓意家宅安宁畅顺，逆纹门则不吉利。

## 忌004 大门忌太低

若门楣太低，出入都必须弯腰低头，时间久了，人的目光习惯性向下方看，遇到强势的事物，也更容易选择低头退让。

## 忌005 防盗门忌单薄没有坚实感

防盗门材质不可单薄没有坚实感。过分单薄的防盗门一是防盗能力低，二是使人在心理上缺乏安全感，一般厚度必须在3厘米以上。

## 忌006 大门忌正对出口门

为了住户的安全，大楼一般会设置出口门。若是住宅大门面对出口门，使得灌入的风比较强，则不利于家人健康。再加上出口门的设计多数会比一般的大门大，这会使居住者有种被压制的感觉。

▲大门不宜正对出口门。

## 忌007 门前忌有菱形、尖形建筑物

门前如果有菱形、尖角或形状古怪的建筑物，会影响到人的情绪。化解的方法就是改门向，或者在门头挂上凸镜。

### 忌008 门前有水流忌开中门

如果住宅的正前方有水流，且水流不聚于堂前方，这种情形忌开中门。因为水流会产生气流，如果开中门的话，水流和气流就会都冲进住宅里，有损家人的健康和运气。

▲ 住宅的正前方有水流，且水流不聚于堂前方，这种情形忌开中门。

### 忌009 自家大门忌与邻居家的太近

自家大门与邻居家的大门太近，容易出现两门相撞的情况，给居住者带来不便，宜改变大门位置。

### 忌010 门前忌正对锁链状物品

大门若正对锁链状植物或工艺品，风水学理论认为，此为藤蛇宅很不吉利。化解方法是尽快将锁链状物移开，或者改变开门的方向。

### 忌011 大门忌对消防门

现在许多大楼为了安全，都会设置消防门。如果自家的大门正对着消防门，气就会从大门流向消防门，不利聚气。

### 忌012 住宅大门忌正对电梯门

电梯门对住宅的影响非常大。本来住宅是聚气、养气之所，电梯门正对住宅大门，会把家里的运气吸走，不利财运。大门正对电梯时可以设置屏风、玄关等进行遮挡。

### 忌013 外大门忌与水流同向

外大门的开门方向绝对不可顺着水流的方向，预示家里的好运都会顺水流走，不吉。

▲ 外大门的开门方向绝对不可顺着水流的方向。

### 忌014 门口忌对着升降机

升降机对大门，预示起伏不定，很不吉利。

### 忌015 大门忌正对"反弓形"环境

古人认为，大门正对呈反向弯位的马路或河流，即面对"反弓形"环境，车流或水流愈急，负面影响便愈大。这时可在大门或铁栅门前加设对金色狮子头，寓意趋吉避凶。

### 忌016 大门忌正对垃圾槽门口

此情况会令秽气冲入屋内。遇到这种情况，可在门后加置屏风，或在玄关再安一道推拉门以挡秽气。平日切记要把垃圾槽的大门关上，以免秽气冲入屋内，亦可点香薰或檀香来驱散气味。

### 忌017 大门忌直冲马路

在传统风水学中，喜回旋忌直冲，这种大门直冲马路的住宅称为"虎口屋"。从里往外看，车辆、行人都笔直朝自己的家门而来，会造成心理恐慌不安，易遭受人、车辆等的袭击，是事故易发之地。如地理条件许可，可在门前种植环形的常青树（冬青树）丛加以化解。

### 忌018 两家的大门忌相对

两家的大门如果正好相对，就像每时每刻都与对方保持四目相对，难免会产生冲突。从常理来分析，门对门会出现许多不期而遇的情况，有时会不小心给对方造成惊吓，或一些隐私不经意间被对方看见而产生尴尬。类似的情况发生的次数多了，就会心生厌烦，从而导致产生矛盾。所以，风水学理论认为，大门最好不要与他人房屋的大门相对，以避免发生一些不必要的矛盾。

### 忌019 忌在不同的方位同时开大门

从风水学角度来讲，此乃多头马车的现象，不利于主人保持清醒的头脑。应保留合乎"元运"的大门，封闭另一扇门。

### 忌020 大门忌对着死巷

大门对着没有通路的小巷，则宅中的气不易流畅，空气不能保持新鲜，就会积聚许多浊气，对居住者的健康极为不利。气的道理与水相同，活水能保持清洁，死水则必定淤积污物、腐臭不堪。

### 忌021 门前忌有枯树

大门前不能有枯树。风水学理论认为，门前的枯树和家中的盆栽，不管是倒地的还是直立于地上的，都会影响到家人的健康和情绪，对老年人的影响尤其大。化解方法是，在门前枯树的地点重新种植新的树木。

### 忌022 门口忌乱堆杂物

门口应保持整洁、通畅，但有些人却没有良好的卫生习惯，有时还为了图方便，喜欢随手在自家门前胡乱堆放杂物。尤其是在一些管理不严格甚至没有管理制度的住宅小区，一些住户为了多占一点公共空间，往往把鞋子、杂物等堆放在门口。其实，这种行为不但会引起很多居家生活上的不便，而且从风水学的角度来讲也是很不合适的。这样会导致生气无法顺畅地进入，而浊气也无法顺利排出，这样会使住宅的气场不佳，而且容易导致空气污染，直接影响人的心情。

### 忌023 忌门高于厅

"门高于厅"，就是说大门的门楣挑得太高，高度超过室内客厅的天花板，这样会造成家中人口越来越稀少。

很多寺庙会在广场前面加盖牌楼，这种牌楼也不可以高过庙宇建筑。屋前过高的牌楼会形成"门高于厅"，太高的围墙也是一样。

若门太高，人进出门时，会习惯性往上看，有爱慕虚荣的心理暗示，自己处理事情也会眼高手低。

### 忌024 忌半开大门

装修时，很多人为了保证安全，在家中大门外加造一道铁门。殊不知这是不好的设计，特别是半敞式铁门，出入只能使用门的一半，象征所有东西只能收一半，纳气口也只能吸纳一半，很不吉利。

### 忌025 大门忌正对桥

在我国民间，把门前不被"小桥冲射"视为生活常识。门前有桥直冲，或在大桥出入口的两旁建屋开店都是不好的。房屋和大桥的关系，大桥和水流的关系，在中国传统"家相学"中有很多的论述，虽有

戒之过甚之嫌，但这样的选址还是要尽量避免。

▲门前有桥直冲，或在大桥出入口的两旁建屋开店都是不好的。

### 忌026 内大门忌用黑色

黑色的大门会让人心理上产生压抑感，也不美观。

### 忌027 开门忌见山

在山坡地建造住宅，就有了"开门见山"格局的产生。风水学理论认为若是住宅和山距离太近，极不吉利。所谓的"见山"，并非远山，而是近山。若大门前方有一座大山阻挡，气的流通就会受此山阻碍，且在心理上给人一种压迫感。

### 忌028 大门忌正对烟囱

烟囱所排出的是污气、废气，如果在面对烟囱之处开门，则烟囱所排出的污气、废气全部都进入家宅中，对人体健康尤为不利。所以，在买房子时一定要注意四周是否有排放污气、废气的烟囱。

## 忌029 大门忌太狭窄

一般来说，住宅的大门宜大不宜小，太狭窄的大门易让人产生压迫感，并难以吸纳生气。风水学理论认为，大门是气口，气口不可太窄，大门越是阔大，就越是吉相。大门做得过小，就是缩小了屋宅的气口，不利于纳气，使气的流入减少减慢，从而导致屋内生气减少。

▲太狭窄的大门易让人产生压迫感，并难以吸纳生气。

## 忌030 大门忌向外开

大门应向内开而不能向外开。因门主进气，若门是向外开的话，就会把屋内的祥和之气送走，象征着失运。

## 忌031 大门忌太宽

古人认为，门开得太宽，就不能藏风聚气。预示着不仅钱财留不住，人丁也会离散，身体也会虚弱。

## 忌032 忌楼梯压门

大门上方如果有楼梯经过，并出现压门的情形，家中人员会感觉压力沉重，抬不起头。

## 忌033 大门忌对着窄巷

通常，两间房子之间的窄巷不但是死巷，而且阴湿肮脏，故不宜正对大门。

## 忌034 忌家居小门成双

许多平房或公寓一楼大门旁，都设有一个住户进出的小门（偏门），这种屋宅到处都有，大家也见怪不怪。不过，古风水书中曾提到，小门只能有一个，千万不能成双，否则预示着屋宅之气从一个小门进，同时从另一个小门出。

▲家居设小门也只能有一个，千万不能成双，否则预示着屋宅之气从一个小门进，同时从另一个小门出。

### 忌035 大门忌有破损

门是进气之口，如果大门有破损，不仅影响纳气，而且使人产生衰败之感。因此，大门如若破损，一定要及时修葺。

### 忌036 大门忌正对阳台

从日常生活考虑，如果住宅大门与阳台相对，则每当大门敞开时，外面的人就可以一眼看到阳台，居室内的情况将一览无余，不利于保护家庭隐私。其化解的方法是：在大门和阳台之间安放一个柜子；大门入口处放置鱼缸或屏风；阳台种植盆栽或爬藤类植物将阳台遮挡；长期拉上窗帘。

### 忌037 大门忌做成拱形

大门做成拱形，状似墓碑，阴气较重，很不吉利。这种情况在家居装饰中时有所见，特别需要引起注意。

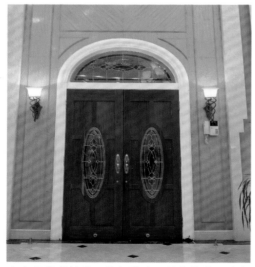

▲大门做成拱形，状似墓碑，阴气较重，对宅运不利。

### 忌038 忌连穿三重门

屋内不能连续开三道或三道以上的门。因为这种格局好比屋子里插了一把剑，会让屋子失去生气，充满破败之气。

### 忌039 门框门柱忌弯曲变形

大门的门框若弯曲不直变形，不仅影响美观，还不吉利，应迅速修正。

### 忌040 门柱忌有虫蛀的现象

宅屋中的门柱有虫蛀的现象，代表宅中之气涣散，要及时快速地处理被虫蛀的门柱。

### 忌041 忌横梁压门

横梁压门让人一进门就有受压制的感觉。从风水学角度来看，横梁压门预示着家中之人无法发挥自己的聪明才智，这是大门设计之大忌。

▲横梁压门预示着家中之人无法发挥自己的聪明才智，为大门设计大忌。

## 忌042 大门门槛忌断裂

现代的门槛除了用木材制成的，也有用窄长形石条制成的，大门的门槛要谨防断裂。门槛断裂便如同屋中大梁断裂一样，不吉。门槛完整则宅气畅顺，断裂则运滞。如果门槛断裂，必须及早维修、更换。安放门槛还要注意，门槛的颜色要与大门的颜色协调。

## 忌043 大门忌开在斜天花板下

设在斜线上或斜天花板下的门俗称"斜门"，不吉。

## 忌044 大门忌正对厨房门

大门不宜正对厨房门，化解方法是在大门入口处加一道屏风。

## 忌045 开门忌见厕所

一进门就见到卫浴间，犹如用秽气迎接来访者，首先对客人不够礼貌，而且也令主人自降身份，显得没有品位。

## 忌046 大门忌正对楼梯

如果大门是正对着楼梯，会形成两种不同的格局，一是正对的楼梯是向下，则预示内气外流，因此要在门后设置屏风来阻止内财外流；另一种情形是大门正对向上的楼梯，则不用担心内气外流。若在门内放置大叶植物，如发财树、金钱树等，则能更好地引财入室。

## 忌047 大门忌正对主卧室

有些小户型房屋，进门即可见到主卧室，这种设计在风水学上被认为极不吉利的。

▲ 大门不宜正对主卧室。

## 忌048 门缝忌有破洞缺口

在风水学中，大门为屋宅之口，以人体的器官来比喻，是与嘴巴相对应的。如果大门有门缝过大、门无法密合等情况，则预示了不和谐，应避免。

## 忌049 门忌正对镜子

现代人装潢住宅时，为了使室内看起来更宽敞，或者为了方便整理仪容，喜欢在玄关处悬挂镜子，这并不是不可取的，但在安置镜子时，注意不要让镜子正对门。镜子正对门，镜子就会照出门，就出现了门对门的格局，不吉利。

大师全解居家设计的宜忌法则
全面公开趋吉避凶的布局秘诀

074

▲ 住宅大门与阳台相对，使得进门时居室内的情况一览无余，不利于保护家庭隐私，必须采取化解方法。

## 忌050 忌前门直通后门

一进大门即可看到后门，虽然两门相对有利于空气流通，但屋子也容易失去保温作用，不利于居住者的身体健康。化解方法是在房子中间做面假墙阻挡，但不能用半透明材质、磨砂雾面或玻璃等透光材料。也可以用柜子来遮挡，遮挡物的宽度一定要超过后门的尺寸，这样才能完全挡住气流从后门泄出。

## 忌051 大门忌正对窗户

大门是纳气的地方，如果对着窗户，所纳之气来不及停留便从窗口泄出，不利于聚气，故大门不宜直对着窗户。其改善方法是在大门与窗之间放置一屏风，屏风高度以从门口看不到窗户为宜。如果房间面积本就狭小，那么放置屏风只会使空间看起来更小，此时，可以在大门上或在大门与窗之间安装一幅珠帘。

## 忌052 大门忌正对房内墙壁的尖角

风水学上最忌讳尖角的力量，若每天开门都要面对墙壁的尖角或壁刀，容易发生意外，尤其不利于家人的身体健康。如果面对这种情况，宜尽量把尖角修圆。

## 忌053 开门忌见墙

一打开门就出现一堵墙的话，会给人心理上造成压抑，而且墙还会挡住气流的流通。如果经常开门见墙，或者开门可见另一房间的话，则人体内气的流通会被扰乱，不利健康。

## 忌054 大门忌正对餐桌

若餐桌与大门成一条直线，站在门外便可以看见一家大小在吃饭，非常不妥。最好是把餐桌移开，但如果确无可移之处的话，应该放置屏风或板墙作为遮挡。

▲ 大门正对餐桌，会导致住宅的元气外泄。

大门图案忌与方位五行相克

如果大门的图案五行与方位五行相克则不宜。

### 大门方位与图案相忌表

| 方位 | 属性 | 大门图案忌 |
|---|---|---|
| 东门（震方） | 木 | 金：圆形、半圆形<br>火：三角形 |
| 东南门（巽方） | 木 | 金：圆形、半圆形<br>火：三角形 |
| 南门（离方） | 火 | 水：波浪形、梅花形<br>土：四方形 |
| 西南门（坤方） | 土 | 木：直线、长方形<br>金：圆形、半圆形 |
| 西门（兑方） | 金 | 火：三角形、尖形<br>水：波浪形、梅花形 |
| 西北门（乾方） | 金 | 火：三角形、尖形<br>水：波浪形、梅花形 |
| 北门（坎方） | 水 | 土：四方形<br>木：直线、长方形 |
| 东北门（艮方） | 土 | 木：直线、长方形<br>金：圆形、半圆形 |

解读住宅宜忌

一看就能明白的住宅宜忌
用就能转运的设计妙招

075

### 忌056 外大门忌与内大门在同一直线

一些面积较大的住宅或旧楼，会设有外大门和内大门，此两道大门若置于同一直线上，外界浊气会直透入屋内，影响家人的健康。

### 忌057 实木门忌变形

选购实木门会遇到实木门变形的问题。一些厂家在生产过程中，由于设备和工序的问题，不能及时上油漆密封产品，导致材料吸收水分，即使后来经打磨、上漆，依然会留下隐患，容易出现夏天膨胀、秋冬断裂的现象。

▲ 大门正对向上的楼梯，则不用担心内气外流。

### 忌058 忌随意选用实木门

实木门的选择不可完全受商家的说辞影响。全实木门也有高、中、低档之分，不仅用料方面优劣差别甚远，就是在设计

及工艺技术水平以及质量、性能和使用寿命方面，也有着上下高低的区别。就连目前市场上"完全实木"门、"整体实木"门、"纯粹实木"门等称呼，也都是商家为了推销木门的一种炒作，既不规范，也不科学。其实，任何一扇传统的实木门，都离不开现代工艺手段的处理和加工，而且越是高档实木门的木料，越要运用新的科技手段，通过现代的先进工艺加工处理，才能越发显示出其所独有的优越性。此外，越是强调"完全"、"整体"和"纯粹"的实木门，在使用时造成开裂、变形的几率也就增大，其脱水处理的技术难度也越大。因而在选购全实木门时，除了注意其外观、木质、性能、价格等外，还应留意该产品的含水率。除材质外，加工处理的工序繁复和规范到位，都对实木门的质量和价格起着重要的作用。

▲ 实木门虽然好看、耐用，但在选购时，除了注意其外观、木质、性能、价格等外，还应留意该产品的含水率。

# 第三章

# 玄关设计宜忌

玄关在佛教中被称为入道之门。而在住宅结构中，玄关则特指居所的外门，是进出房屋的必经之地，是亚洲传统建筑的重要组成部分。玄关是从大门进入客厅的缓冲区域，让运动的进入者静气敛神，同时是引气入屋的必经之道。玄关可说是住宅的咽喉地带，它给予进入者的感觉相当于人与人之间的第一印象。因此，玄关不能可有可无，随便构建，应根据其实际要求认真处理。

大师全解居家设计的宜忌法则
全面公开趋吉避凶的布局秘诀

# 玄关设计之宜

风水学理论认为，玄关代表一个家庭的金钱运，玄关风水对主人的事业有举足轻重的影响，因此其在方位布局及装饰布置上都要特别讲究。比如说玄关要设置在吉方位上；玄关宜明不宜暗，在采光方面必须多花心思；玄关宜保持整洁清爽，不要堆放太多杂物。

## 宜001 宜利用玄关聚气纳财

玄关是住宅内最重要的组成部分之一，代表着家庭的金钱运。良好的玄关风水会增添家居财运。因此，宜对住宅的玄关着力布置，利用玄关为家居聚气纳财。

▲住宅的玄关应该着力布置，它能为家居聚气纳财。

## 宜002 玄关宜设在东南方

玄关的理想方位，从房屋的中心来看，有东、东南、南、西北四个方位。其中，最理想的方位是东南方。东南方是玄关最具吉相的方位，玄关设在此处

不但安全，还预示全家人各自发挥最大能力，并有好运气。另外，玄关如果设在东、南、西北方位也是吉相，但需要注意的是主人的本位如果刚好是以上几个方位，则不宜。

## 宜003 玄关宜摆放常绿植物

摆在玄关的植物，宜以长叶的常绿植物为主，例如铁树、发财树、黄金葛及赏叶榕等，颜色以青绿为上选，有花朵的亦可。

▲摆在玄关的植物，宜以长叶的常绿植物为主。

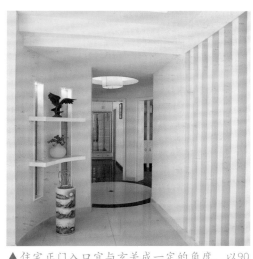

▲ 住宅正门入口宜与玄关成一定的角度，以90度为宜。

## 宜004 大门对窗或后门宜设玄关

门和窗户是气流进出屋内的开口，如果住宅的入口正好对着后门、巨大的窗户或者光滑的玻璃门，形成前后门相穿，使气穿堂直出，不能聚集于屋内，穿堂风拂动，就会对人的健康造成不利。如果住宅格局处于上述情况，宜设置玄关。

## 宜005 大门对死胡同等宜设玄关

住宅的大门不宜正对死胡同、细长的街道，这样不利安全；同样，从住宅向屋外看，如见两座大厦靠得很近，两座大厦的中间出现一道相当狭窄的缝隙，便会产生穿堂风，也对健康不利。再者，如果开门见一条长长的走廊，也对安全不利。如果自家的住宅正好处在如上述提及的环境之中，假如不能改变门的方向，宜设置玄关。

## 宜006 大门对尖角、柱等宜设玄关

邻居的屋顶、车库、阳台和建筑的侧面都有可能形成一个尖形的角，开门见到尖角，客厅或房间容易被墙角冲射。另外，门外有柱和柱状物也会影响人的健康和财运。如果已经居住在以上区域者，宜设置玄关。

## 宜007 大门外有电站等宜设玄关

从物理角度讲，居住在靠近高压电线、大型变电所、强力发射天线、高亮度泛光建筑等住宅里的人因受各种辐射、电磁场的影响和干扰，很容易出现情绪烦躁、失眠不安等心理和情绪上的异常情况。而住在玻璃幕墙对面或玻璃幕墙的倒影中也会对人造成压抑感，对人体健康非常不利。如果居住环境处于上述的情况宜设置玄关。

## 宜008 开门见墙角宜设玄关

开门就看到墙角，不仅视觉上不美观，而且心理上也不舒畅。在装修时，如果不将墙角做半圆形处理，宜设置玄关。

## 宜009 玄关设计宜强调审美享受

玄关虽然是个弹丸之地，但一个设计巧妙的玄关就是一道体现居家品位的风景线，大空间玄关在设计上更强调审美的享受，因而大都应有独立的主题，但也要兼顾整体的装修风格才行。

## 宜010 大门与客厅之间宜设玄关

客厅一般设计在住宅入口处，为使客厅与外界接触时有较好的过渡、保持一定程度的私密性，在大门与客厅之间宜设玄关。设置玄关，还可使内外气有所缓冲，气得以回旋后聚集于客厅。

▲ 在大门与客厅之间设玄关，可以使气得以回旋后聚集于客厅。

## 宜011 大门与阳台成一线宜设玄关

大门与阳台成一条直线，这种格局为前后通透，可以一眼看透大门与阳台，房间的私密性很差，人常被外界的声音、景观影响，且空气形成对流，对人体健康不利。在这种情况下，宜设置玄关。

## 宜012 开门见灶宜设玄关

厨房开门见灶会拂动灶台的风，这样很难生火。如果住宅属于这种房型若不改变厨房门的位置则宜在进门处设置玄关。

## 宜013 开门见梯宜设玄关

住宅本是聚气养生之所，当楼梯迎着大门而立时，室外的空气会和室内的空气形成气流，对人体健康极为不利。如果居住在这样的环境，宜在进门处设置玄关。

▲ 当楼梯迎着大门而立时，宜在进门处设置玄关。

## 宜014 开门见镜宜设玄关

镜子会反射动静之气，让室内气息随时而转，不固定在某个位置上。所以，最好不要在家里放过多、过大的镜子，镜子对着入口更是不利。如果人走入室内时正对着一面镜子，就会感到迷惑，弄不清方向。如果住宅开门见镜宜设置玄关。

## 宜015 开门见厕宜设玄关

厕所是供人们排泄的空间，本身并不算干净，更因厕所是极秘密的场所，所以大门也不宜直对厕所。如果大门直对厕所宜设置玄关。需注意的是地下排水管不宜跨越大门和玄关之间。

▲ 大门不宜直对厕所，可设置玄关化解。

## 宜016 玄关宜藏风纳气

玄关材质选用方面，最好用不透明的材质。因为风水上讲究"藏风纳气"，玄关要能达到让风回旋的效果要注意玄关的大小、高度需和门的大小、高度相当，如此才能发挥藏风纳气的最大效果。以科学的观点来看，玄关能阻挡长驱直入的风势，有相当不错的保暖效果。

## 宜017 玄关宜与书房相对

打开大门，站在玄关处即可看到书房的格局，可以提高居住者的向学心、求知欲和工作上的干劲。使居住者即使在家中也不会糊里糊涂地过日子，而会将时间花在看书或全心投入与工作中，可以说这是最适合有学生的家庭的空间布局。

▲ 玄关处看到书房，可以提高居住者的向学心、求知欲和工作上的干劲。

## 宜018 玄关宜舒适方便

玄关是居住者出入的必经之地，必须以舒适方便为宜。玄关舒适的指标为：三口之家宜将玄关设置为3～5平方米，通常可在玄关设置一个宽0.4～0.6米、长1.5米的衣鞋柜组合，放置平时更换的外衣、鞋子；如果是五口之家，将柜子长度加到1.8米也就足够了。若过道有拐角，还可以安个镜子、花瓶等，既转换了空间，也方便更换衣服。

### 宜019 玄关宜与起居室相对

一回到家时，如果起居室出现在眼前，可让人的内心觉得无比轻松和放心。而且懒懒地坐在沙发上，一边看电视一边和家人和乐融融地闲聊，还可以解除工作上的紧张和压力。这样家成为最适合休息的场所，所以这种空间布局对于工作疲劳返家的上班族而言最为理想。

▲玄关设置在可以见到起居室的地方，这种格局对于工作疲劳返家的上班族而言最为理想。

### 宜020 玄关的间隔宜通透明亮

玄关的间隔宜通透明亮。玄关与客厅之间隔应以通透为主，因此通透的磨砂玻璃较厚重的木板为佳。即使必须采用木板，也应采用色调较明亮而非花哨的木板，色调太沉易有笨拙之感。另外玄关宜明亮，如果玄关处没有室外的自然光便要用室内的灯光来补救。

### 宜021 玄关宜与居室风格统一

设计玄关隔断时，要考虑和整个居室风格的一致性，避免为追求花哨而杂乱无章地拼凑，那样的话一定会适得其反。玄关中的家具包括鞋柜、衣帽柜、镜子、小凳等，都要与房屋的整体风格相匹配。

▲设计玄关隔断时，要注意与整个居室的风格保持一致。

### 宜022 玄关的设计宜合理

玄关的造型设计不宜比其他公共区域更复杂，宜维持合理的交通线，避免因为玄关的设计而影响正常功能的使用。

### 宜023 玄关宜设计成花架屏风

门是接纳旺气的方位，可在进门的地方，设个回旋式的玄关，作为进门的缓冲区，玄关可设计成低矮的花架屏风，上面可放置植物盆栽，这样门面既美观又可助长旺气进来。

## 宜024 玄关宜大而阔

玄关是居室入口的区域，是客厅与入口处的缓冲，是居家给人"第一印象"的制造点。从风水学上来讲，玄关宜大宜阔，要有2.5平方米以上。

▲从风水上来讲，玄关宜大宜阔，要有2.5平方米以上。

## 宜025 玄关的高度宜适中

玄关的高度宜适中，不宜过高或过低。一般控制在2.5～2.57米之间，可以使玄关的天花比室内的天花稍低一些，形成错落有致的相对变化。玄关顶上的天花若是太低，会有压迫感，在风水学上属于不吉之兆。

## 宜026 玄关宜吸收旺气

玄关处的灯宜以四盏或九盏（一盏灯有四个或九个灯光也可）为最佳，以收旺气之效。同时，玄关为入门的小空间，必须阳气充足。何谓阳，何谓阴？光线不足便属阴，反之则属阳。所以玄关必须装置照明灯，并保持长明状态，称为长明灯。玄关阳气强，家人的心情就会愉快，工作亦顺利。相反，如果玄关整天阴阴沉沉不见光线，家人的心情自然也就会被"传染"。住的大楼中如光线不足，最好在玄关全天候地打开长明灯，只有玄关保持光亮，气才能通顺，运气才会好。

▲玄关处的灯宜以四盏或九盏为最佳，而且最好保持长明状态，这样有利于吸收旺气。

## 宜027 玄关家具宜按面积来布置

布置家具时要根据玄关的面积和生活需要来选择。如果玄关面积大的话，可以选择大方、实用的家具；如果面积较小，则只放一个鞋柜来满足进出门换鞋的需要就可以了。

## 宜028 玄关墙壁颜色宜深浅适中

玄关的墙壁间隔无论是木板、砖墙或是云台，选用的颜色均不宜太深，以免令玄关看起来暮气沉沉。最理想的颜色分配，是位于顶部的天花颜色最浅，位于底部地板的颜色最深，而位于中间的墙壁颜色则介于两者之间，作为上下的调和。

## 宜029 玄关宜简洁整齐

玄关传达着家庭给外人的第一印象信息，表达着家庭能量交流平衡的特征，宜装修设计得简洁整齐，保持一尘不染。这样能够让家人从门前轻盈贯穿的积极能量中受益匪浅，而且玄关里的能量会被分送到各个室内，使每个房间都被"浸泡"在从玄关穿行过的能量里。

▲玄关宜装修设计得简洁整齐，保持一尘不染。

## 宜030 玄关地板的颜色宜较深沉

玄关地板的颜色宜较深沉。深色象征厚重，地板色深象征根基深厚，符合风水之道。如果要求明亮一点，则可用深色石料四围包边，而中间部分可采用较浅色的石材。

## 宜031 宜用屏风作玄关

恰当利用屏风作玄关既可以美化屋内环境又可以改善生活空间格局。用屏风当玄关方便、简洁，既可以挡掉门外进来的病气、杂气或煞气，又可催化旺气而扭转乾坤。

▲恰当利用屏风作玄关既可以美化屋内环境又可以改善生活空间格局。

## 宜032 玄关的天花灯宜圆方

有人喜欢把数盏筒灯或射灯安装在玄关顶上来照明，这是不错的布置，倘若排列成方形或圆形，则为吉，因圆形象征团圆，而方形则象征方正平稳。

## 宜033 玄关墙壁宜平滑

玄关是住宅进出的主要通道，其墙壁平整光滑可使气流畅通无阻。

▲ 玄关的墙壁要平整光滑，这样可使气流畅通无阻。

## 宜034 玄关的地板宜平整

玄关地板宜平整。地板平整可使宅运畅通，而且避免摔跤。同时，玄关的地板尽量保持水平，不应有高低上下之分。

## 宜035 玄关墙壁的间隔宜上虚下实

玄关墙壁间隔下半部宜以砖墙或木板为根基，密实不漏，而上半部则宜用玻璃来做装饰，通透又不漏风，最为理想。若不用墙来做间隔，也可用矮柜来代替，同时矮柜可用作鞋柜或杂物柜，其上则可装磨砂玻璃，既美观又实用。要注意玻璃不同于镜子，反射的镜子绝不可以面对大门，但磨砂玻璃无此顾忌。

▲ 玄关墙壁间隔下半部宜以砖墙或木板为根基，密实不漏，而上半部则宜用玻璃来做装饰，通透又不漏风，最为理想。

## 宜036 玄关鞋子宜摆放整齐

在玄关放置鞋柜，可以说是顺理成章的事，因为无论是家庭成员还是来访者在那里更换鞋子都十分方便。"鞋"与"谐"同音，而且必是一双，有很深的象征意义。鞋子也要保持干净、整洁，这样意味着外来的运气有序、顺利。

## 宜037 玄关地面宜区别于客厅地面

玄关的地面一般宜与客厅的地面有所区别，材质上运用纹理美妙的磨光大理石拼花，或用色泽不一的木地板拼花勾勒而成。更为简单的就是使用一张或多张跟玄关家具风格、色彩相搭配的小地毯，改变地毯的花色或者形状就可形成不同的玄关地面。

### 宜038 玄关天花造型宜搭配五行

玄关天花板上的造型应与户主的五行相搭配。五行属水的户主，天花图形应该是圆形、波浪形；五行属金的户主，天花的造型应该是方形、圆形；五行属土的户主，天花板的造型应该是方形；五行属木的户主，天花板的造型应该是长方形；五行属火的户主，天花板的造型应该是长方形。当然，这种搭配标准也适宜于家宅其他区域的天花板。

▲玄关天花板上的造型应与户主的五行相搭配。五行属木、属火的户主，玄关天花板都宜采用长方形的造型。

### 宜039 玄关地板宜遵守三个原则

因为玄关功能的特殊性，地板一定要遵守易保洁、耐用、美观三个原则。许多家庭喜欢把玄关的地面和客厅地面区分开来，各自成一体，玄关的地面或用纹理美妙、光可鉴人的磨光大理石拼花，或用图

案各异、镜面抛光的地砖拼花，都很有自己的特色和风格。无论怎样，玄关的地板一定要整洁，耐用、美观。

▲因为玄关功能的特殊性，玄关的地板一定要整洁，耐用、美观。

### 宜040 玄关处的鞋柜宜减少异味

鞋柜一定要设法减少异味，否则异味会向四周扩散，很不卫生，也会让人感觉不适。可将咖啡渣晒干，放入容器中，再将其放入鞋柜，即可消除鞋柜的异味。

### 宜041 玄关宜放置地毯

地毯的颜色因工作类型不同，选择如下：

绿色地毯——上班族、公务员、教师

蓝色地毯——商业、自由职业、从政者

红色地毯——演艺圈、大众传播、媒体人

## 宜042 玄关宜用长形地毯

长形地毯既长又窄，非常适合玄关。这种复古式的地毯，厂家赋予其新意，不断创新出许多不同的颜色和式样。其中有一些是源自维多利亚与爱德华时代的设计，具有灵便的特点，在必要时完全可将这些地毯撬起清洗，而且还可以将它一直朝楼梯延伸上去，制造出双层结构，使住宅玄关地域优美的动线更加明显化。

▲ 长形地毯既长又窄，而且很灵便，非常适合玄关。

## 宜043 宜在玄关摆放地主财神

地主是家庭中最经常供奉的神祇之一，且必须当门而立，传统风俗认为，地主是住宅的守护神，当门而立便可把牛鬼蛇神拒之门外。地主的最佳摆放方位是把神位单独供奉在面向大门的玄关地柜中，那里既不大明显，而又不失地主应当门而立的原则。

## 宜044 玄关宜摆放观叶植物

观叶植物是具有很强的呼唤旺盛之气能量的装饰物，也具有净化空气的作用，能使隐晦之气难以聚集，特别适宜摆放在玄关。

## 宜045 鞋柜宜设在玄关侧边

鞋柜虽然实用，但难登大雅之堂，摆放时要注意宜侧不宜中，即鞋柜不宜摆放在玄关正中。最好把它移开一些，离开中心的焦点位置。

▲ 鞋柜不宜摆放在玄关正中，靠墙放在玄关侧边最佳。

## 宜046 玄关宜挂壁画

玄关的艺术品展示了宅主的热情、价值观、道德观和人生观，能让那些第一次来家里的客人理会宅主的为人。玄关处适宜悬挂一些壁画来装饰。如果宅主工作紧张，一张内容平和的壁画会让宅主的心情放松下来；如果宅主渴望激动，那么应该用色彩鲜艳的画或者一匹飞马的图片来愉悦自己。

## 宜047 玄关的色彩宜按方位设定

玄关的色彩宜按其方位布置。如玄关设在东方，则应有红色做主色调，红色代表青春、喜气、热情、奔放；如玄关设在南方，则应以绿色作为主色调，风水学理论认为，南方主宰灵感及灵活的社交能力，而绿色有生机勃勃之意；如果玄关设在西方，则应用黄色做主色调，黄色一向被用来代表财富，西方则被认为是主导事业及财运的方位，可带来旺盛的财气；如玄关设在北方，则应用橙色作为主色调，而橙色有热情奔放的意味,寓意夫妻感情融洽。

▲ 玄关的色彩宜按其方位布置，不同的方位有不同的色彩讲究。

## 宜048 鞋柜上宜摆放鲜花

在玄关的鞋柜上摆放一些鲜花不仅可以吸收秽气还有利于增运旺势。红色鲜花，可为家室招来好运，黄色花利于爱情，橙色花利于旅行，粉色花利于人际关系，白色表示吉利。但要注意的是鲜花弄脏后要认真清洁。

## 宜049 玄关宜摆放灵性饰物

古人多喜欢摆放麒麟、狮子等灵兽在门口镇守，将其作为家宅的守护神。麒麟具有很强的"镇宅"作用，可以安定周围的气，被广泛应用。狮子寓意为避凶纳吉，保护家人平安。如果将麒麟或者狮子摆放在屋外，往往会受到诸多限制，但如果摆在玄关面向大门处，则不会引起不便，同时有护宅的寓意。

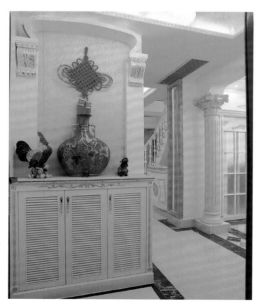

▲ 麒麟具有很强的"镇宅"作用，宜摆放在玄关。

## 宜050 玄关光线宜以装饰性为主

玄关讲究整体通透明亮，其照明光线宜以装饰性为主。可以用射灯、筒灯、吊灯或者壁灯来照明。如果玄关有足够空间的话可摆上一张小桌子，用一两盏灯补强光线。而另一个将幽暗的玄关装点得比较活泼、有趣的方法是，设法在回廊上挂几张照片、图片或画作，更可以在画上加两盏小灯。

▲ 玄关讲究整体通透明亮，其照明光线宜以装饰性为主。

## 宜051 玄关宜摆放盆栽的花

玄关是客人进入室内产生第一印象的地方，因此选择的饰物是否具有生气至关重要。玄关宜摆放像花这样有生气的东西，花不仅具有引导旺盛之气的作用，盆栽的花还可以使空间安定，特别适合已婚者。独身的人则可以使用插花来装饰玄关。

## 宜052 鞋柜宜根据户主职业摆放

鞋柜一般放置在玄关的侧面，至于左边还是右边宜根据户主的职业而定。一家之主若从事文职工作，宜把鞋柜放置在左边；靠劳力谋生的朋友，则宜放于右边有助事业更上一层楼。

▲ 玄关处的鞋柜放在左边还是右边宜根据户主的职业而定。

## 宜053 玄关灯光宜以暖色调为主

玄关照明除了亮度的需要外，还要能够体现出温馨、舒适的感觉。其灯光色调宜根据装饰风格而定，最好以暖色调为主，冷色调为辅。让适度的照明光源营造出玄关中雍容富贵、吉祥福旺、温暖浪漫而又透出理性的气氛。

## 宜054 玄关宜装置照明灯

玄关为入门的小空间，讲究阳气充足，必须安装照明灯。日常应让其长期亮着，称为长明灯，以增阳气之用。玄关阳气强，家人的日常心情就会愉快，工作亦顺利。

# 玄关设计之忌

　　玄关是家宅聚气纳财的关键，是大门与客厅的缓冲地带，对户外的光线产生了一定的视觉障碍，不至于开门见厅。为保护屋内的私密性，玄关不宜与大门成一直线，而小面积住宅不宜设玄关，玄关也不宜太窄，玄关图案、色彩忌过于杂乱。

## 忌001 小面积住宅忌设玄关

　　面积太小的住宅设玄关只会令住宅空间更拥挤，使住宅面积更加狭小。所以，小面积居室最好不要设玄关，以免影响正常空间的利用。

▲ 面积太小的住宅设玄关只会令住宅空间更拥挤，所以最好不要设玄关。

## 忌002 玄关忌成拱形

　　有些家庭为了追求设计上的美感，将玄关设计成拱形，殊不知这种形状阴气重，会影响家人的身体健康。因此玄关不宜设置成拱形。

## 忌003 玄关忌狭长又连接厅堂

　　玄关是进门通向厅堂的必经之路，许多家居玄关都设计成狭长式，但是狭长式玄关是不好的。可以通过多种装潢形式进行处理。同时，玄关与厅堂连接，没有明显的独立区域也是不好的，可以通过装饰使其形式独特，或与其他房间风格相融。

## 忌004 玄关忌与大门成直线

　　如果玄关与住宅正门成一条直线，外面过往的人便容易窥探到屋内的一切，所以大门不要与玄关成直线，以保持屋内的隐秘性。

▲ 玄关不要与大门成直线，以保持屋内的隐秘性。

## 忌005 玄关处忌看到厨房

玄关不宜设置在可以看到厨房的地方，如果从玄关处可看到厨房，居住在这种格局里的人会有回家后上衣也不脱就立即走向厨房的倾向。居住者平常在家时，也常在厨房或餐厅内度过。如果不能更改这种格局可在玄关和厨房之间摆设屏风化解。

▲玄关处可看到厨房时，可在玄关和厨房之间摆设屏风化解。

## 忌006 玄关忌设在东北方

东北方是具有水气的方位。如果玄关在这个位置，就很容易冷却，这时便可以使用具有温暖感的装饰物来平衡，如放置长毛的踏垫或嵌板式加热器，使空间温度升高。如果真的不得已，必须将玄关设在东北方，一定要把开闭门面向东、东南、南方等吉相方位。相反的，西南方也是如此。

## 忌007 玄关处忌看到卧室

有些人认为这是和玄关可以看到起居室的隔间一样，是能令人心情放松的理想隔间。但是这种隔间因为太过强调轻松的一面，会让人一回到家就会感到疲劳，而立刻需要休息和睡眠。情况严重的话，有欠缺干劲、陷入暮气沉沉，产生消极的人生观之虞，若出现这种情况可在卧室的门上装面镜子来调整。

▲在玄关处可看到卧室时，可在卧室的门上装面镜子来调整。

## 忌008 玄关忌缺乏私密性

玄关是大门与客厅的缓冲地带，对户外的光线产生了一定的视觉障碍，不至于开门见厅，让人们一进门就对客厅的情形一览无余。客厅无遮掩，缺乏私密性的话会使家庭成员的一举一动均令外人在大门外一览无余，无安全感可言。玄关的设置要注重维护人们室内行为的私密性和隐秘性，保证厅内的安全感和距离感。

### 忌009 玄关忌太窄

玄关虽然是一个小空间，但也不能太过狭窄，应稍为宽阔一些，这样才会让人有一种舒适的感觉。如果住宅的面积超过100平方米，玄关的空间也应随之加大。《住宅设计规范》中规定"房内过道净宽不宜小于1.2米"这也被看做是玄关的底限，若低于这个底限就会显得局促，会让人不舒服。

▲ 玄关虽然是一个小空间，但也不能太过狭窄，不宜小于1.2米。

### 忌010 玄关墙壁间隔忌凹凸不平

玄关是进出住宅的主要通道，玄关间隔之间要避免凹凸不平。玄关的墙壁平滑则气流畅通无阻，如果用凸出的石块作装饰，导致凹凸不平，象征坎坷不顺，必须尽量避免。

### 忌011 忌不根据需要乱设玄关屏风

迎门见客厅屏风，需要根据不同的风水气场精算而来，达到引气、间隔的功效。但是玄关不一定都要设置屏风，切忌不根据需要乱设屏风。一般在以下三种情况下才设置玄关屏风：大门与阳台成一直线，形成"穿堂风"，需以玄关屏风隔开；房子的窗户开在走廊外，成泄气之格，需玄关屏风遮挡；大门对厕，进门就见到厕所晦气，需要玄关屏风隔挡。

### 忌012 玄关顶部忌有横梁

玄关的顶部不宜有横梁。如果玄关的顶部有横梁，可以加装假天花，以遮横梁。当然，也可以安装照明灯来增加阳气，去除阴气。

▲ 玄关顶部的横梁，可以加装假天花，以遮横梁。

## 忌013 忌使用玻璃做玄关间隔

因为玻璃透明透光，所以不少人喜欢用它来做玄关间隔。但是要注意的是玻璃比较脆弱容易破裂，所以对有小孩的家庭并不适宜。从居家安全着想，采用磨砂玻璃或玻璃砖来代替比较合适。玻璃砖透明、透光且能节省空间，又非常坚固，很适合用作玄关间隔。

▲ 从居家安全着想，采用磨砂玻璃或玻璃砖来代替普通玻璃做玄关比较合适，不仅透明、透光且能节省空间，又非常坚固。

## 忌014 玄关天花的灯忌呈三角形

玄关天花的灯饰忌呈三角形排列。玄关顶上可安装数盏筒灯或射灯来照明，但要注意，如把三盏灯布成三角形便会弄巧成拙，形成"三支倒插香"的局面，此种格局很不吉利。玄关的灯最好排成方形或圆形，象征方正平稳和团圆。

## 忌015 玄关天花板忌过高

玄关的天花板不宜过高，一般控制在2.5～2.57米之间，可以使玄关的天花比室内的天花稍低一些，形成错落有致的相对变化。

## 忌016 玄关天花板忌低矮

玄关顶上的天花板若是太低，会使人产生压迫感，天花板高，则玄关空气流通较为舒畅，对住宅的气运也大有裨益。

## 忌017 玄关天花忌张贴镜片

玄关的天花如果贴上镜片来装饰，使人一进门举头就看见自己的倒影，会产生头下脚上、乾坤颠倒之感。这个是风水学上的大忌，必须尽量避免。

▲ 玄关的天花贴上镜片来装饰，是风水学上的大忌，必须尽量避免。

### 忌018 玄关地板忌高低不平

平整的地板则可令宅运畅顺，也可避免家人日常生活中失足摔跤。同时，玄关的地板宜尽量保持水平，不应有高低之分。

▲ 玄关的地板应平整，凹凸不平的地板会有家人失足摔跤的危险。

### 忌019 玄关天花板忌用三角形

风水学理论认为，三角形的图案不吉利。因此，三角形的天花是玄关天花板忌用的形状，而这个形状同样不宜运用于玄关的地面。

### 忌020 玄关地板的花纹忌直冲大门

无论用何种木料做玄关的地板，其排列均应使木纹斜向屋内，如流水斜流入屋。切忌木纹直冲大门，这象征家里的财气和运气就都会像流水被携带出去，很不吉利。

### 忌021 玄关地毯忌放在室内

在玄关处设地毯，作用是便于居住者和来访者从外面进入居室时，清理一下鞋底的灰尘。所以，最好是将地毯放在玄关外，也就是大门口。如果将地毯放在屋内，则容易将灰尘和秽气带进室内。

### 忌022 玄关地板忌太滑

玄关地面不宜太滑。从居家安全的角度来说，玄关地面如果太滑容易导致家人或来访者滑倒受伤。因此在装饰布置时应尽量避免选用抛光、玻化等表面光滑的材质。

▲ 玄关地面不宜太滑，否则容易导致家人或来访者滑倒受伤。

### 忌023 玄关下忌有地下排水管

玄关下忌有地下排水管。排水管若跨过大门和玄关之间，会使财运内外交流时在玄关受污，极不吉利。

## 忌024 玄关天花板的颜色忌太深

玄关天花板的色调不宜太深。如果玄关天花板的颜色比地面深，这便形成上重下轻，天翻地覆的格局，象征家庭不睦。而天花板的颜色较地面的颜色浅，上轻下重，这才是正常之象。

## 忌025 玄关天花板忌太多井字格

玄关天花棚上忌打太多的井字格。家居中主要的活动区域尤其是玄关天花板部分，忌出现太多的网状的格状吊棚。若顶棚上打造了疏而不漏的格，于人于己都不利。

▲ 玄关天花棚上打太多的井字格，于人于己都不利。

## 忌026 玄关忌用纸箱代替鞋柜

经常有一些家庭用废弃的木箱或较大的纸箱当临时的鞋柜，这种做法不仅是风水学上的大忌，而且从最基本的环境卫生角度上看也不可取。

## 忌027 玄关地毯忌脏污

一般家庭在玄关处放地毯是为了清除鞋底的灰尘，地毯宜定期清洗，但若地毯长久不清洗，则会影响家庭的运气。

## 忌028 玄关地板图案忌有尖角

玄关地板的图案花纹繁多，但均应选择寓意吉祥的图案。必须避免选择那些多尖角的图案，其冲门不宜。

▲ 玄关地板要寓意吉祥，避免选择那些多尖角的图案。

## 忌029 雨伞忌放在玄关

雨伞很容易累积阴气，如果把伞架经常放置在玄关，会使玄关充满阴晦之气。所以，尽量使用吸水性好的陶器伞架或是不锈钢质的伞架。

## 忌030 玄关忌摆放狗的饰物

玄关不能放置有狗的装饰，因为狗具有变化的象征意义，所以不适合气的入口。

大师全解居家设计的宜忌法则
全面公开趋吉避凶的布局秘诀

096

### 忌031 玄关鞋柜忌太高

鞋柜的制作原则是：宜小不宜大，宜矮不宜高，高度不宜超过户主身高，最好是在墙高的1/3处。太高的鞋柜容易撞到俯身换鞋的人，而且有时候鞋也会散发出异味，如果摆得太高，这种异味就会直冲鼻子，给人恶心、呕吐的感觉。

▲ 鞋柜不宜太高，最好是在墙高的1/3处。

### 忌032 玄关镜子忌照门

很多人外出时，喜欢照照镜子，看看自己的衣履是否整齐。为了方便，就会在玄关做一面大镜子。但若是镜子正对大门，则绝对不妥当。如果要在玄关安装大镜，最好是安在门的侧边，避免镜子照门。

### 忌033 玄关摆放的鞋忌鞋头向下

鞋柜里的鞋在放置时应该鞋头朝上，不宜向下，且宜侧不宜正。在摆放鞋子入内时，鞋头必须向上，这有步步高升的意味。

### 忌034 玄关处的鞋忌外露

鞋柜应有门，因为鞋子宜藏不宜露。倘若鞋子乱七八糟地堆放而又无门遮掩，便会影响美观。在玄关巧妙地布置有门的鞋柜显得很典雅、自然，因为有门遮掩，所以从外边根本看不出它是鞋柜，这很符合归藏于密的道理。

▲ 鞋子应放在鞋柜里，并且鞋柜有门，因为鞋子宜藏不宜露。

## 忌035 鞋柜内的空间忌太小

鞋柜内的空间不宜太小，太小使得家中男性的鞋子不能头向上竖起，而横放时又有不能完全放进去的可能，影响观瞻不说也不符合居家风水学中宜藏不宜露的说法。

## 忌036 鞋柜忌空气不流通

玄关鞋柜忌无良好的空气流通，不宜积满灰尘又不清洁擦拭。因此最好不要购置密闭式的鞋柜，以免使用时空气流通不畅。鞋柜空气流通不畅会对住宅产生不利影响。

## 忌037 玄关忌摆放过多杂物

玄关作为一个家的"颜面"，如果因为堆放太多的杂物而影响美观的话，未免因小失大。特别是将一些没有实用价值而又舍不得丢弃的东西放在玄关，这样不但影响美观，还会影响家人的身体健康。

## 忌038 玄关向门处忌摆放文财神

财神分文财神和武财神两种。武财神如武圣关公及伏虎玄坛赵公明均宜当门而立，但福寿禄三星及财帛星君等不宜当门而立。

## 忌039 玄关忌有破裂的镜子

玄关安置镜子得当的话可以使代表财运的内明堂有空间加大的效果。但如果玄关处的镜子有破裂，预示则须马上更换。

## 忌040 玄关忌饰品过多

玄关是给来访者的第一印象，少而精的饰品可以起到画龙点睛的作用。一只小花瓶、一束干树枝可给玄关增添几分灵气；一幅精美的挂画、一盆精心呵护的植物都能体现出主人的品位与修养。但要注意，玄关的饰品一定要精简，否则就会阻碍气的流通，遮挡人的视线。

▲ 玄关处少而精的饰品可以起到画龙点睛的作用，一旦过多就会阻碍气的流通，遮挡人的视线。

## 忌041 忌随意在玄关摆放鱼缸

很多人喜欢在玄关对门处放置鱼缸，这样可以产生一种活跃生动之气氛以及生生不息之象。但鱼缸为易碎之物，会导致不安全的情况发生。

## 忌042 玄关灯具坏了忌日久不修

玄关灯具坏了忌不修理。玄关灯光会影响居住者的情绪，若是灯泡坏了一定要马上更换。

大师全解居家设计的宜忌法则
全面公开趋吉避凶的布局秘诀

### 忌043 玄关的植物忌有刺

很多人喜欢在玄关摆放植物，以绿化环境、增加生气，但应注意，玄关忌有刺或呈针叶状的植物，如杜鹃、玫瑰、仙人掌、仙人球等，放置这些易伤人。

▲玄关处忌摆放有刺或呈针叶状的植物，如仙人球。

### 忌044 玄关吸秽植物忌不常更换

玄关放置盆栽阻隔秽气，和屏风一样能起到改善玄关环境的作用。如果家宅正前方或旁边刚好有厕所时，可在座位和厕所之间放一些阔叶类大型盆栽，一来它可以吸掉来自厕所的秽气，类似空气清新剂的功效，二来可以挡掉不好的磁场。不过，这类专门吸秽气的植物最好是几个月就换一下，这和定期清洗空调机的滤网一样。不然，让植物愈来愈脏，吐出来的不再是干净的气，反而让你蒙受秽气之害。

### 忌045 玄关植物忌枯黄枯萎

玄关摆放的植物忌枯黄枯萎。一旦发现有枯黄枯萎的情况，就应尽快更换。因为玄关摆放枯黄枯萎的植物预示家中不聚财，家人运气不顺。

▲一旦发现玄关植物有枯黄枯萎的情况，就应尽快更换。

### 忌046 玄关灯光忌肃杀、冷峻、凄楚

玄关灯光忌肃杀、冷峻、凄楚，不宜造成光线无漫射层递和光线效果太冷太昏。因为玄关是人登堂入室的首经之地，是居室给人第一印象的产生之所。此处的灯光给人的印象是最为深刻的，明朗温馨的灯光会给人带来美好心情，而灯光肃杀、冷峻、凄楚则给人凄凉悲哀感，不利于居住者的身心健康。

# 第四章

# 客厅设计宜忌

客厅是家庭中往来最热闹的地方，是居家生活、交友会客的主要活动空间，也是室内面积最大的地方。它反映着家庭面貌和社会地位，所以，它的设计和布置的主导思想应是"和"与"福"两字。其整体格局安排宜清雅、祥和、平稳、通达，并具有活力，不宜布置得华而不实。

# 客厅设计之宜

客厅是全家人活动的场所，无论是为了美化家居，还是为了趋吉避凶，客厅的地位均非常重要，客厅布局的好坏直接影响到家庭及家庭成员。明亮、清爽、简单的客厅，不但会让人住起来倍感舒适，在环境上也有正面的影响。

## 宜001 客厅宜宽敞

客厅是家人休闲和接待客人来访的地方，要有宽敞的面积才能满足家人休闲和接待来访客人的需要，太狭窄的客厅不能满足人们的日常生活需求。正因为如此，客厅中不要有过多的家具和摆饰，否则会显得过于拥挤，令人产生压抑感。

▲ 宽敞的客厅才能满足家人休闲和接待来访客人的需要。

## 宜002 客厅宜设在住宅正中

客厅是增进人生八大欲求的最佳处所，是住宅中所有功能区域的衔接点，所以最好设在住宅的中央。中央是屋宅的中

心位，客厅设在此代表房子的心脏，坐在客厅里，能够顾及客人和家人。相反，如果客厅位置很偏的话，则让人感觉家里的生活不规则，没有秩序。

## 宜003 宜先厅后厨厕

在环境布局上很重视进门后各房间的顺序，客厅在前，厨房、厕所在后，这样的格局才被认为是合理的，因为厨厕都是辅助性的空间，隐藏在后就可以了。相反地，如果进门先经过厨厕，客厅反而放在了后面，这就成了环境上的不利布局。

## 宜004 通道安门宜下实上虚

在通道安门，宜下实上虚，下半是实木而上半是玻璃的门最理想，因为它既有坚固的根基，又不失其通透，若用全木门，密不透风，使客厅减少通透感，便会流于古板。倘用全玻璃门，则使客厅太通透，而不便保护隐私，因此也不理想。特别是有小孩的家庭，因玻璃门易碎，所以不宜选用。另外，通道的门框不可选择造型似墓碑的椭圆形，这样从外观上看起来让人觉得不舒服。

## 宜005 客厅门宜开在左边

客厅的门要开在左边，也就是说人由里向外，门把宜设在左侧，这是符合人们的生活习惯的。当然，如果结构不允许在左边开门的话，就在右边开也无大碍，以顺手为佳。

▲ 客厅的门一般开在左边，如果结构不允许，开在右边也无大碍。

## 宜006 宜使气在客厅顺畅流通

以居家布局而言，客厅的环境关系着家庭的整体环境和全家人的健康，因此一定要使气顺畅地流通在客厅之中，不可有滞留秽气的死角。客厅是居家生活和社交宴客的主要活动场所，所以布置好客厅可为全家带来幸福。客厅也是增进人生八大欲求的最佳房间，因为每一个人都会使用客厅，良好的客厅布局会使每个家庭成员受惠。

## 宜007 客厅天花顶宜有天池

现代住宅普遍层高在2.8米左右，相对于国人日益增加的身高，这个标准已经略有压力，如果客厅屋顶再采用假天花来装饰，设计稍有不当，便会有天塌下来的强烈压迫感，居者会压力过大。假天花为迁就屋顶的横梁而压得太低，无论在格局方面还是设计方面均不宜。在这种情况下，可采用四边低而中间高的假天花来布置。这样一来，不但视觉较为舒服，而且天花板中间的凹位犹如聚水的天池，对住宅格局会大有裨益。若在这聚水的天池中央悬挂一盏金碧辉煌的水晶灯，则会有画龙点睛的作用。

▲ 采用四边低而中间高的假天花来布置天花板，不但视觉较为舒服，而且天花板中间的凹位犹如聚水的天池，对住宅格局会大有裨益。

## 宜008 客厅宜用地毯装饰

地毯是改变家居环境设计最简单的饰品，由于地毯经常覆盖大片面积，在整体效果上占有主导地位，所以，除了利用地毯的花色和图案引进好的气场外，对于地毯摆放的方位也要特别讲究。地毯若采用致密厚实的材质，在冬季能减缓空气的流动，调节室内的小气候。地毯的颜色、花样若搭配得宜，会使客厅产生不同的气场与空间上的变化。同时，也可以运用地毯的色彩图案使家宅环境美化。图案都有自己的五行属性，如波浪形状五行属水，直条纹属木，星状、棱锥状图案属火，格子图案属土，圆形属金，配合好地毯的方位与颜色可寓示好的运势。

### 宜009 客厅主题墙宜重点设计

客厅主题墙是客厅的主要组成部分，有诸多的设计因素，切忌随意设计了事。主题墙主要是用来摆放组合柜、电视、音响及各种饰物，其格局直接影响到整个客厅的装饰风格。传统风水学认为，高者为山、低者为水，有山有水可产生风水效应。客厅高的主题墙是"山"，低的沙发是"水"，这是理想的搭配。

▲ 主题墙主要是用来摆放组合柜、电视、音响及各种饰物。

### 宜010 客厅家具选择宜符合环境设计

客厅家具的选择，要符合家居生活的起居特点，现代家居的客厅设计，多崇尚古朴的材质、简洁的造型、明快的色彩，而材质、造型和色彩都处于强烈的对比之中，这类设计既满足了现代人对于美化家庭的渴求，同时又与现代生活节奏同步，易被人接受和采用。客厅家具的选择要与墙、地面搭配得当，即使简简单单，也会令人欢喜。

### 宜011 客厅地板颜色宜偏深

客厅地板的颜色宜选择颜色较深的色彩，力求沉稳、厚重，给人以可依靠的感觉。同时，地板的颜色深，象征地基深，也符合风水之道。如果希望地板和客厅装饰的色调相配，则必须选择一些明亮的颜色。这时，需要用深色材质将地板的四边做一些处理，然后再在中间的部位用稍浅的材料，以求用深色的边框来压一压浅颜色的轻飘之感，来达到厚重的目的。

### 宜012 天花板与地板宜"天清地浊"

"清气轻而上浮，浊气重而下降"，因此有"天清地浊"的说法。为符合"天清地浊"的原理，在装饰客厅的时候，天花板不论使用何种材料，都务必比地板和墙壁的颜色浅，否则会给人一种头重脚轻的压迫感，久住不宜。

## 宜013 客厅宜设在东南、南等方位

在方位上，客厅理想的方位为东南、南、西南与西方。寓意东南紫气东来，明亮而有生气；南方客厅的南面要有阳台，才能采光和通风，使人充满激情，适合聚会；西南有助于创造一个安宁而舒适的气氛；西方则适于娱乐和浪漫。

▲ 在方位上，客厅理想的方位为东南、南、西南与西方。

## 宜014 宜在客厅通道处安门避秽气

有些房屋的通道尽头是厕所，不但有碍观瞻，而且在环境上也不卫生。而在通道安门后，坐在客厅中既不会看见他人出入厕所的尴尬情况，亦可避免厕所的秽气流入客厅。

## 宜015 宜在客厅通道处安门

有些住宅的户型设计不当，会出现大门与房门成一直线的情况，这种格局泄露隐私，给居住者带来不安全感，而改善的办法是在客厅通道处安门，这样会令格局得到完善。

## 宜016 地毯图案宜寓意吉祥

从格局设计角度来说，沙发前的一块地毯，其重要性有如屋前的一块青草地，亦有如宅前用以纳气的明堂，不可或缺。地毯上的图案千变万化，题材包罗万象，有些是以动物为主，有些是以人物为主，有些是以风景为主，有些则纯粹以图案构成。花多眼乱，到底如何作出抉择呢？其实万变不离其宗，只要记着务必选取寓意吉祥的图案便可。那些构图和谐，色彩鲜艳明快的地毯，令人喜气洋洋，赏心悦目，使用这类地毯便是佳选。

▲ 选择地毯的图案，务必选取寓意吉祥的图案便可。

## 宜017 大客厅宜设计半圆形楼梯

如果住宅的面积较大，优雅的半圆形楼梯是最好的选择。因为圆形不但美观大方，具有很高的实用性。

## 宜018 地毯宜常清洁

毛茸茸的地毯虽然能带给人温暖的感觉，但它也极易诱发人们患上哮喘病，引起过敏症状的发生，这主要源于地毯中隐匿的螨虫。为了避免患上哮喘等呼吸道的疾病，您必须依据自己的体质，选择具有防潮、防污和耐磨损的优质地毯。另外，为确保地毯的清洁，需要定期吸尘，对于活动较频繁的区域则需每周吸尘两至三次。

▲ 要选择具有防潮、防污和耐磨损的优质地毯，并且定期吸尘，保持清洁。

## 宜019 电视背景墙颜色宜按方位来定

电视背景墙作为客厅装饰的一部分，在色彩的把握上一定要与整个空间的色调一致，因为这不但会影响观感，也会影响情绪。设置背景墙的颜色必须要考虑整个客厅的方向，而客厅的方位主要是以客厅窗户的面向而定。窗户若向南，便是属于向南的客厅；窗户若向北，便是属于向北的客厅。正东、正南、正西及正北在方位学上被称为"四正"，而东南、西南、西北、东北则被称为"四隅"。只有认准方位，才可为背景墙选择合适的颜色。

## 宜020 地毯图案、颜色宜配合方位

如果大门开在南方，开运颜色是红色，因为南方属火，因而在此方位摆放直条纹或星状图案的红色地毯可使家人充满干劲，朝气蓬勃。

如果大门开在东方、东南方，开运颜色是绿色，因为东方与东南方五行属木，绿色是树木的主颜色，有生气勃勃的意义。在此方铺设波浪图案或直条图案的绿色地毯，寓意着对家运与财运有正面的催化作用。

如果大门开在西南方、东北方，开运颜色是黄色，因为西南方、东北方五行属土，黄色在中国代表着尊贵、财富，同时这个方位是主导智慧与婚姻的，若能在此方位放上星状图案的黄地毯，寓意着能带来旺盛的财运，使婚姻和美。

如果大门开在北方，开运颜色是蓝色，可在客厅的北方放置圆形或波浪圆形的蓝色地毯，寓意着事业的蓬勃发展。

如果大门开在西方、西北方，开运颜色是白色、金色，因为白色与金色象征高贵与纯洁，若能在此方位铺放格子图纹的白色或金色地毯，寓意着可带来好的贵人运与财运，也可增加小孩的读书运。

## 宜021 楼梯风格宜与客厅风格统一

楼梯的风格要注意与整个住宅空间环境整体风格相一致，和谐统一是居家布局最主要的原则，如果楼梯的设置过于突兀，装饰过于哗众取宠，必然会让居住其中的人觉得不适。

▲ 楼梯的风格要与整个住宅空间环境整体风格相一致，做到和谐统一。

## 宜022 宜量身定做客厅家具

在客厅家具的选择上，经过特殊设计、缩小尺寸、多用途、定制等多方面的考虑，你会发现狭小的空间也可拥有自己独特的魅力。那些外形简单、轻巧、移动方便的小尺寸家具，以及易于拆折、方便搬运的折叠式家具，不仅增加房间的整体感觉，还能让我们随意变换居室的功能，很适合小户型住宅使用。例如，由于卧室面积较小，夏天总有让人窒息的感觉，如果家中的家具都很易于变动，到了夏季放置在客厅的沙发很方便地就变成了床，轻而易举地变换了居室功能。

量身定做家具是小居室客厅选择家具的另一个好方法。例如，本身户型的结构是一块三角形的区域时，一般在市场上无法买到很合适的家具，而小户型的每一寸空间都很重要，这时可以定制一面橱柜，利用三角区域，扩大使用空间。

客厅并不一定都是豪迈大气的。狭小的空间，给人们生活带来了诸多的不便。这就要求在室内设计构思上，对于相对偏小的房间应遵循一条重要的设计原则——简洁。例如，客厅中应尽量摆放简洁的沙发，茶几；此外，客厅里应准备一些折叠椅，这样在不需要时可将之收藏于角落，留出活动空间。

▲ 量身定做客厅家具是小居室选择家具的一个好方法。

## 宜023 客厅家具布置宜得当

客厅里家具布置要得当，不宜摆放过多，体积也不宜过大。确定家具的摆放位置之前，首先要为客厅定出一个焦点，这个焦点可以是一座音响组合、茶几、几棵集聚放置的植物等，家具则围绕焦点而摆放，务求为这个客厅焦点营造一股凝聚力。

## 宜024 沙发宜低组合柜宜高

组合柜是客厅的重要家具之一，一般客厅中沙发用来休息，组合柜用来摆放电视、音响及各种饰物。风水学上以高者为山，低者为水，客厅中，低的沙发是水，而高的组合柜是山，有高有低，有山有水，这是最理想的搭配。

## 宜025 沙发的尺寸宜适当

沙发的选配较为讲究。比利时、法国式沙发因其造型复杂，粗大笨重而不适宜用于20平方米以下的客厅，即使是选用其他沙发，也要选用造型简洁、较为低矮的沙发，这样才能增加空间感。如果是12平方米左右的客厅，沙发最好没有扶手，这样可以减少凹凸感，使空间更显宽敞。如果你打算买一长两短的沙发的话，建议使用L形拐角沙发，因为同是坐5人，但后者的占地面积只是前者的五分之四或更少，所以L形拐角沙发很适合于小面积的客厅，而且造型新颖，感觉清新，三两知己，围坐倾谈，倍感亲切。

## 宜026 宜选择合理的沙发摆设方式

当客厅准备装修或需要更换沙发时，不妨先看看自己需要强调何种功能，最后根据以下几种沙发摆设方式加以合理选择。

中心型：适合于面积较宽敞且活动多的家庭，通常将两组沙发分别摆设在不同功能活动中心区。

一列型：适合空间狭长、面积小的客厅。

集中型：此种摆设适合于以看电视、听音乐或阅读等静态活动为主的客厅。

相对型：适合强调聚谈功能的空间，沙发可以对称摆设。

自由型：一般空间过大或过小，客厅选择自由摆放。小客厅的家具宜求精求小，这样可显得空间大些。

沿壁型：此种摆设强调活动空间，家具沿墙壁摆设可节省空间，适合家庭成员多、小孩喜欢做游戏的较小客厅。

车轮型：适合好客、喜欢聊天的家庭。此种摆设会令你感觉方便实用。

## 宜027 沙发宜呈方形或圆形

风水学认为，沙发是凝聚人气的风水家具之一，尽量以方正或带圆角为好。弧形的沙发弯曲凹入的那面要朝向人，不可以逆对人。目前人们为了追求时尚，有不少沙发、椅子做得稀奇古怪，各种新奇独特的形状均有。太离奇的沙发和不规则物件会产生一些不利的影响，使用久了，让心里不舒服。

## 宜028 沙发宜使用柔软面料

沙发面料宜回避使用硬、冷的材质，而宜采用一些棉、麻的料子。靠垫还可以使用亚麻绸缎，这样，不仅可以感受触摸后的温存，同时也可捕捉一分绸缎闪烁的感觉。

▲ 沙发的面料宜采用一些棉、麻的柔软料子。

## 宜029 宜在客厅适当位置摆放镜子

如果在客厅摆设镜子，且位置恰当，便能为家居设计带来帮助。因为镜子可以营造出宽敞的空间感，还可以增添明亮度，但必须让镜子放置在能反映出赏心悦目的影像处。如果在镜子能够反射到的地方摆放绿色植物，在一定程度上也会缓解视觉疲劳。

## 宜030 电视柜宜摆在旺方

对客厅而言，电视柜的摆设方位十分重要。因为电视机使用频率高，且开机时能量较大，为动态物品，所以应尽量摆设于适当的位置，这样有利于观看者的视力。

## 宜031 宜利用独立柱装饰客厅

客厅中的独立柱很显眼，因此可以把它当成分界线，一边铺地毯，而一边则铺石材。此外亦可做成台阶，一边高一边低。这样看起来，仿佛原先的设计便是以独立柱作为高低地面的分界线，观感便会自然得多。

宽大的客厅中，可在独立柱的四边围上薄薄的木槽，槽里可放些易于生长的室内植物。为了节省空间，独立柱的下半部不宜设花槽，花槽应从柱的中部开始，既美观而又不累赘，并且达到了客厅立体绿化的效果。

因为柱位遮挡了部分阳光，因此在柱壁上应该装置灯光来做辅助照明，这样既可解决客厅中光线不匀的弊病，又可增加美观效果。

## 宜032 客厅宜挂凤凰图

凤凰，雄曰凤，雌曰凰，凤凰同飞是夫妻和谐的象征。凤凰作为一种祥瑞之鸟，它的寓意是比较丰富的。

## 宜033 客厅宜用玻璃艺术品装饰

见识过玻璃艺术品的人都会被它晶莹剔透、光与影的流动所产生的神秘莫测的效果深深吸引,若把它运用在家庭装饰上,会令你的想象变成现实。目前,市场上的玻璃饰品主要有彩绘玻璃、艺术喷砂玻璃、花岗岩玻璃等。纯粹的玻璃没有装饰功能,但经过加热后造型的玻璃饰品多变且造型优美,极富装饰效果,宜用在客厅。

## 宜034 电视宜摆在方便观看的位置

一家人围坐在客厅的沙发闲聊、看电视是一件非常惬意的事情,电视一定要放在全家人容易观看的位置,这样会增加彼此间的沟通,有助于家庭和睦。电视背景墙要在沙发的正前方,或稍偏移些,这样才便于家人看电视。

▲ 电视一定要放在全家人容易观看的位置,这样有助于家庭和睦。

## 宜035 茶几宜低平

选茶几,宜以低且平为原则。如果人坐在沙发中,茶几的高度以不过膝为宜。此外,摆放在沙发前面的茶几必须有足够的空间,若是沙发与茶几的距离太近,则会有诸多不便。

## 宜036 客厅内宜有时钟

在中国的传统里,钟是很有意义的,它既有八卦盘的功能,又有风水轮的效应。钟是动的,有转动之意,有去旧迎新之功用,也有反复变动之效应。时钟的摆动和打鸣声可以提振和清新家中的气能。时钟有韵律的滴答声会给家庭的成长带来更多的规律和节奏感。厅内无人时,气是静止的,钟的摆动能令室内的气运动起来,使室内充满活力。因此,在客厅挂钟是必须的。

▲ 在客厅摆放时钟,能使室内的气运动起来,使室内充满活力。

### 宜037 茶几宜选用长方形或椭圆形

客厅茶几的形状以长方形或椭圆形最理想，圆形亦可，方与圆是从古至今的吉祥形状，顺畅、流线形的线条非常美观。

### 宜038 客厅家电宜摆放整齐

居家中的电器用品大部分都集中在客厅中，像电话、电视、音响等，因此，要注意摆得整齐，整齐的电器摆放可以让人心情愉快。

▲ 客厅家电要摆放整齐，这样可以让人心情愉快

### 宜039 客厅宜摆放马的装饰物

马，既不像狮子和龙那样威猛，也不像龟那样懂得躲避危险，但它却有一定的吉祥寓意，因此，可以把马摆放在客厅里，有"捷足先登""马到成功"之意。马应该摆放在南方以及西北方。摆放在南方是因为马在十二地支中属午，而"午宫"是在南方，因此摆放马匹最为适宜。此外，西北方亦适宜摆放马，原因是中国的马匹大多产自西北的新疆和蒙古，那里的草原正是骏马驰骋纵横之地。一般来说，摆放马匹的数目以二、三、六、八、九匹较为适宜，其中尤以六匹最为吉利，因为"六"与"禄"古时同音，而六匹马一起奔驰，有"禄马交驰"的好兆头。

### 宜040 客厅宜挂风铃

众所周知，朗诵或歌唱均可在人体内达到激活气能的效果。在居家生活里可以使用风铃，因为它悦耳的声音能够震动空气，从而活化和刺激气能。当然，选择风铃必须注意方位与材质的配合，如在家里的东部和南部宜使用木制的风铃，而北部宜悬挂金属风铃，西部宜悬挂陶瓷风铃。

### 宜041 客厅宜挂九鱼图

客厅宜挂九鱼图，一幅绘上了九条活鱼的图画为吉。"九"取长长久久之意，"鱼"取其万事如意。九条可爱的鱼在嬉戏，寓意吉祥。

▲ 在客厅挂上一幅绘了九条活鱼的图画，寓意吉祥。

## 宜042 小居室客厅宜通过布置变大

通过自己动手对现有居住环境进行一番改造，也能够使较小的客厅变得"大"起来。最简单的是，在客厅的一面墙上，从墙裙以上至1.7~1.9米高处安装一面通长的大镜子，这样一来，可将客厅的空间在无形之中扩大了一倍。

对门进行适当的改造，往往也能起到将小居室客厅变大的效果。传统的轴线开拉门较占地方，对家具的放置也有影响，可将其改为原木制造的"日式"推拉门，并在门上做一些装饰图案以使视觉效果更佳。

窗的改造也可让小居室客厅看起来更灵秀动人。当你在更换铝合金门窗时，不妨将水泥板窗台也随之换为大理石板材，并将窗台的内沿设计成曲线。此外，在窗玻璃的周围可刻磨些花卉等简单清秀的图案，还可将铝合金窗做成造型新颖的形状，这样，小巧玲珑的客厅就拥有了一双美丽的"大眼睛"。

▲ 通过自己动手，使用一些简单的方法，对现有居住环境进行一番改造，也能够使较小的客厅变得"大"起来。

## 宜043 客厅装饰品宜精简

现代人对家居装饰精益求精，但家里的装饰品并不是越多越好，应以恰到好处为宜。家里不宜塞满古董、杂物或装饰品，这样容易堆积灰尘，影响气的流通，对居住者的健康不利。

▲ 客厅装饰品不是越多越好，应以恰到好处为宜。

## 宜044 客厅宜摆设各种吉祥物

客厅必须明亮而宽大，可摆设各种吉祥物，一尊肥胖微笑的弥勒佛，一幅富贵牡丹画，一座宝塔和一艘金色帆船、一枚中国古钱的模型并饰以红色丝带，以及仿象牙做的吉祥饰物等，这些都象征声望和财富。摆设适当的吉祥物，是客厅装饰的一个重要环节。

## 宜045 暗墙上宜挂葵花图

在一梯四户或以上的户型结构中，极易形成暗墙。正因其在暗处，有些缺乏阳光照射的客厅日夜皆昏暗不明，久处其中便容易情绪低落，必须设法加以补救。在家中的暗墙上悬挂葵花图，取其"向阳花木易为春"之意，可弥补采光上的缺陷。

▲ 在客厅挂葵花图，可弥补采光上的缺陷。

## 宜046 客厅宜摆放花瓶

花瓶的"瓶"字与"平安"的"平"字音相同，所以，在家中摆放花瓶寓意希望家人平安、健康。需要注意的是，其形状最好是配合主人的五行所属来选取，而且花瓶的大小要选择和客厅空间成比例的，过大过小都是不宜的。

## 宜047 客厅宜多用圆形饰物

圆形物品所产生的能量为圆和、融洽、活泼，有利于人与人之间的沟通交流、和睦相处，能引导出温馨热闹的气氛，使亲朋相聚时形成和谐共振的良性场。客厅是家人和亲友相聚的场所，最需要营造出活泼、融洽的气氛。圆形属阳，是动态的象征，所以圆形的灯饰、天花造型以及装饰品具有温馨、热闹的气氛。

▲ 客厅布置圆形的灯饰、天花造型以及装饰品，有温馨、热闹的气氛。

## 宜048 养鱼的水宜保持清洁干净

在客厅养鱼的水中最好有过滤的装置，充分供足氧气，缸内循环水流或水车之转向拨水，宜往屋内不要向外。过滤装置及水流的声音不可太大声。都市中的自来水皆经消毒，有碍鱼类存活。故换水时要在前一夜事先储水，经沉淀后第二天再用。更换时，缸内的原水莫全倾倒，宜留四分之一左右原水再加入新水，鱼儿们水土才服。

## 宜049 客厅宜养金鱼

金鱼能令居室充满活力，引发无限生机。现代人在家中摆放鱼缸养金鱼，不仅可以为家庭增添生气，而且在茶余饭后观赏它们悠闲的泳姿，能给人赏心悦目的感觉。但在家里养金鱼要注意鱼缸的摆放、鱼的数目和鱼的颜色。

▲金鱼能令居室充满活力，引发无限生机。

### 宜050 宜利用植物使室内改观

谨慎选择植物可使室内改观，如利用吊兰与蔓垂性植物，可使过高的客厅显得矮些；较低矮的客厅则可利用形态整齐、笔直的植物，使室内看起来高些；叶小、枝条呈拱形伸展的植物，可使窄小的客厅显得比实际面积要宽。

### 宜051 客厅灯光宜和谐

灯光服务于环境就是协调人与环境的关系，故要强调用光的协调性。如白炽灯和卤钨灯，能强化红、橙、黄等暖色饰物，并使之更鲜艳，同时也能淡化几乎所有的淡色和冷色，使其变暗及带灰。再如，日光色的荧光灯能淡化红、橙、黄等暖色，使一般淡浅色和黄色略带黄绿色，也能使冷色带灰，但能强化其中的绿色成分。

### 宜052 客厅养鱼的水宜流动

水有"生命之母"之称，是影响环境的重要因素。房子就像人一样，少不了水，因为水可以轻而易举地将气场调顺，让人保持健康的身体。所以，不妨放个水族箱在家里的客厅，养几条可爱的鱼，赏心悦目的同时又可以让你事事顺心。但是，水族箱不要放太高，而且水一定要是流动的。

▲客厅养鱼的水要流动，这样可以让人保持健康的身体。

### 宜053 客厅光线宜充足

客厅是家人活动的重要公共空间，要宽敞舒适，有足够的光线。特别是家中若有年长者，更应该注意到光线充足的重要性。家中如果没有良好的采光和照明，就会形成所谓的阴宅，即阴气较重的宅第，这样的住宅能量不足。如果家里有某个地方常常缺乏灯光或阳光的照射，就会造成居住者身体某部位不适。要改善这种状况，最好的做法就是在固定的时间里保持灯火通明，或安装长明灯，提升地气，还可以用蜡烛来增添浪漫气氛。

### 宜054 客厅宜放不攀藤的植物

在客厅内摆放无杂枝、叶宽、不攀藤的植物，会对健康有帮助。但芭蕉例外。另外，植物摆放的数量不要太多，因为植物晚上会吸收氧气、释放二氧化碳，太多对身体健康反而会有不好的影响。

▲ 在客厅内摆放无杂枝、叶宽、不攀藤的植物，会对健康有帮助。

### 宜055 客厅空气湿度要适宜

一般来说，空气湿度高会增加机体的传导而流散热量，引起体温下降，神经系统和其他系统的机能活动也会随之降低，出现一系列病症。如长期生活在寒冷污浊的环境中，就容易患感冒、冻疮、风湿病等。相反，太干燥的空气也不利于人体健康，从医学角度来看，干燥和喉咙的炎症与空气有一定的关系。居室内的相对湿度一般要求为30%～65%。

▲ 居室内的空气湿度要适宜，相对湿度一般要求为30%～65%。

### 宜056 客厅宜摆大型盆栽

客厅绿化装饰的风格要力求明快大方、典雅自然，有温馨丰盈、热情好客的感觉，又要有一定的艺术感。客厅一般面积较大，可摆一些大型的盆栽。

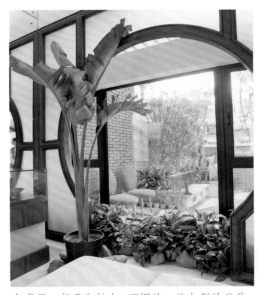

▲ 客厅一般面积较大，可摆放一些大型的盆栽。

大师全解居家设计的宜忌法则
全面公开趋吉避凶的布局秘诀

114

## 宜057 西向客厅宜以绿色作为主色

向西的客厅下午西照的阳光甚为强烈，不但酷热，而且刺眼，所以用较清淡的绿色十分适宜。

## 宜058 客厅色彩宜与住宅整体协调

客厅色彩要和整个住宅协调统一，各个功能区域色彩的细部装饰应服从整体的视觉美感。客厅的色彩设计应选择一种颜色作为主色调，具体采用什么样的色彩做主色调，要根据主人的爱好来定。客厅的地板色调与家具色调要协调，这样让人的视觉不会疲劳。特别是大面积色块，一定要和谐，如果色彩深浅相差过大，会影响整体视觉效果。

▲ 客厅色彩要和整个住宅协调统一，从而获得一种视觉美感。

## 宜059 客厅宜用白色、土黄色等

客厅宜采用大量的白色、土黄色、咖啡色为好，因为这三种颜色能产生宽敞、宁静的效果。但客厅不宜留太多的无用空间，否则会造成空间上的浪费。

## 宜060 昏暗客厅宜设暗藏光

暗藏光的光线从天花板折射出来，既不刺眼，又能提供照明，还能营造温馨的气氛。有些缺乏阳光照射的客厅，日夜皆昏暗不明，暮气沉沉，久处其中便容易情绪低落。针对这种情况，最好是选用日光灯照明，因为日光灯发出的光与太阳光有点接近，可弥补光照不足的缺陷。客厅也可日光灯与水晶灯同时使用，白昼用日光灯来照明，晚间则点亮金碧辉煌的水晶灯。

▲ 暗藏光的光线从天花板折射出来，既不刺眼，又能提供照明，还能营造温馨的气氛。

## 宜061 宜根据方位与运势选用颜色

正东方·健康运·绿色：正东方位与家人的健康有着很大的关系，绿色在正东方位象征着居住者的健康。在这个区域放置茂盛的植物可促进家人的健康、长寿，摆放属水的物品或山水画也有帮助，因为水可养木。

正南方·名声运·红色和紫色：正南方位象征着会为家庭带来名声和肯定，特别是给负责生计的家长带来名声和肯定。正南方五行属火，喜用红色和紫色。适合悬挂凤凰、火鹤或日出的图画。红色地毯或红色的木制装饰品(因为木能生火)也很合适。

正西方·子孙运·金色、银色和白色：正西象征着系子孙运势，五行属金，喜用白色、金色和银色。金属雕刻品、六柱中空金属风铃、电视机和音响都很适合摆在此区域。由于土可生金，所以可摆设白色花瓶或天然水晶。

正北方·事业运·黑色和蓝色：正北方象征着事业运，五行属水，喜用蓝色或黑色。在这个方位放置属水的物品对居住者的事业运有帮助，例如鱼缸、山水画、水车、水性植物和风水轮等动态饰品，可以加强事业运，或者放置黑色的金属饰品也可以，因为金能生水。应尽量避免两种五行相克的颜色和饰品。

东北方·文昌运·黄色：如果有小孩正要参加考试，最好注意这个方位的布局。这个区域属土，喜用色是黄色和土色。陶瓷花瓶和文昌塔等属土金相生的物品都适合用来增强这个区域的能量。天然水晶和大杆毛笔放在此处也很有效。

西北方·贵人运·白色：强化客厅西北方位的能量，象征着增加贵人运和增进人际关系。这个区域属金，所以适合摆放白色、金色或银色的金属饰品，例如金属雕刻品或金属底座附白色圆形灯罩的台灯。

东南方·财运·绿色：客厅的东南方象征着一个家庭的财位。五行属木，喜用色是绿色，所以在这个方位摆设属木的物品有招财效果，其中又以圆叶的绿色植物效果最好。此处也很适合摆鱼缸，因为水能养木。要注意鱼缸大小应和客厅空间搭配，过大或过小都不宜。

西南方·桃花运·黄色：土生万物，象征着桃花运，如果想增进婚姻或恋爱运势，那么客厅的这个方位最为重要。西南方位属土，催化的方法与东北方相同。在此处放置花瓶插花，放置开花结

▲绿色在正东方位象征着居住者的健康，正东方的客厅宜多用绿色。

# 客厅设计之忌

　　一个家庭，客厅是核心，其设计的重要性自不待言，因此，了解客厅方位格局、装饰布置、灯光色彩等方面的不宜是非常有必要的。

## 忌001 忌在客厅看到厨房的炉灶

　　在客厅最忌看到厨房的炉灶，这是一种不好的格局，遇到这样的情况，可以改变炉灶位置或在厨房门外做一屏风、高柜来挡住。

## 忌002 客厅忌设在动线内

　　客厅是聚集旺气的地方，要求稳定，不应将客厅设在动线内，即人走动过于频繁的地方。客厅设在通道的动线内，容易使家人聚会或客人来访受到干扰，影响住宅主人的事业和人际关系。

▲客厅是聚集旺气的地方，要求稳定，不应将客厅设在人走动过于频繁的地方。

## 忌003 客厅忌设在住宅的后方

　　进入大门后，首先应见客厅，而卧室、厨房以及其他功能区应设在房子后方。如果空间运用配置颠倒，误将客厅设置在后方，会造成进出的不便，是整体格局设计的败笔。

## 忌004 客厅忌设在地下室

　　客厅是家人休闲和客人来访的地方，光线要充足，空气流通好。而地下室光线明显不足，空气也不够流通，客厅如设在地下室会显得居住者经济上较窘迫，破坏家的温馨氛围，甚至还影响居住者的健康。

## 忌005 忌房大于厅

　　房大于厅，就是卧室的面积大于客厅的面积。如果不幸碰到这种情形，会给家庭生活带来很多不便。如果可以，最好重新做隔间，这样才可以彻底化解。

## 忌006 忌客厅形状不规则

　　客厅的形状最好是正方形或长方形的，屋角突出就如同放出暗箭，可能会带来不好的暗示。如果客厅呈L形，可用家具将其隔成两个方形的独立空间来化解。或是在墙壁挂一面镜子，象征性地补足缺角，然后，当成完整的房间来决定中心点。

▲ 客厅的格局最好是正方形或长方形，不规则的客厅会影响居住者，应用各种方法进行化解。

## 忌007 客厅忌用粗糙、劣质的材料

客厅是家庭居住环境中最大的生活空间，也是家庭成员的活动中心，所以在装修客厅时一定不能为了省钱而选用粗糙、劣质的材料。选用粗糙、劣质的材料虽然可以节省一点点费用，但是会给日常生活带来诸多不舒适，也会影响居家心情。

## 忌008 天花板忌有横梁

客厅的天花板是不能有横梁的，横梁将形成压迫的感觉，人们坐在横梁下容易造成精神紧张。应尽量将横梁遮掩在夹层的天花板里。

## 忌009 天花板的颜色忌太深

客厅的天花板象征天空的颜色，当然是以浅色为主，例如浅蓝色，象征着蓝天，而白色好像白云悠悠。天花板的颜色宜浅，而地板的颜色则宜深，这样才能显示出装修效果，给人舒适感。否则，就会给人头重脚轻的感觉。

▲ 客厅的天花板颜色太深，会给人头重脚轻的感觉。

## 忌010 客厅忌滥用墙纸

有的家庭喜欢在客厅墙上贴墙纸，但如果墙纸选用不当，那就弊多于利了。因为小空间对墙纸花样的限制很大，不能乱用。一般说来，应选用表面光滑，颜色清淡，图案较小的墙纸，最好用菱形图案的墙纸，这样可以使空间有扩张感，切忌用大花大朵的图案，否则整个空间会有一种压迫感，而深重的色调和粗糙的表面都会使客厅显得狭小从而破坏设计，对居住者的产生不利影响。

### 忌011 客厅墙面忌用重色喷涂

风水学把客厅视为住宅的"内明堂"，要求客厅宽敞、明亮、整洁。客厅墙面忌用重色喷涂，不宜用醒目图案。墙面要保持洁净，如有污痕、脏迹或孩子的涂抹物时，应尽早做处理。否则脏乱黑暗的客厅对居住者的健康也有不利影响。

### 忌012 地毯颜色忌单调

因为不同的人有不同的审美意识，所以有些人喜欢色彩缤纷的地毯，但也有些人却喜欢较素雅的地毯。但若从环境设计的角度来看，还是选用色彩缤纷的地毯为宜。因为色彩太单调的地毯，非但会令客厅黯然失色，而且亦难以发挥地毯的装饰效应。因此，客厅沙发前的地毯宜以红色或金色作为主色。

▲ 色彩太过单调的地毯，难以发挥地毯的装饰的效应。

### 忌013 客厅层高过低忌吊顶

层高过低的客厅不适合吊顶，如果吊顶必然会显得过分压抑，也会影响气的流通，令居住者产生不适的感觉，进而影响到日常生活和工作的情绪。

### 忌014 客厅的窗户忌过多过大

客厅的窗户过大或数量太多，容易导致强硬的风或强烈的阳光影响居住者的健康，可悬挂百叶窗或窗帘来矫正这个缺失。大型落地窗，夏天会引进过多的阳光和热量，冬天又会使屋内的热气快速流失，所以应加装窗帘或其他遮蔽物。

▲ 客厅的窗户过大或数量太多，容易导致强硬的风或强烈的阳光影响居住者的健康。

### 忌015 电视背景墙忌有尖角

电视背景墙的形式要十分注意，避免有尖角及凸出的设计，特别是三角形，要防止其形成干扰。尽量不要对背景墙进行毫无意义的凌乱分割，否则会使家人精神紧张、心神不宁，宜以圆形、弧形、平直无棱角的线形为主要造型，这些形状都蕴涵着美满之意，能使家庭和睦幸福。

## 忌016 电视背景墙忌位于财位

电视背景墙在客厅布置中占有举足轻重的地位，设置方位的正确与否至关重要。住家要清静、安定，而电视机则是喧闹嘈杂的，因此应离卧室远点。

▲ 电视背景墙应慎重选择。

## 忌017 忌在客厅天花板上装镜

在客厅天花板上装镜，是装修设计中的大忌。人身在其中，每日看见自己的倒影，有乾坤颠倒之意，久而久之，人的情绪易受影响。

## 忌018 客厅过道忌随意安装木柱

由于欧式家装风格的流行，有些人家把欧式的立柱用到居家装饰中，喜欢在过道入口的两旁安装一对美观的木柱，这本来无可厚非，但若有以下两种情况出现，便要引起注意。

倘若客厅面积小而过道口又狭窄，在过道口加设突出的木柱，便会令起居室显得更加狭小，而过道口便会显得更拥挤。

此外，烛形的木柱不能用，有些人家喜欢选用光身的圆柱，形似蜡烛，此时倘若采用其他颜色尚可，采用白色便犯大忌。因为它如同一双白蜡烛插在睡房进口的两端，在中国的传统习俗中，白蜡烛只用于丧事当中，所以若在起居室出现一对白蜡烛形的木柱，肯定是让人不舒服的，必须尽量避免。

## 忌019 客厅中心忌设置高的障碍物

客厅的中心位置不宜设置壁橱或较高的障碍物，否则不仅阻碍了视线，而且当人身临其境时，会感到拘束。客厅的中间应摆放方桌，给人以方正稳重的感觉，但不能摆一些形状不规则的桌椅。

## 忌020 客厅窗户忌向内开

客厅窗户最好是向外或向两侧推开，以不要干扰到窗户前后区域为原则。向内开的窗户会使居住者变得胆小、退缩。

## 忌021 小面积客厅忌在通道安门

面积小的客厅如果通道处没有门，便可看到通道，因为加上通道的深度，客厅看起来便会显得深远一些。如果安门便会有狭窄的逼仄感，也会影响气的流通。

### 忌022 客厅忌铺镜面瓷砖

所谓镜面瓷砖就是那种能照见人影的光面砖，在地面上照出人和物的影子，会令人产生不适的感觉，客厅不宜铺设这种瓷砖。还有，客厅的地面不宜太滑，否则，对老人和孩子都不安全。

▲ 客厅铺设镜面瓷砖，会令人产生不适的感觉。

### 忌023 客厅窗户太小忌在通道安门

通道装门便会令客厅空气变得呆滞，所以客厅的窗户很小的话，屋外新鲜空气很难进入，若再在通道装门，便会令客厅的空气无法与卧室交流，这当然不理想。

### 忌024 客厅忌有过多的阶梯

客厅地板应平坦，不宜有过多的阶梯或高低不平。有些客厅采用高低层次分区的设计，使地板高低有明显的变化，如此，家运也会因地板的起伏而多坎坷，同时也不便于

打扫卫生。但厨房、厕所的地板则可略低于厅室的地面，以防阴气逆流到厅室。

▲ 客厅地板应平坦，不宜有过多的阶梯或高低不平。如果客厅地板高低有明显的变化，家运也会因地板的起伏而多坎坷。

### 忌025 客厅窗户忌与厨厕窗户相对

厨房是做饭炒菜的地方，在风水学上，此属燥火的地方；而客厅是充满阳气和人情味的地方，家人经常在此聚会，也经常有客人来访，需要拥有清新的环境。如果客厅的窗户对着厨房窗户，则很容易吸入油烟，对身体不利，也破坏客厅的洁净环境。

客厅的窗也不宜对厕所的窗，客厅为家人聚会的地方，为纯阳之气相聚，因为人带阳气。厕所属于藏污纳垢之地，故属于阴。如果客厅的窗和厕所的窗相对，这种情形称为"宅气驳杂"。若家中有这种情况出现，可在客厅的窗前安装一盏长明灯，使大厅的阳气得以稳定。

## 忌026 沙发套数忌一套半

客厅沙发的套数是有讲究的，从传统习俗的角度来看，最忌一套半，或是方圆两种沙发拼在一起用。

▲ 客厅沙发的套数是有讲究的，从传统习俗的角度来看，最忌一套半。

## 忌027 家具忌太多或太少

福居旺宅的家具布置与风水有讲究，不同的家具布置，会给人不同的印象。客厅过多的家具布置，会使人产生一种压迫的感觉，如同人气短一样；过少的家具布置，会让人感到空荡无依。家具合理搭配、布局恰到好处则给人一种安适的感觉。

## 忌028 沙发忌正对尖角

不要把沙发正对着锐利的边角或方形的角落放置，因为那里的能量会让人感觉不舒服。

## 忌029 沙发忌两两相对

一些建筑面积较大的住宅，比如别墅或复合式住宅，客厅的空间一般都比较大，主人喜欢在客厅中放置一定数量的沙发。其实，客厅中的沙发不宜过多，以两三件为宜，数量过多，势必导致沙发在放置位置上出现两两相对的情形，从心理学和"家相学"的角度来看，容易产生居住者难以沟通，意见分歧，甚至导致口舌纠纷的情况。

## 忌030 沙发忌摆出"断臂"形状

沙发的摆设应如港湾一样，两侧各有一臂伸出为宜。倘若沙发是一排直趟，那便犹如壮士断臂，犹如港口缺臂，不能左右护持。

▲ 沙发的摆设应如港湾一样，两侧各有一臂伸出为宜。倘若沙发是一排直趟，那便犹如壮士断臂。

## 忌031 沙发忌无靠垫

靠垫在家中虽然是配角，但它能起到让人们更舒服的作用。因为在紧张忙碌的生活节奏里，人们更看重在家中的放松感觉，因此靠垫传达出的舒服感觉格外动人。家无靠垫，仿佛就缺少了一点温柔，一点温馨的气氛，一点舒适的感觉。

▲ 沙发上的靠垫使家居多了一点温柔，一点温馨的气氛，一点舒适的感觉。

### 忌032 沙发忌与大门对冲

沙发勿与大门对冲，沙发若是与大门相对成一直线，弊处颇大。遇到这种情况，最好是把沙发移开，以免与大门相冲，倘若无处可移，那便只好在两者之间摆放屏风，这样一来，从大门流进屋内的气便不会直冲沙发。

### 忌033 沙发忌横梁压顶

沙发上有横梁压顶，受影响的是一家大小，故必须尽量避免。如果确实避无可避，则可在沙发两旁的茶几上摆放两盆开运竹，以不断生长向上、步步高升的开运竹来承担横梁压顶。

### 忌034 沙发背后忌为走道

沙发背后若为走道，气场会极不稳定。其最主要的效应是影响坐在此件的人的心情和安全感。最彻底的化解方法就是调整沙发的位置，使其靠实墙摆放。

### 忌035 沙发背后忌无靠

如果沙发背后无实墙可靠，那便等于是背后无靠山，空荡荡一片。当沙发背后确实没有实墙可靠时，较为有效的变通方法是，把矮柜或屏风摆放沙发背后，起到弥补作用。

▲ 沙发背后无实墙可靠。

### 忌036 沙发忌长期摆放在窗边

猛烈的阳光会令沙发表面褪色，直接影响沙发的耐用性，所以无论沙发采用哪种材料制造，都不能长期摆放在窗户旁边，尤其房间朝向西面的，就更要避免。

## 忌037 家具忌侧对沙发

通常会客时都会用到沙发，因为沙发也是聚集人气的地方。一般不宜将家具侧面或床头对着沙发，否则会影响坐在此处的人的心情。

## 忌038 沙发顶上的字画忌呈直条形

沙发顶上的字画宜横不宜直，若沙发与字画形成两条平行的直线，那便可收到相辅相成的功效。因沙发给人的感觉是横着的，若字画为直，则会相互冲突，让人坐立不安，不可取。

## 忌039 沙发背后忌有镜子照后脑勺

有人为了令客厅看来显得更通透宽敞，会在壁上挂镜，这样坐在沙发上的人就很容易被旁人从镜子中清楚地看到他的后脑勺，这样会导致沙发上的人精神不宁。

▲沙发背后不宜有镜子照后脑勺，否则会导致沙发上的人精神不宁。

## 忌040 忌茶几大过沙发

家居装修装饰中应以沙发是主、茶几是宾的思路装饰客厅。沙发是主宜高大，茶几是宾宜矮小，如果茶几的面积太大，就是喧宾夺主，并非适宜，所以沙发前的茶几不宜太大。化解之法是更换一张面积较小的茶几，宾主配合有情，则既不会碍眼，同时又符合装修设计之道。

## 忌041 沙发顶上忌有灯直射

沙发顶上不要有灯直射。有时沙发范围的光线较弱，不少人会在沙发顶上安装灯饰，例如藏在天花板上的筒灯或显露在外的射灯等等；因太接近沙发，往往灯光从头顶直射下来会使人头昏目眩，坐卧不宁，这有违装修设计之道。如果将灯改成射向墙壁，则可略为缓解。

▲灯光从头顶直射下来会使人头昏目眩，坐卧不宁。

解读住宅宜忌

一看就能明白的住宅宜忌
用就能转运的设计妙招

123

## 忌042 沙发忌太软

沙发的柔软度跟床一样，不能太软，千万不要以为又软又深的沙发才会舒服。如果沙发太软，坐久了便会让人产生腰酸背痛的感觉，甚至会影响骨骼健康。因此，要选购一款舒适的沙发，在购买时，必须注意沙发的坐面与靠背均应以适应人体的生理结构曲线为好。在买的时候，最好是能亲自坐在沙发上体验一下其是否舒适。

## 忌043 忌沙发、组合柜均矮

低的沙发是水，而高的组合柜是山，这是理想的搭配。倘若采用低组合柜，则沙发与组合柜均矮，这便成有水无山的格局，必须设法改善。化解之法是在低组合柜上方摆放一张竖的画，使组合柜变相加高，比沙发高出一些，这样简单易行且很有成效。而挂在低组合柜上的画，宜以山水作品为主。

## 忌044 茶几忌呈三角形

三角形的茶几不可选用。因为三角形茶几有棱有角，很容易碰伤人，给日常生活带来很多不便。

## 忌045 组合柜忌与客厅面积不协调

如果客厅面积狭小，却摆放一个高的组合柜，便会有压迫挤塞之感。若要改善这种情况，可以改用半高柜，让柜顶与屋顶保持适当距离，这样一来，客厅的格局便大为改观。

倘若一定要在小厅中采用到顶的高柜，灵活变通的方法是可以改用中空的高柜。这种柜的特点是下重上轻而中空。所谓"下重"是指组合柜的下半部较大，而"上轻"是指柜的上半部较小，"中空"则是指柜的中部留空。换句话说，这是把"露白"从柜顶向下移，移至中间部分而已。中空的高组合柜，虽然高及屋顶，但因中间有相当大的一片空间，故不觉挤塞，亦减少了压迫感。

## 忌046 组合柜两旁忌空位太多

倘若厅阔而柜短，形成组合柜的两旁有太多空位，太过空疏，并非佳兆。遇到这种情况，可把两盆高壮而叶大的常绿植物，如铁树、发财树等来填补空间。摆在短柜两旁的大叶植物，等于把断臂加长。

▲组合柜两旁空位太多，可用两盆高壮而叶大的常绿植物来填补空间。

## 忌047 电视柜忌过长

一般情况下应根据电视机的大小以及音响组合的多少选择电视柜的尺寸。电视柜不宜过长，否则很浪费空间。有些家庭把电视柜做得很长，把家庭影院的两个主音箱放在上面，这种方法是不可取的，因为音箱的振动对电视机的电路有损伤。可以把音箱对称地摆放在电视柜两边，显得既紧凑又和谐，让整个视听区看起来协调舒适。

▲ 电视柜过长而把音响放在上面，这种方法是不可取的，因为音箱的振动对电视机的电路有损伤。

## 忌048 客厅忌用旧木料制造的家具

客厅是家庭当中最主要的公共空间，对内是家人休闲聚会之处，对外是接待客人的地方，因而客厅家具用料要尽量使用坚实的新木料，不要用老房子的旧木料制造家具，更不能用旧棺木做家具，这样居住起来才舒适。

## 忌049 电视屏幕忌太大

电视屏幕不可太大。超大屏幕的家庭影院，固然能给人带来视觉上的刺激，享受到非同一般的视听效果，但电视屏幕太大，其辐射面积也增大，长时间观看就会产生恶心、疲劳等症状，视力也会随之下降。因此，在选择电视机时，要考虑其屏幕的尺寸应与房间相匹配。在放置电视机时，则应注意保持电视机的屏幕中心能和眼睛处在同一水平线上。

▲ 在选择电视机时，要考虑其屏幕的尺寸应与房间相匹配。

## 忌050 时钟忌挂在厅堂正中

时钟不宜挂在厅堂的正中间，因为"钟"与"终"谐音，若挂在厅堂的正中，则无论何人一进门，抬头就见钟（见终），是一种不好的兆头，所以时钟最好挂在侧旁。

## 忌051 忌忽视家庭影院的位置

家庭影院在现代家庭中已经相当普及，但人们总会忽视它的摆放位置。而美国医学专家的调查表明，经常沉湎于家庭影院的人，在听力上均有不同程度的损伤，表现为听力下降、辨音不清、耳鸣、耳痛、听觉疲劳等。而如果摆放合适的话，则可以避免或者减少这些伤害。

安装家庭影院的房间至少要有16~20平方米，才能发挥影院的音效。

## 忌052 电视机旁忌摆放花卉、盆景

电视机旁不宜摆放花卉、盆景。电视机旁摆放花卉、盆景一方面潮气对电视机有影响；另一方面，电视机的X射线的辐射，会破坏植物生长的细胞正常分裂，以致花木日渐枯萎、死亡，会影响居家心情。

## 忌053 家中电器忌太多

需要用到电的东西都对人体不太好，一是不天然，二是电磁场的辐射对健康极为不利。人体就如同一个电磁场的导电体，如果家里有太多电器的话，体力通常会较容易流失。要时常保持最佳体力的话，应该尽量减少电器的数量，而且把电器往会转移电磁场的墙壁附近移，让电器尽量不要在出入动线和生活起居常经过的地方出现，以避免自己的体力过快散失。

## 忌054 客厅电线忌外露

居家中的电器用品大部分都集中在客厅中，因此线路会特别多。如果电线都露在外面，会显得凌乱不堪，甚至家人活动时都会被电线绊倒。最好是把这些线路做成隐藏式或处理整齐，才不会让客厅看起来杂乱无章。

▲电视机旁摆放盆景，会使花木日渐枯萎、死亡，会影响家居心情。

▲客厅的电线处理整齐，才不会让客厅看起来杂乱无章。

## 忌055 客厅忌大面积使用玻璃

不宜用大面积玻璃来装饰客厅，因为玻璃属易碎危险品，总给人以不安全感。客厅四周的玻璃幕墙不宜太多，虽不影响光线，但阻碍视线，给人以拥堵的感觉。客厅内也不宜使用玻璃制品，尤其是桌子，总会让人感觉心里不踏实。

▲ 不宜用大面积玻璃来装饰客厅，因为玻璃属易碎危险品，总给人以不安全感，让人心里不踏实。

## 忌056 忌收藏古董在家

古董是表现世事无常的最好证明，很多古董是从古墓里挖掘出来的，依附有外灵，直接将其收藏在家不利家运。如果家里已经收藏了古董，最好用新毛笔将红朱砂点在不影响其美观的地方，并将古董用红绒布或红纸垫底，这样可以保平安。如果要将外面的古董带回家，最好能在屋外阳台或安全的地方用红纸垫底，让太阳暴晒三天，沐浴大自然甘露三夜（最少要露天放置一天一夜），然后拿进家，这样才会平安。

▲ 在家收藏古董，要将古董用红绒布或红纸垫底，这样可以保平安。

## 忌057 家中忌摆设尖锐物

家里应该避免摆设尖锐物，因为这些东西会产生类似金字塔的"尖端效应"，伤害神经系统和内分泌系统。而且气场的活动会受到阻挠，原因是尖角、棱角的形状会放射出不稳定的能量来。另外，尖锐物也容易对家人造成伤害。

▲ 家里应该避免摆设尖锐物，因为这些东西会伤害神经系统和内分泌系统。

大师全解居家设计的宜忌法则
全面公开趋吉避凶的布局秘诀

## 忌058 客厅空调忌直吹主位

客厅的空调如直吹客厅中的主位，即三人坐的沙发，会让坐在这的人很不舒服，影响健康和心情。

▲ 客厅的空调如直吹客厅中的主位，对家人的健康、心情都不利。

## 忌059 客厅忌摆不祥饰物

一般来说，如果家中摆设孔雀、骏马之类的动物，即有所谓"孔雀开屏"、"马到功成"之意，这样的好兆头，谁不希望？但是在选择时要选栩栩如生的，如孔雀不开屏，马儿垂头丧气就不宜。名人字画一定要选择一些有生气、欢乐的，而且适合自己身份的才可以悬挂。悲伤的字句或肃杀的图画就不宜悬挂了。牛角适合竞争性强的行业，兽头、龟壳、巨型折扇、刀剑等含有戾气的装饰品，并非每个家庭都适合，悬挂时要加以注意。

## 忌060 正方形客厅忌摆放音响

音响一般是放在客厅，客厅如果是长方形，音响的效果最佳。如果客厅较小，并刚好是正方形的，则最好不要摆放音响，否则会使音响的清晰度降低，也会影响音响的低频特性。

▲ 音响一般是放在客厅，如果是长方形的客厅，音响的效果最佳。

## 忌061 客厅忌悬挂大型动物标本

装饰品除了有装饰客厅的功能外，还有一些具有避邪趋吉的作用，例如牛角、佛像等。客厅最忌悬挂大型动物标本，越凶猛越忌讳，小型昆虫标本则没有什么影响。

## 忌062 客厅忌乱挂猛兽图画

客厅不宜乱挂猛兽图画。客厅如悬挂花草、植物、山水图，或是鱼、鸟、鹤等吉祥动物，通常无禁忌。但如果喜好悬挂龙、虎、鹰等猛兽，则需要特别留意将画中猛兽的头部朝外，以形成防卫的格局，千万不可将猛兽之头向内，这样会威胁自己，属不利。

▲ 客厅可以挂多种吉祥动物，但是不宜挂猛兽图。

## 忌063 客厅忌挂过世家人的照片

客厅忌挂过世家人照片或抽象画，这会令家人做事倍感压力，情绪反差大，心理不平衡，容易神经过敏。

▲ 客厅的抽象画会令人情绪反差大，心理不平衡，容易神经过敏。

## 忌064 客厅忌养热带鱼和咸水鱼

如果家中养的生物死去的话，不是个好兆头。因为它会给人心理上留下阴影，会影响人体气场的和谐运行，给人带来一些负面的精神影响。咸水鱼要用近似海水的环境来饲养，虽然其颜色会比淡水鱼更鲜艳，但如果照料得不好就会死亡。同时，热带鱼也比较难饲养。所以，在选择鱼的种类时，要考虑到鱼的生命力和日后的照顾。

## 忌065 鱼缸形状忌与五行相冲

鱼缸在传统的风水学里是"水"的同义词，古人认为，鱼除有极具观赏价值之外，亦有许多其他寓意。对于生辰八字缺水之人，在客厅内摆放鱼缸尤其有益运程。但在客厅中摆放鱼缸时，应多加注意鱼缸的形状，以免与五行相冲。圆形的鱼缸五行属金，可以生旺水，故为吉利之相；长方形的鱼缸五行属木，虽然泄水气，但二者有相生的关系，也可选用；正方形的鱼缸五行属土，土能克水，会出现相克的力量，故鱼缸不宜选择正方形；六角形的鱼缸以六为水数，故五行属水，可以用；三角形或八角形，甚至多角形的鱼缸五行属火，水火驳杂，故不宜用。此外，从科学的角度来看，带尖角的鱼缸也会对生活产生潜在的危险。

### 忌066 客厅忌挂意境萧条的图画

有些人由于种种原因，把一些意境萧条的图画悬挂在客厅，这并不适宜。所谓意境萧条的图画，大致包括惊涛骇浪、落叶萧瑟、夕阳残照、孤身上路、隆冬荒野、恶兽相搏、枯藤老树等几类题材。中国人最讲究意念，倘若把以上几类题材的图画挂在客厅上，触目所及皆是不良景象，暮气沉沉，孤高怪僻。以此为客厅中心，艺术效果可能不错，但整屋会显得无精打采、暮气沉沉，居住其中，心情自然会大受影响。因此，客厅还是应悬挂好寓意的图画。

### 忌067 鱼缸忌太大

太大的鱼缸会储存太多的水，水太多便会有决堤泛滥之险。水固然重要，但太

▲ 鱼缸不宜太大，太大的鱼缸会储存太多的水，水太多便会有决堤泛滥之险。

多太深则不宜。如果鱼缸高于成人站立的高度，眼睛看鱼缸就会累，因此，客厅中的鱼缸不宜过大过高。当然，鱼缸的大小还是要结合方位和面积的大小来确定，如果客厅较大，而鱼缸过小也不合适。

### 忌068 朝北客厅忌用深色调家具

北方的采光相对其他方向要差一些，所以，朝向为北或面积过小的客厅不宜摆放深色的家具，否则影响光线。因此，朝北的客厅或者小面积客厅不要选用深色调的家具，尽量做到让空间宽敞明亮、空气流通。

### 忌069 客厅颜色忌超过四种

客厅装饰色彩既不要对立（黑、白色除外），也不要纷杂。在装饰色彩中，基本色彩以不超过三种比较适宜。儿童房的色彩可以相对丰富一些，可以根据具体情况因地制宜。

### 忌070 客厅忌大量使用颜色漆

客厅的装饰设计不要为追求色彩而大量使用颜色漆，以防止造成室内铅污染。铅中毒主要损害人体造血、神经系统和肾脏等。血液中的红细胞和血红蛋白减少，引起的贫血是急、慢性铅中毒的早期表现。

### 忌071 室内忌受甲醛污染

室内装修时要避免甲醛污染。甲醛对人体的影响主要表现为嗅觉异常、刺激、过敏、肺功能、肝功能、免疫功能异常等，

个体差异很大。甲醛对皮肤和黏膜有强烈的刺激作用，可使细胞中的蛋白质凝固变性，抑制细胞功能。甲醛在体内生成的甲醇对人的视力也有害。

## 忌072 室内忌有氨

现代许多建筑材料中加入了一定的氨水，以提高其抗冰冻能力。如果氨水加入过多，就会有大量的氨气释放到室内，使空气中的氨含量增多。另外，装修材料中也含有氨。氨对呼吸道有刺激和腐蚀作用，中度中毒会令人出现呼吸困难的症状。

## 忌073 客厅忌摆放杜鹃

杜鹃不宜摆放在客厅，是因为民俗上认为"杜鹃泣血"，摆在家里会寓意不好。但如果非常喜爱，到了非放不可的地步，建议可放在阳台窗台等可以晒得到太阳的地方，这样就没什么大问题。

## 忌074 客厅忌摆放假花

一般人家里都会有花瓶，建议放入真花，而且常常换水，保持新鲜，如果任其枯萎，代表可能会有感情结束的事情。从科学的角度来看，常换水不容易滋生细菌，鲜花香味也能带给人愉快。但若是为了不让花枯萎或懒得照顾而干脆放假花的话，象征容易遇到虚情假意的事，同时感情也不会有圆满的结果。另外从科学的角度来看，假花长期摆放容易因塑料或铁线氧化释放出有毒物质，使健康受到影响，故不建议使用。

## 忌075 植物忌过多过乱

将植物摆置于客厅中时，首先应考虑配置植物的装饰效果，不可过多杂乱，而且要注意中、小搭配，靠角放置，不要妨碍人们走动。

▲ 植物要注意中、小搭配，靠角放置，不可过多杂乱。

## 忌076 客厅的植物忌过高

一般来说，植物最佳的视线水平是在离地面2.1～2.3米的位置，摆放在此水平高度的植物花卉最容易被看到，人们观看时，眼睛也是处于最自然、最舒适的状态。

## 忌077 客厅忌直射照明

客厅宜设计成漫射照明，不宜采用直射照明。直射照明产生的光较强烈，且有一定热量散发，会令居住者不适。漫射照明是一种将光源装设在壁橱或天花板上，使灯光朝上，先照到天花板，再利用其反射光来照明。这种光看起来具有温暖、欢乐、活跃的气氛，同时，亮度适中，也较柔和。

▲ 客厅宜设计成漫射照明，不宜采用直射照明。直射照明产生的光较强烈，且有一定热量散发，会令居住者不适。

## 忌078 客厅忌大面积使用亮彩色

　　家中紫色多者，虽然可说是紫气满室香，可惜紫色中所带有的红色系列，无形中发现刺眼的色感，易使人情绪不安宁。家中粉红色多者易使人心情暴躁，还易生口角，导致争是非、吵架之事频繁，尤其新婚夫妇，为了调节闺中气氛，粉红色看来比较浪漫，但是，时间长了，由于色调的不调和，过一段时间后，两人都会产生莫名其妙的心火，容易为芝麻小事吵不完。家中红色多，一般人以为是吉祥色，但是红色多了，会使人眼睛负担过重，脾气容易暴躁，所以，红色只可作为搭配色调，不可作为主题色调。家中黄色多，同样会让人烦躁不安，还会使人的脑神经意识充满多层幻觉。橘红色多时，虽然感觉生气勃勃，很有温暖的感觉，但是过多的橘色，也会使人心生厌烦。

## 忌079 客厅忌昏暗

　　有些缺乏阳光照射的客厅，日夜皆阴暗不明，暮气沉沉。如果置之不理，久处其中便容易情绪低落。如有这样的情况，则最好在天花板的四边木槽中暗藏日光灯来加以弥补。光线从天花板折射出来，既不刺眼，且日光灯所发出的光线最接近太阳光，对于缺乏天然光的客厅最为适宜。

## 忌080 客厅养花忌枯萎、凋谢

　　客厅中养的鲜花能给家庭营造美好、温馨的氛围，如果花枯萎或凋谢，就要及时清理，以免破坏家居环境。把盛水的花瓶插上花也可以，但是要保持花的新鲜度，枯萎要立即更换。

## 忌081 客厅忌有针刺状的植物

　　针刺状的植物，如仙人掌、仙人球之类的植物最好不要摆设，因为针刺状植物易刺伤人。

▲ 针刺状的植物最好不要摆设在客厅，否则会刺伤人。

### 忌082 客厅暗色调忌超过四分之三

如果客厅的暗色调超过总面积的四分之三，从传统居住习俗来讲，则会使居住的人反应变慢，影响日常工作和生活。

### 忌083 客厅灯饰忌成"三支香"格局

三盏灯并列的格局俗称"三支香"格局，是不祥的局面。客厅亮灯的数目应以单数为佳，灯盏平行排列照射时，应该注意不宜有三盏灯并列，以免形成"三支香"的局面。

▲ 三盏灯并列的格局俗称"三支香"格局，是不祥的局面。

### 忌084 客厅忌大面积使用阴冷色

灰色和黑色不能大量在客厅中使用，因为这两种颜色很容易导致心情沮丧。客厅有大面积深蓝色的，时间久了，家里无形中气氛会变得阴沉，易导致人个性消极。家中绿色多，也会使居家者意志渐消沉，虽说眼睛应多接近绿色，

但事实上，绿色是指大自然之绿色，而非人为调配的绿色，所以，难免会造成室内死气沉沉，没有生机。

▲ 灰色和黑色不能大量在居室中使用，因为这两种颜色很容易导致心情沮丧。

### 忌085 客厅色彩忌偏差太大

如果客厅的用色偏差太大，色彩过渡太大，会给人的视觉带来较大的冲突，而或浓或淡的色彩也会在无形中阻碍气流。客厅气脉一定要能顺畅地流通，否则就会影响居住者。

### 忌086 客厅的颜色忌单调

单调的色彩会令人心情沉闷，缺乏积极性。客厅是家人看电视、闲聊的主要场所，一定要注意色彩的搭配。现在住宅的面积都在逐渐扩大，家具的尺寸也在随之扩大，家里放一种颜色的家具就显得有些单调了。新潮的家具常以两种颜色的搭配来体现它的秀丽活泼，如白色的家具配以天蓝色的条块或粉色的条块等，这种巧妙的彩色搭配会给人一种赏心悦目的视觉效

一看就能明白的住宅宜忌——用就能转运的设计妙招

果。如白色沙发与米黄色墙衬托，宜加点淡蓝色，会形成花团锦簇般的格调。

▲单调的色彩会令人心情况闷、缺乏积极性。客厅是家人看电视、闲聊的主要场所，一定要注意色彩的搭配。

## 忌087 客厅内忌用纯黑色装饰

有些人出于个人的爱好，在装修、装饰客厅时，喜用黑色来装饰、点缀墙身、地板、门窗，甚至连沙发、椅子、桌子等家具也选用黑色的。这些人认为这样装点客厅，可以表现出自己与众不同的品味。

然而，这种纯黑的装饰是非常不可取的，一般人是不宜居住在这种环境里的。因为室内黑色太多，就会破坏室内的阴阳平衡，从而影响到居住者的生活和健康状况。

阴阳五行是古人的宇宙观，也是堪舆学和中医学的理论基础。古人认为，五行（金、木、水、火、土）是构成世界所有事物的基础元素，五行之间的相生相克是自然界保持平衡的必要条件。五行一旦失衡，就会导致灾难发生。中医学认为，人体是一个小宇宙，也有阴阳五行之分，肾主水、心属火、肺属金、脾胃属土，体内五行之气保持平衡，人体才健康。而颜色也有五行之分，黑色属水，红色属火，白色属金，黄色属土，绿色属木。

居住环境对人的影响，堪舆学认为主要体现在阴阳五行方面。住宅的阴阳五行平衡，才会对人体产生有益的作用。所以，住宅中任何一种颜色过分或不及，都是不适宜的。

▲室内黑色太多，就会破坏室内的阴阳平衡，从而影响到居住者的生活和健康状况。

# 第五章

# 卧房与婚房设计宜忌

『阳宅三要：门、房、灶。』卧房的重要性仅次于大门，是家中最重要的房间之一。人生约三分之一的时间都要在卧房度过，卧房是每个人的避风港、加油站，休养生息之所。卧房布局的好坏直接影响到人的身心健康。所以我们应该仔细考虑卧房坐落的位置、格局、通风、装饰、采光、色彩、床位等。

# 卧房与婚房设计之宜

身为大家庭中的一员，卧房也是唯一可以独享的私密空间，所以要尽量做到温馨、甜美、休闲与舒适。人体的很多因素与卧室位置、装饰等有着密切关系，将卧室布置好，对各方面都有较好的影响作用。

## 宜001 卧房宜设在西南方或西北方

卧房最有利的位置应是住宅的西南方与西北方，这两个方位均能提高居住者的成熟度和责任感，从而使其得到他人的尊重。

## 宜002 卧房面积宜适中

现代人都以住大宅、居大屋为荣，但卧房面积过大也不宜。人体是一个能量体，无时无刻不在向外散发能量，就像工作中的空调，房屋面积越大所耗损的能量就越多。因此，卧房面积过大容易导致人体耗能过多，不适宜居住。卧房面积控制在10～20平方米较为理想。

## 宜003 卧房格局宜方正整齐

方正的格局给人一种四平八稳、不偏不倚的感觉。多少年来，中国人深受"天圆地方"观念的影响，在建造住宅时，无论是外墙还是内部厅房，大多是方形的。方正的住宅可使气的能量平衡地循环流动，从而给居住者的身心健康带来很好的影响。以现代观念来看，方正的房子实用性强，摆放家具也非常方便，并且容易满足通风、采光等各方面的要求，居住其中自然会感觉舒畅、心平气和。不过同时也要注意，衣柜、电视、书桌、梳妆台摆放须整齐，千万不要给人混乱的感觉。

▲卧房面积不宜过大也不宜过小，控制在10～20平方米较为理想。

▲方正的房子实用性强，摆放家具也非常方便，并且容易满足通风、采光等各方面的要求，居住其中自然会感觉舒畅、心平气和。

## 宜004 卧房宜放置花瓶

在卧房摆放鲜花，可以兼具开运与显示品位的双重效果。比如香水百合散发出的香气代表好运，能增进夫妻感情，让未婚者迎接好的缘分。花瓶属静，在卧房摆一个漂亮的花瓶，再插上美丽的鲜花，对人的心理、生理都大有裨益。

## 宜005 卧房面积宜小于客厅面积

现在的户型设计很流行大客厅、小卧房，这种设计不仅从布局理论来看有道理，在现代养生学中也得到了认可。客厅是家人活动的公共区域，还要做接待客人之用，所以尽可能大一些为好；而卧房是一个私密空间，只要方便使用就可以了，面积过大的卧房不宜居住。

## 宜006 卧房窗户宜大小适中

如果窗户过大并在朝东或朝西的房间，早上或下午强烈的阳光就会透过窗户照射到室内，导致卧房内光线过强而影响休息；窗户太小又会影响采光和空气的流通。建议选择窗户大小适中的房间作为卧房，如果窗户过大无法改变，最好是采用较厚的落地窗帘进行遮挡。

## 宜007 卧房宜使用环保家具

卧房宜使用不散发有害物质的天然家具，如原木系列，不上漆，仅以天然蜡质抛光，既保留了天然纹理又不污染环境；科技木家具、高纤板家具、纸家具系列不含损害人体的有毒成分；未经漂染的牛、羊、猪等皮制作的家具以及藤类、竹类等天然材料制作的家具能帮助我们回归自然、返璞归真，有益健康。卧房家具应沿墙摆放，这样有利于房间采光和通风。

▲卧房宜使用不散发有害物质的天然家具，如原木系列。

## 宜008 卧房内宜摆放梳妆台

在卧房内最好摆一张梳妆台，整齐干净，隐秘又采光良好，并且具备较大的镜子和放杂物的柜面与抽屉，不一直线正对或紧贴任何门窗，不在横梁正下方，不紧贴柱，镜面不一直线自床脚正射床面，不一直线正对侧面的床头，就是梳妆台的好风水，对于个人存私房钱或理财有好的运势协助。梳妆台应尽量个人使用，若与他人合用或是兼做书桌、工作桌的话，私房钱易被人发现。

### 宜009 衣帽间的设置宜合理

衣帽间通常应设置在卧房旁边，也可设在卧房，但面积不宜超过卧房面积。风水学认为衣帽间从属于卧房，所以不宜"附属"超过"主要"。另外还要注意，衣帽间必须有良好的照明和通风，最好配置通风换气设备。而且，衣帽间内要摆放整齐，注意清洁卫生，不可杂乱无章或满地灰尘，否则，在心理、健康上都会产生极大的负面影响，而且会影响居住者的日常生活。

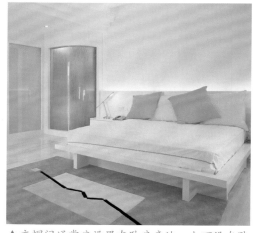

▲衣帽间通常应设置在卧房旁边，也可设在卧房，但面积不宜超过卧房面积，而且要注意通风，保持清洁卫生。

### 宜010 卧房宜摆放常绿植物

随着人们生活品位的提高，用绿色植物装点室内空间已成时尚。常绿盆栽是很好的选择，但务必选择常绿、生命力强、不易凋谢和不落叶的植物。宽敞的卧房，可选用立式的大型盆栽花卉，以显示主人的气度；面积小一点的卧房，可选择吊挂式的盆栽植物，或将植物套上精美的套盆后，摆放在窗台或梳妆台上，在点缀空间的同时，也可使人修身养性。卧房宜摆放的植物有茉莉花、风信子等能散发出轻微香味的植物，以及君子兰、文竹、吊兰等常绿植物。

▲卧房要选择常绿、生命力强、不易凋谢和不落叶的植物。

### 宜011 卧房家具色彩宜协调

家具的色彩在整个卧房色调中的地位很重要，对卧房内的装饰效果起着决定性作用，因此不能忽视。家具色彩一般既要符合个人爱好，又要注意与房间的大小、室内光线的明暗结合，并且要与墙、地面的色彩协调，但又不能太相近，否则不但不能相互衬托，还可能产生单调乏味的效果。

另外，应考虑到不同面积、不同功能的房间色彩可有不同，因而所产生的效果也不同。如浅色家具（包括浅灰、浅米黄、浅褐色等）可使房间产生宁静、典雅、清幽的气氛，且能扩大空间感，使房间明亮爽洁；而中等深色家具（包括中黄色、橙色等）色彩较鲜艳，可使房间显得活泼明快。

## 宜012 卧房家具宜排成一列摆放

现代生活处处以方便为原则，为了争取时效，现代住宅大部分把衣柜、化妆台、婴儿摇篮等放在同一室内。但放置时要尽可能将衣柜、化妆台等排成一列，这样，既有效利用了空间，也符合布局设计原则。因为从东边或南边来的日晒含有好的气息，将家具排成一列就可充分吸收这一好的信心，让人保持好心情和活力。

## 宜013 斜顶的卧房宜用竹藤家具

斜顶房间一般尽量不做卧房使用，如果一定要设计成卧房，最好选用竹藤家具。桌布、椅套等都可以用粗织棉布或麻布制

▲ 斜顶房间如果一定要设计成卧房，最好选用竹藤家具。

品，这种以自然材料渲染出的环境具有浓厚的乡村气息，也是目前流行的装饰手法。乡村风格是斜顶和矮天花卧房的首选。如果房间的天花板偏低，墙面的花纹就要以直线条为主，室内家具也要低矮一些。

## 宜014 卧房宜有"鱼"

鱼，寓意为年年有"余"，鱼与水有财源滚滚之意，是人类对居住和生存状态最美好的祝福与期望。人类进化到今天，当温饱已不再是人们对生活的祈求时，鱼的图形或雕塑便成了具有美好象征的卧房装饰。

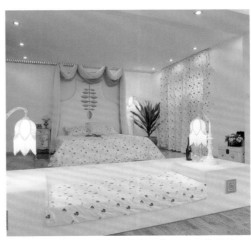

▲ 鱼的图形或雕塑是具有美好象征的卧房装饰。

## 宜015 棉被宜保持蓬松

保持棉被的蓬松，可以吸收大量的幸运之力。时下流行的真空袋，将棉被吸得扁扁的，其实是错误的做法，这样可能会砍断幸运的力量。寝具最好常晒太阳，收纳棉被的衣柜也要保持良好的通风。

大师全解居家设计的宜忌法则
全面公开趋吉避凶的布局秘诀

### 宜016 卧房宜挂吉祥物

挂吉祥饰物会增添喜气和带来财运。一般来说，福禄寿三星、九鱼图、牡丹花、孔雀开屏等吉祥饰物或图画是适合每个家庭的。吉祥物栩栩如生的造型，不但可为住所带来吉祥之气，还可以点缀家居环境。

▲ 吉祥物不但可为住所带来吉祥之气，还可以点缀家居环境。

### 宜017 卧房的木器宜多于铁器

人类生来就与树木为伍，甚至可以说树木是人类的摇篮，而铁器是伴随人类劳动生产和武装斗争的进程而发展的，所以木器家具更具有人文气息，铁器冰冷而缺乏关怀感。因此，卧房中的木器要多于铁器才更符合自然之理。装修时家装的木制品部分应尽量保持颜色单一、品种单一，这样不仅可产生浑然一体的效果，还能利用实木的特有纹理拼出别致的花纹。

### 宜018 床上用品宜柔软舒适

床单的质地以纯棉为最好，柔软舒适，吸湿性强。不宜用太粗厚的布料，睡时既有粗糙感，洗涤也比较困难；太疏松的布料也不宜选用，尘土会通过织眼沉积在褥垫上。

### 宜019 卧房的镜子宜隐藏

如果因为某方面的需要，非得在卧房安放镜子不可，那就得将镜子遮起来，或是把镜子摆在远离床的地方，以你在床上时不会在任何一面镜子的任何角度看见自己为宜。

▲ 如果非得在卧房安镜子，就得把镜子遮起来。

### 宜020 卧房光线宜柔和

卧房内的光线必须柔和适中。在日间，阳光不能长时间地照射室内，否则会令室内温度上升；但室内也不能长期不见阳光，否则会使人意志消沉，也会影响身体的健康。柔和的光线才能使居住者的身体和精神均保持良好的状态。

▲ 柔和的光线才能使居住者的身体和精神均保持良好的状态。

### 宜021 床头宜有明亮的灯光

虽然在睡觉时会将灯熄灭，但床头要保证能随时提供照明。这样不仅能满足阅读等的需求，还能营造卧房的氛围，局部的光照往往能产生温馨的氛围。

### 宜022 宜根据门向选择卧房的色彩

卧房的颜色应柔和、具有温馨感，绿色是稳定而均衡的颜色，男女老少皆宜。卧房的墙壁选用暖色调有助促进姻缘和增进夫妻感情。卧房整体色彩的选择还要依卧房门的方位而定，根据五行的原理，卧房门方位与颜色有以下对应关系。

东与东南：绿色、蓝色；

南：淡紫色、黄色、黑色；

西：粉红色、白色、米色、灰色；

北：灰白色、米色、粉红色、红色；

西北：灰色、白色、粉红色、黄色、棕色、黑色；

东北：淡黄色、铁锈色；

西南：黄色、棕色。

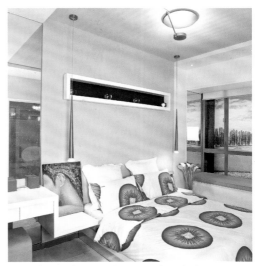

▲ 卧房整体色彩应柔和，具有温馨感，还要依卧房门的方位而定。

### 宜023 床的长宽高低宜适中

对于床本身，要考虑的是其长度、宽度是否足够，床体是否平整，并且是否具有良好的支撑性和舒适性。至于床的高低，一般以略高于就寝者的膝盖为宜，太高则上下吃力，太低则总是弯腰不方便。

### 宜024 床位宜选择南北朝向

床位最好选择南北朝向，顺合地磁引力。头朝南或北睡眠，有益于健康，因为人体的血液循环系统中，主动脉和大静脉最为重要，其走向与人体的头脚方向一致。人体处于南北睡向时，主动脉和大静脉朝向、人体睡向和地球南北的磁力线方向三者一致，这时人就最容易入睡，睡眠质量也最高，因此南北睡向具有一定的防病和保健功能。

## 宜025 卧房色彩宜整体协调

卧房的装饰很大程度上取决于色彩的搭配，一般居室大致可分为五大色彩块：窗帘、墙面、地板、家具与床上用品。若将软、硬板块的色彩有机地结合，便能取得相应的装饰效果。回归大自然已成为现代人普遍的向往，故追求自然本色的装饰效果也成了时尚。以淡雅的床上用品与原本色为主的硬装潢结合，能给人清新、朴实的感受，将喧嚣拒之门外。

▲卧房的装饰很大程度上取决于色彩的搭配，要注意整体的协调。

## 宜026 宜把床加高离地

不论是老人、小孩，还是健康的成年人，床面都宜加高离地50厘米以上为宜。一方面因为睡床离地面越远，越不容易吸到地之湿气；另一方面细菌通常停留在地面50厘米以内的空间，将床抬高可有效降低疾病产生。

## 宜027 睡床宜置于安稳、隐秘处

睡床不仅是休息的场所，更是个人私密生活的地方，所以床必须置于房内最安稳、最隐秘且能纵观全室的位置。如果床背门的话，就很容易受到干扰，若实在无法移动床的位置，则可用橱柜或屏风阻挡在床、门之间来化解。

## 宜028 床宜靠墙摆放

床头有靠暗示着主人事业有好的根基和靠山，事业有贵人相助，易成功，诸事顺利。床头应该靠墙，但不可靠窗。床如果不靠墙的话，床头必须有床头板，令头部不至于悬空。另外，床头后面不可是厕所或厨房。

▲床头应该靠墙，但不可靠窗。床头有靠暗示着主人事业有好的根基和靠山，事业有贵人相助，易成功，诸事顺利。

## 宜029 床的上方宜开阔

睡眠者睡觉时抬头就望着床的上方，所以床的上方要开阔、轻松，这样睡眠者才会有好的心情进入梦乡。如果床的上方有横梁或刺眼的吊灯等，不但会影响睡眠者的心情，也会降低其睡眠质量。

## 宜030 床下宜通透、卫生

床下面的空间不得堆放杂物，应保持空气流通。不宜将床底下当成垃圾堆的储藏空间，这样床下面不能经常打扫，无法长久保持清洁。可以想象，每天晚上睡在一堆垃圾上面，身体怎么会好呢？

▲床下面的空间不得堆放杂物，应保持空气流通。

## 宜031 床位宜向窗

床位向窗，并不是把床放在窗口下面，而是说床头以向窗为佳。这样有较好的光线和空气流通，并且在黎明时分，太阳光照射到床上，有助于人吸收大自然的能量。但卧房的窗帘应加层遮光布，以便遮住强烈的光线。

▲床头以向窗为佳，这样有助于人吸收大自然的能量。

## 宜032 天花板宜与床平行

睡床与天花板应呈平行面，墙面应与床垂直，令人躺下后心绪平静，没有压抑感，不宜采用斜线或者是古怪的形状。同时，过多、过厚的天花也会令人产生压抑感，而且还浪费金钱。还要注意，卧房的天花灯应尽量离开床的范围，即灯不可压床。如果灯离床的距离太近，就会让人有

▲睡床与天花板应呈平行面，墙面应与床垂直。

一看就能明白的住宅宜忌 用就能转运的设计妙招

被压迫的感觉；同时，灯所散发的热量和过强的灯光会让人产生不适感。

### 宜033 婚房空间宜大

婚房的可活动空间宜大些，新婚之夜亲朋好友闹房，以及将来宝宝出世，都要有足够的活动空间。如果房间都较小，可以把两个较小的房间合并为婚房，以内门形式把两房隔开，一间为主卧室，另一间为接待密友或作为未来的宝宝房，一举两得。

### 宜034 婚房宜摆放鲜花

鲜花在婚房的装饰不可忽视。百合不仅色彩、花形大方典雅，它的名字更给人一种吉祥的祝福。勿忘我则表达了"爱你一万年"的决心。在修饰上，无论是装束还是单枝随意地放入花瓶中，无论是在婚房的哪个角落出现，都彰显出祥和的幸福感。

### 宜035 婚房中宜做经典装饰

婚房中应有一些新婚经典装饰。为了让婚房更经典浪漫，除了悬挂新婚相框外，还可以别出心裁地设置经典角落，把恋爱时一些难以忘怀的照片、互赠物品摆设一番，或者让朋友写一些纪念新婚的诗文作装饰之用，展现文艺气息。

### 宜036 婚房宜用大红色

婚房的颜色多用大红等暖色调。大红大紫是中国传统的喜爱颜色，婚房如用上红色地毯或红色灯罩，会让房内新婚气氛得以蔓延，让人保持新婚时的好心情。

### 宜037 夫妻宜分床垫

有些夫妻体重差异很大或睡觉很轻，睡在同一床垫上显然不能满足两个人的需要，这时就应该分床垫。所谓分床垫是指由两个等规格床垫并接而成，床垫的外形完全相同，从而保证接缝处完美融合。而不同的是床垫的硬度有所区别，满足了每个人的需要，避免了翻身所带来的床垫晃动，保证夫妻双方都能获得香甜的睡眠。

### 宜038 宜按方位选床上用品的颜色

当卧房门开在东侧时，床单或床罩以蓝色或绿色为佳；当卧房门开在南侧时，床单或床罩应选用绿色；当卧房门开在西侧时，床单或床罩以鹅黄色或白色为佳；当卧房门开在北侧时，床单、枕头套、窗帘以花草颜色为最佳的选择。

▲床上用品的颜色最好按卧房门所开的方位来选择。

## 宜039 床头柜宜高过床

床头柜高过床是为了方便睡觉前的阅读、拿东西等日常活动，这样有利于提高居住者睡眠质量，保持身心健康。

▲ 床头柜高过床不仅方便日常活动，而且有利于提高居住者睡眠质量。

## 宜040 婚房床上用品宜以绸缎为好

新婚被子，民间称"喜被"，一般都是购买好被面、被套和被里自行缝制，但现代人大多喜欢购买现成的羽绒被和踏花被。既是新婚用的，被面自然以绸缎为好，显得富贵华丽，也更喜庆。绸缎被面品种很多，主要有提花、印花、绣花三大类，花色图案也很丰富，像"二龙戏珠""喜鹊登梅""龙凤朝阳"等喜庆气氛都很浓郁。而被里应以吸湿性好的棉织品为道选。

枕头一般由枕芯和枕套组成，过去用的枕芯多是谷壳、荞麦皮、芦花芯，现在多为泡沫塑料、木棉、羽绒等。枕套的种类很多，质料上可分为的确良枕套、尼龙纱枕套、绸缎枕套、棉布枕套等，式样和

花色也很多，可根据自己的喜好结合其他物品选择。不过枕套以及枕巾均以棉制品为好，这样使用起来枕巾不至于老是滑落。富有传统意味的一对红色丝绸抱枕，也可以为婚房起到点睛的作用。

▲ 新婚用的被子，被面自然以绸缎为好，显得富贵华丽，也更喜庆。而被里应以吸湿性好的棉织品为首选。

## 宜041 婚房宜摆放饰物

在婚房里摆放一些饰物，既可增加舒适感，更多了几许情趣。例如在床头柜上可放置夫妻双方的生肖水晶或音乐盒，有助于夫妻感情融洽，但切记，生肖不可相克。在洞房中放置成双成对的图画、蜡烛与柜灯，象征亲密；帐内悬挂葫芦、连心结等饰品，象征夫妻同心，早得贵子。在床上放置两个温馨典雅的靠垫、或放上一只玩具毛绒狗，都会使房间生动活泼起来，并且产生浓郁的新婚生活气氛。

# 卧房与婚房设计之忌

地球是一个大的磁场，而每个人的身体都是一个小磁场，人体血液中含有大量的铁，对磁的感应非常微妙。如果周围的环境反射回来的磁场感应不利于人体，就会对人产生冲突，造成肉眼看不到的伤害，导致不良后果。所以我们一定要避免卧室中的一些不利的环境布局，从而让我们的身体处于一种健康、平衡的状态。

### 忌001 卧房忌设在西方

在卧房方位中，卧房设在西方大不宜，因为夕照留下的暑气，会使房间内温度升高，使人健康状况不佳。

### 忌002 卧房面积忌过小

大面积卧房会过多地消耗人体能量，但万事得有个度，卧房太小也未必理想。那么，一个卧房究竟多大面积才适宜呢？建议在15平方米左右，不超过20平方米为

▲卧房面积建议在15平方米左右，不超过20平方米为佳。

佳，这样才有利于我们人体与周围环境气脉相通，以达到休养生息的目的。

### 忌003 地下室忌做卧房

地下室的房间一般很阴寒、阴冷，不宜做卧房。因为这样的房间很容易潮湿，空气也不流通，住在其中很不利于健康。同时，从风水的角度来看，在这种地方住久了，人会自然而然地变得孤僻，性格会变得暴躁，还会影响夫妻感情或恋人间的关系。

### 忌004 卧房忌设计成圆形

不能将卧房设计成圆形。因为圆形的主人房会令室内休息的人有一种不踏实的感觉，久居于此，容易出现精神不振、睡眠不足、眩晕等症状。

### 忌005 忌将鞋子摆放在卧房内

不少女士拥有大堆不同款式的鞋子，并喜欢将鞋放于睡房内，方便上街前选鞋。可是鞋只适合摆放在大门口附近，却不适宜放在其他地方，包括睡房。至于不曾穿过上街的新鞋，或供室内专用的拖鞋，放在卧室内则没有问题。

## 忌006 主卧房面积忌小于次卧房

居室中卧房有大有小，那么大间的卧房宜做主卧房，相对小一点的做客卧房或儿童房。如果将小面积卧房做主卧房的话，就会很不方便主人的生活，而且有主次不分、喧宾夺主之嫌。

▲ 居室中卧房有大有小，那么大间的卧房宜做主卧房，相对小一点的做客卧房或儿童房。

## 忌007 卧房忌狭长

如果一个人躺在床上望着一间狭长的睡房，便会有孤独冷落的感觉。而那些神经敏感的人，更会胡思乱想而产生许多幻想。补救的方法是一分为二。即用矮柜把这狭长的睡房隔开，一边放床，另一间作为化妆间或书房。经过如此改动之后，睡房的空间不再空洞无物，心理上会感觉踏实很多。

## 忌008 不规则房屋忌做卧房

奇形怪状和损位缺角的房间，其内部之气会停滞或流动无规律，能量场的分布也很不均衡，会对人的身心健康及日常生活造成影响。最好是利用家具的摆放隔出一个规则的空间。

▲ 奇形怪状和损位缺角的房间会对人的身心健康不利，不宜做卧房。

## 忌009 骑楼上方忌做卧房

有些大楼的一楼是骑楼。骑楼上方的二楼空间，最好不要做卧房，因为中国人最讲究睡觉时要有安稳的磁场，像这种卧房下方是骑楼的房子，因为下方是空的，有气流和人潮流来流去，人在上面睡久了会破坏身上的稳定磁场，因此，最好不要把卧房安排在骑楼上方。当然了，骑楼上方当做客厅或工作室，就没有什么大碍了。

**148**

## 忌010 卧房忌设在厨房旁

家人走动频繁的地方多噪音，这些地区包括起居室、餐厅、厨房。尤以厨房出入的人最多，又有发生火灾的危险。所以要注意千万不能让卧房设在厨房旁。

▲卧房不宜设在家人走动频繁的地方，如厨房旁边。

## 忌011 卫浴间忌改造成卧房

现代大楼实施管线整体施工，所以整栋大楼浴厕都设在同一地方。如果将浴厕改为卧房，势必造成夹在楼上和楼下两层浴厕之中，而浴厕本为潮湿、不洁之所，长期睡在当中必然对身体健康有所影响。另外，楼上、楼下马桶、水管一开动就会发出噪音，会影响休息，久而久之对人的身心健康亦会造成伤害。

## 忌012 卧房的厕所门忌常开

套房式卧房的厕所门要常关，或用屏风遮挡。因为沐浴后的水汽与厕所的氨气极易扩散至卧房，而卧房中又多为吸湿气的布品，将令卧房环境更为潮湿。厕所里令人不舒服的味道也对健康不利。

## 忌013 卧房窗外忌电线交错

卧房的窗外景物映入眼帘，触眼所及若是黑压压千丝万缕、纠缠不清的电线，就如同窗外百虫攒动，况且窗外电线交错，也会使窗外景致分割破碎，让人感到混乱不适，这时可用窗帘加以遮掩。

## 忌014 卧房家具忌繁杂

卧房是供人们休息、睡眠的地方，其家具主要由睡具、梳妆台、贮藏柜及桌椅四部分组成。其中，睡具包括床和床头柜两部分。繁杂的家具布置会影响人们的正常休息。卧房家具的布置取决于房间门与窗的位置，习惯上以站在门外不能直视到床体的陈设为佳，而窗户与床体成平行方向较适宜。

## 忌015 卧房窗户忌太低

卧房通风窗户的安装不可太低，尤忌与床同高而正对着人，夫妇主卧房更忌如此，否则易造成妇人久婚不孕或产后失调等症状。

## 忌016 卧房忌放过多的物品

卧房应该是阳光和通风情况较好、气流畅通的地方，卧房内的衣物、家具和摆设必须整齐，不可凌乱；过期的报纸或杂志、多余的小饰物都应尽量清理放好。卧房如果过于凌乱，不仅会影响人的休息睡眠，而且还会给生活带来许多麻烦，会让人感受到超负荷的压力从而影响到工作和生活的质量。

## 忌017 卧房忌带有卫生间

卧房最好不要带有卫生间作为套房，因为里面的潮湿及污秽之气易进入卧房，并且，进出卫生间也会影响人在床上休息，在长久的家居生活中会感觉不便。遇到这种情况，则必须关上通往卫生间的门，并且装上门帘作为进出口的屏障。

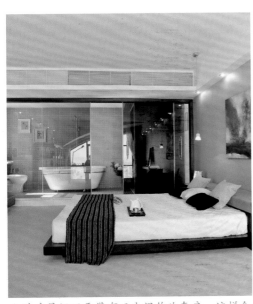

▲ 卧房最好不要带有卫生间作为套房，这样会影响身心健康，且对居家生活不便。

## 忌018 卧房忌有过大的窗户

风水学理论上讲究藏风聚气，这就要求卧室是一个气流稳定、能量容易积聚的地方，因此不宜开过大的窗户。卧室里的窗户如果太大，会把人体的能量泄漏出去，居住者失去能量就会萎靡不振。同时，窗口太大，照射进来的阳光过多，刺眼的阳光和热能会让人浮躁和冲动。

▲ 卧室里的窗户太大，会把人体的能量泄漏出去，使人萎靡不振。

## 忌019 卧房内忌放置杂物阻挡气流

卧房要气流通畅，若放置占地面积大的衣柜、衣箱等杂物，会影响室内的空气流动，而且衣柜、衣箱里储藏的衣物等杂物因为不时常使用以及欠通风，衣柜的门一开，内里的气体以及防虫药物的气息就会漫溢，堪舆上称之为"死气"，它们对于人的身体极为不利。长久待在这样的环境里，会造成人精力萎缩、周身窝憋、心绪烦乱等病状。所以卧房内的衣柜、衣箱要注意摆放，不要阻挡气流。

## 忌020 卧房电器忌过多

卧房里电器过多会影响人的健康。现代医学理论也指出，电器辐射确实会损害人体健康。脚是人的第二心脏，处于待机状态的电视若正对双脚，其辐射更容易影响双脚的经络运行及血液循环。如果电视机非正对床前不可，建议改为侧向或改置抽取式的电视柜。建议尽量少在卧房摆放电器，不使用时要拔掉电源。

▲卧房里电器不宜过多，否则会影响人的健康。

## 忌021 过敏者卧房忌用胶粘地毯

过敏者及哮喘患者应尽量避免在主卧房使用黏合的方法固定地毯，黏合材料中的有害物质会大大加重病情。为使地毯"服帖"在地面上，许多人在装修时喜欢采用胶粘的方法固定地毯，而大多数黏合剂中含有甲醛等被视为过敏者及哮喘患者"天敌"的有害物质，会导致患者病情进一步恶化。建议那些敏感人士在购买新地毯时，先将所选地毯的一块样料带回家中，

用真空容器或塑料袋密封24小时后，吸入其中的空气，以检验自己是否有过敏反应。此外，尽量采用非胶粘的办法固定地毯，以防不测。

## 忌022 床头或床尾忌摆放电视机

现代人的生活水准高，物质享受丰富，家中有多台电视机实不为奇。放一台在卧房内，躺在床上慢慢看也是很惬意的一件事。但一般的卧房面积都不是很大，让人的身体如此近距离对着一台有电流辐射的电视机不太好。卧房内摆电视机时，要留意床头、床尾均不宜摆放。既然床头、床尾皆不宜摆放电视机，那么剩下来的位置就只有床两边，或是床头、床尾的侧面位置了。电视机摆放位置和床的距离当然是愈远愈好，如果能够摆在吉位则最佳。不看电视时，最好罩上电视罩或将电视遮藏。

▲电视机不宜摆放在床头、床尾，可以摆放在床两边，或是床头、床尾的侧面位置。

### 忌023 卧房忌有冷、硬、怪、尖之物

卧房设计的主调应是舒适、宁静、平和，利于养息。所以，室内墙上不宜挂有过多的装饰品，不宜有冷、硬、怪、尖之物，诸如刀、剑、骷髅头、奇形怪状的工艺品等。这些东西放置室内，会无形中干扰居住者的心绪，让人不得安宁，令人不能放松心情。

### 忌024 卧房忌用玻璃做间隔

玻璃能够透明透光，用它来做间隔，一来可使视野无阻而令房间显得宽阔；二来可使光线不受阻碍而令房间显得明亮。但是玻璃本质较脆弱，容易碎裂伤人。为了家居安全着想，可以采用玻璃砖来代替。原因是玻璃砖既有透明透光以及节省空间的优点，而且甚为坚固，没有碎裂之虞。

▲ 为了家居安全着想，最好不要用玻璃做隔间，可以采用玻璃砖来代替。

### 忌025 卧房中忌放樟木家具

樟木木质坚韧，气味芳香，制成衣橱贮藏衣裳等物品，可防蛀、防霉和杀菌。但若把它长期放在卧房里，则对身体也不利。

樟木除了含有樟脑外，还含有烷烃类、酚类和樟醚等有机成分，它们对人体均有不同程度的毒副作用。当它制成家具后，摆放在不通风的卧房里，散发出的芳香气味，可通过呼吸、黏膜、皮下等途径进入体内，导致慢性中毒，引发头晕、浑身无力、腿软、食欲减退、咽干口渴、喉咙发痒、咳嗽、失眠多梦等。

樟脑还有活血化淤、抗早孕的作用，孕妇若长期与樟木家具接触，较易流产；婴幼儿若长期受到樟木气味的刺激，亦会出现不良反应。

### 忌026 卧房忌放置"香熏"

所谓的"香熏"是一种多孔透气陶瓷制成的特殊香味散发器，只要打开其盖子后注入天然香精油即可使室内充满幽香。据研究，来自植物的天然香精油化学成分非常复杂，尤其是香精油的挥发性有机物并非百分之百对人体安全。

家庭购买"香熏"应将其放置于大客厅中，这样既可使香熏发挥空气消毒作用，又能使来访客人觉得环境幽香。但主卧房之内切勿放置香熏，因为晚上主卧房的门窗通常是关闭的，香熏的香味挥发物浓度太高，人长时间吸入过浓的香味不利于身体健康。

152

## 忌027 卧房忌摆对人体不利的植物

在卧房适当的位置摆放一些鲜花，会给人带来温馨浪漫的感觉。而且盛开的鲜花象征富贵，所谓"花开富贵"。但过多的花草植物容易聚集阴气，并且大多植物在晚间吸收氧气，释放二氧化碳，容易影响居住者的身体健康。下面介绍八种不宜在卧房摆放的植物，它们会影响人的健康及性格。

月季花：月季花所散发的浓郁香味，会使过敏体质者感到胸闷不适，喘不过气来。

兰花：兰花散发的香气如果闻得太久，会让人过度兴奋并引起失眠。

夹竹桃：夹竹桃散发出的气味会使人心郁、气喘，且易引发疾病，经常闻其味甚至可使人智力下降。

紫荆花：人如果长时间接触紫荆花的花粉，会诱发呼吸道疾病。

夜来香：夜来香晚上能散发强烈刺激嗅觉的微粒，不宜久闻，有高血压或心脏病病史的人更要特别注意。

洋绣球花：人如果长时间接触洋绣球花散发出的微粒，会出现皮肤过敏或发生皮肤瘙痒。

松柏：松柏类花木散发出的气味对人体的肠胃有刺激作用，久闻会影响人的食欲，对孕妇的刺激则更为明显。

仙人掌：仙人掌类带刺的植物放在卧房很容易伤害到人，尤其是儿童。

## 忌028 卧房反光之物忌正对床

卧房内不能有反光之物体直接对着床，包括电视机的荧幕等，这会使人心绪不宁，不能安睡，且易产生幻觉。如果有此类反光之物正对床，则应将之移至别处或想办法将之遮挡。

## 忌029 卧房忌有凶猛的装饰品

大多数的人在旅游时，习惯买些当地特产或手工艺术品作为纪念，例如陶瓷器具、木雕制品、巨型折扇、羊皮牛角甚至木刀木叉等装饰物品。从气氛营造的角度而言，摆置一些含有戾气的饰物，如猛虎凶狮、另类面谱等，都会使人容易冲动，有时候还会产生触目惊心的感觉。如果每天都望着墙壁上那些肃杀的画像或悲情文字时，就会触景生情，产生幻想，故不要在卧房摆放此类饰品。

▲卧房内摆放凶猛的装饰品会对人体健康不利。

## 忌030 卧房忌有裸像图片

在卧房挂裸像图画或摆性感雕塑等会影响夫妻之间的感情，因为很容易让另一半产生不好的联想，或者是让夫妻之间不满意对方的身材，从而影响夫妻之间的感情。

▲ 在房间挂裸像图画或摆性感雕塑等会影响夫妻之间的感情。

## 忌031 卧房忌摆放过多的植物

卧房不宜摆放过多的植物。古人认为，卧房里的植物容易聚集"阴气"（于人不利的能量）。现代科学研究也表明夜间植物的光合作用完全被抑制，植物只进行呼吸作用，也就是吸收氧气、释放二氧化碳。卧室的植物太多势必与人争夺氧气，久之不利身体健康。因此，卧房里不要摆放过多植物，可以适当选择一两盆花进行装饰美化。

## 忌032 卧房忌镜子过多

一般的情况下，镜子对人是没有多大伤害的，但每当我们遇到不愉快的事情，又或因种种挫败而失去信心的时候，镜子对我们就会造成一种间接的伤害，正所谓"顾影自怜"。尤其是上了年纪的老人家，不适宜住在有许多镜子的卧房。

## 忌033 床头忌悬挂时钟

时钟悬挂在床头的墙壁，有如坟墓的墓碑。悬挂床尾也有同样的意义。如果睡房真的要挂时钟，原则上除了睡床的头尾两方不可挂外，其他地方都不会构成大问题。

## 忌034 卧房忌置鱼缸

鱼缸应该放在客厅，放在卧房会导致卧房变得很阴寒、阴冷，不利于居住者身体健康。睡眠的空间要温暖才能更舒适，所以卧房尽量不要摆放这些寒冷的东西。

## 忌035 卧房忌有色调浓艳的灯

床头照明除了要便于人度过睡前的时光外，还要方便夜间起床。人们在半夜醒来时，往往对光很敏感，在白天看来很暗的光线，夜里都会让人觉得光线充足。因此，床头灯的造型应以舒适、流畅、简洁为宜，色调要淡雅、温和。切莫选择造型夸张、奇特的灯具，色调也不宜选择浓烈鲜艳、五颜六色的。

### 忌036 卧房饰品忌过多

常有人喜欢在卧房里贴很多海报，放很多玩偶或是一大堆杂七杂八的装饰品。殊不知，这些东西久而久之就会对身体产生不良的影响。摆饰过多，除了影响眼睛视力外，也容易引发感冒，原因是气场阻塞，使人抵抗力下降。

### 忌037 床上忌悬挂垂吊式物体

有些人喜欢在床上悬挂一些装饰性物品，如吊花篮、缎带花或者豪华的大吊灯。无论是从现实还是心理的角度，这些做法都不宜。

从现实的角度来看，几乎没有任何悬挂的东西是可以百分之百保证不会掉下来伤人，尤其是晚上睡觉时。从心理的角度来考虑，这些悬挂的东西吊在人的上方，也会发射出一些能量，给人造成心理上的恐慌暗示，久而久之，则会伤心劳神，形成疲惫、紧张的心理状态。

▲床上悬挂垂吊式物体有可能掉下来伤到人，而且在心理上会伤心劳神，形成疲惫、紧张的心理状态。

### 忌038 卧房采光忌不足

一般来说，楼房之间的距离越小，楼层越低，采光就越差。太阳光含有紫外线，紫外线有杀菌的作用，如果人的身体抵抗力较弱，加上采光不足，病菌便有机会乘虚而入。而且采光不足的居室，往往阴气过重，对人的身心健康十分不利。

### 忌039 卧房家具颜色忌缺乏整体感

卧房家具的色彩在整个房间色调中占有很重要的位置，其一定要与整体风格配合得相得益彰。浅色家具包括浅灰、浅米黄、浅褐色等，可使房间产生宁静、典雅、清幽的气氛，且能扩大空间感，使房间明亮爽洁；而中等深色的家具包括中黄色、橙色等，色彩较鲜艳，可使房间显得活泼明快。家具的色彩一般既要符合个人喜好，又要与房间的面积及光线搭配合理。若卧房家具颜色杂乱，则会影响睡眠，使人变得烦躁与不安。

▲卧房家具的色彩在整个房间色调中占有很重要的位置，其一定要与整体风格配合得相得益彰。若卧房家具颜色杂乱，则会影响睡眠，使人变得烦躁与不安。

## 忌040 床头忌无靠

床头要紧贴着墙或实物，不可有空隙，风水学上称之为"靠山"。"床后有靠"是摆床的基本要求，床后有靠才能让人睡得安稳。床头最好靠着墙，否则人睡在床上缺乏安全感，会精神不佳。

▲ 床头最好靠着墙，否则人睡在床上缺乏安全感，会精神不佳。

## 忌041 窗台忌做床使用

由于居住环境问题，许多住宅都将窗台用做睡床，以增加睡床的宽度，达到物尽其用的效果。虽然这些方法可以充分利用窗台的面积，但睡觉时一不小心，便会弄破玻璃而对居住者不利。而且睡床近窗口，如果窗户与街道很近，睡眠时就像睡在街道上，感觉很吵闹。遇到打雷闪电或灯光照射，也会导致睡眠不足或心理恐惧。同时，屋内的窗不要太多或太低，以保持室内空气流通为宜。

## 忌042 床忌对着镜子摆放

镜子有反射物像的作用，易让人产生错觉，特别是睡眠中的人朦胧醒来或噩梦惊醒时，在光线较暗的地方看到镜中的自己或他人的影像，容易受惊吓。而且镜子的水银对环境磁场有很强的破坏作用，人不宜长期受到这样的刺激。

▲ 床不宜对着镜子摆放，因为镜子有反射物像的作用，易让人产生错觉。

## 忌043 床下忌堆放杂物

床下堆放杂物，会使通风透气不佳，光线阴暗，容易因受潮发霉滋生细菌，会造成卫生死角。

## 忌044 床头忌朝西

卧房要尽量选择朝北或朝南的房间，而且床头不宜朝西。用现代科学来解释，地球由东向西自转，头若朝西，血液经常直冲头顶，睡眠较不安稳，对身体健康也有不利影响。

## 忌045 卧房忌冷色调

中国家庭讲求夫妻生活美满、团圆和幸福，而色彩可以影响人的情绪。卧房要避免采用冷色调的颜色，因为没有人会喜欢住在一个寒冷阴森的房间里。也不宜将墙粉刷成深蓝、黑色，做出一副很"艺术"的样子，这样会缺乏活力。

▲ 卧房要避免采用冷色调的颜色，这样会缺乏活力。

## 忌046 床向忌为正北、正南等方位

床向宜选南北朝向，但忌为正北、正南、正东或正西，这主要是因为地球的磁力线并不是朝向正南正北，而是倾斜的。床向也可以根据自己的五行进行调整。如果缺木，可以朝东或朝东南；如果缺火，可以朝南；如果缺土，可以朝西南或东北；如果缺金，可以朝西或西北；如果缺水，可以朝北。

## 忌047 忌使用圆形床

卧房家具均不宜选用圆形。圆主动，会给人不宁静的感觉，而直线条的家具却会给人稳定、平和、安静的感觉。所以应避免使用水床或圆形床，这样的床睡起来缺乏安全感，从布局装修的角度来看也不适宜。

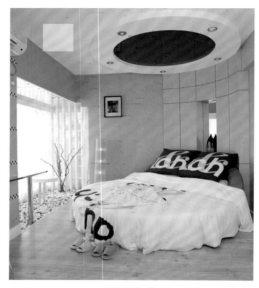

▲ 圆形床睡起来缺乏安全感，从风水的角度来看也不适宜。

## 忌048 睡床忌采用铜床或铁床

大家可以用"罗盘"放到金属质地的床上测一测，会发现天池的指针极不稳定，左右摇摆，这就表示磁场紊乱，如若近旁又有电房或电塔，金属床更会受到电磁干扰，家人经常在这样的环境下睡眠，严重时会影响人体内分泌，使中枢神经失调，特别是老年人，更不宜睡金属床。

## 忌049 睡床忌高低不平

现代人用弹簧床垫的多，如果床垫质量不好，弹簧发生变形，就会影响居住者的身体健康。所以床垫选择也十分重要，不宜选太硬或太软的，否则睡久了脊柱长期弯曲，影响血液循环，使人疲劳而容易生病。

## 忌050 床头灯忌偏暗或刺眼

床头灯集普通照明、局部照明、装饰照明三种功能于一身，灯光要柔和。但并不是说要把亮度降到最低，偏暗的灯光会给人造成压抑感，而且对于有睡前阅读习惯的人来说，还会影响视力。为了符合人们夜间的心理需求，灯光也不宜太刺眼，否则会打消人的睡意，令眼睛感到不适。所以，床头灯以柔和为宜，忌偏暗或刺眼。

## 忌051 床忌正对房门

人正对着房门睡觉，会产生什么感觉？这就涉及一个心理安全感的问题，与我们拿一张凳子背对大门坐着是同一个道理。睡觉时最讲求的就是安全、安静和稳定。房门是进出房间必经之所，房门不可正对睡床或床头，否则人睡在床上容易缺乏安全感，时间久了对健康不利。

## 忌052 床头忌在窗下

床头在窗下会使人睡眠时产生不安全的感觉，如遇大风、雷雨天，这种感觉更是强烈。再者，窗户是通风的地方，人们在睡眠时稍有不慎就会感冒。床头接近窗户，还会有两个问题：一是窗户的隔音性能比砖墙低，晚上睡眠时听到的噪音会比离窗户远的大；另外，窗口是一个气流和光线最强的地方，动向很大，对睡眠影响

▲床头灯集普通照明、局部照明、装饰照明三种功能于一身，灯光要柔和。

▲床头在窗下会使人睡眠时产生不安全的感觉，最好的方法还是变换床头方向。

一看就能明白的住宅宜忌
用就能转运的设计妙招

157

也很大。如果不能变换床的朝向，最好能用厚窗帘加遮光布加以遮挡，这是退而求其次的方法，最好的方法还是变换床头方向。

## 忌053 睡床忌正对大门

一进大门就可以看见睡床，即大门与睡床在同一直线上，这样完全失去了隐密性，不吉。要改用较为隐蔽的房间作为卧房，也可利用屏风阻隔。

## 忌054 床头忌靠卫浴间墙

因为卫浴间有较重的湿气，潮湿的气体一旦进入卧房，会使床铺变得潮湿，使人睡起来觉得很不舒服。久而久之，它会让人感觉身体疲乏、腰酸背疼，但具体又检查不出是什么原因造成的。所以忌将床靠在卫浴间和卧房的公共墙上。

## 忌055 床忌对洗手间的门

风水理论认为，洗手间在五行中属水，阴气较重，容易引起身体不适。如果卧房带洗手间，或者是洗手间离卧房只有一门之隔的话，一定要注意洗手间的门不要正对着床。再好的洗手间，也改变不了其排污的本质，空气质量不佳，沐浴后更会产生较多湿气，不好的空气和湿气会穿过门流入卧房，对人很不利。如果在洗手间放上几盆泥栽植物，这样有利于让绿色植物多吸收一些秽气，也可在床和洗手间门之间加屏风或者衣柜作为遮挡，以减少湿气和秽气。

## 忌056 床头忌放音响

音响发声时会震动，还会产生辐射，因此不宜放在床头。已经有科学家证实，电器辐射会破坏脑细胞的生长。每个人一天平均睡6~8个小时，如果你的床头放着音响的话，代表它也在你身旁陪你睡了6~8个小时，当然会干扰你的休息。

## 忌057 床头忌有尖角相对

床头的两侧不可被柜角或橱角、书桌、化妆台冲射，否则易使人受伤，而且易使人患偏头痛。叶子尖长的植物、方形或长方形的家具也不能太靠近睡床。

## 忌058 床头形状忌与五行不符

目前的床头靠板均有其形状，其形状如果与居住者的五行属性不相符，则不利于居住者的运气。在五行的形状属性上，金为圆形、半圆形、弧形；木为长方形；水为波浪形；火为尖形，多棱角形；土为方形。

▲床头靠板的形状要与居住者的五行属性相符。

## 忌059 楼梯之下忌放床

楼梯下面的空间是不宜放床的，但如果实在是条件有限，只能把床放在楼梯下面，那么，暂住可以，如久住就会对身体及精神不利。最好是搬出来，住到合适的房间去。

▲ 楼梯下面的空间是不宜放床的，最好是搬出来，住到合适的房间去。

## 忌060 忌横梁压床

横梁压床会带给人压抑感，也有损人的身心健康，此类情况还包括横梁压卧房门、分体空调室内机悬挂于枕头位的上方、卧床正上方悬挂吊灯等情况，这些都属于横梁压床的范畴。如实在无法避免，则要设计天花板将之挡住。同时要注意，睡床不宜摆放在顶柜之下。尤其是身体虚弱的人，更应避免横梁压床。

## 忌061 床头忌放烟灰缸

全世界的宾馆饭店无不严禁旅客在床上吸烟，无非是怕旅客醉酒或睡着后忘了捻灭烟头，发生火灾。其实，在自己家中也一样，不可在床上吸烟。除了火灾，在密闭的卧室中吸烟，整晚呼吸二手烟，易患疾病。

## 忌062 忌睡地铺

很多刚购房的年轻业主，或者出门在外游学、打工的租房一族，为了节省开支或是节约空间，不购置床铺，直接睡地铺。岂不知人体为阳磁波，而地上阴气较重，浊气浓度高，对健康十分不利。日本人习惯睡榻榻米，是因为他们的卧室装潢一般是在地面上起一个约80厘米的水平地台，而榻榻米又是由稻草编成，产生木克土的效应，所以对身心无碍。

▲ 不宜直接睡地铺，地上阴气较重，浊气浓度高，对健康十分不利。

### 忌063 婚房忌使用粉红色或暗色

婚房墙壁及家具、窗帘尽可能不要用粉红色，否则会使人神经衰弱、心绪不宁，而吵架之事必然常常发生。婚房色调如果太阴暗，如深蓝、深绿、深红、深灰色等，容易使夫妻心情不佳。洞房地板颜色不要太黑暗，或大红、特红、粉红色，易使人脾气暴躁、口角多。

▲粉红色会使人神经衰弱、心绪不宁，婚房内最好不要使用。

### 忌064 婚房忌滥挂装饰画

夫妻房中，挂些吉祥装饰画，有利于双方感情的发展。

卧房挂画的最佳位置是床头上方，床头上方挂画易使空间具有温馨感和美感。

### 忌065 婚房忌有玫瑰花及仙人掌

婚房房间内及窗户外，忌有玫瑰花及仙人掌等植物，这类植物容易刺伤人，千万得多加小心。玫瑰花在花语中代表爱情，放在卧房里虽能代表内心十分渴望爱情，但会让人内心空虚。如果有这样的情形，务必立即移除。

▲婚房内忌有玫瑰花，如果有这样的情形，务必立即移除。

### 忌066 床头上方忌挂新婚大照片

新婚夫妇喜欢在床头上方挂上巨幅结婚照，使婚房内弥漫一种幸福。事实上，婚房的床头上方，新婚大照片最好不要悬挂，这样压迫感过重。

## 忌067 床头忌摆放空调

若床头安放在空调下面，空调吹出来的暖风或者冷风就会破坏人体"气场"的平衡，使人的新陈代谢功能受到影响，进而导致人体免疫力的下降，往往容易引发感冒或关节炎等疾病。空调的高度不能低于地面以下120厘米，太靠近地面会有电气感应。

▲床头摆放空调，会导致人体免疫力下降，往往容易引发感冒或关节炎等疾病。

## 忌068 枕头忌太高

一觉醒来，如果出现头晕、头痛、耳鸣等症状，那极有可能是晚上睡觉的枕头太高了。枕头太高往往会使颈部压力过大，而导致颈椎病的发生。为了保证人体颈部的生理弧度不变形，最好是挑选符合人体工程学设计的枕头，枕高宜在10～15厘米之间，枕芯的选用则以荞麦皮、蒲棒等为首选。

## 忌069 床头忌挂巨画

床头挂画可以增加卧房"雅"的气氛，但画以轻薄短小为宜，忌挂厚重巨框之大画。否则，一旦挂钩脱落，就会对居住者造成一定的伤害，不可不慎。

▲床头忌挂巨画，因为一旦挂钩脱落，就会对居住者造成一定的伤害，不可不慎。

## 忌070 礼物忌"现"

忌把新婚礼物全部陈设出来，以致太多太杂乱又容易被碰碎，影响新婚意头。宁愿有选择地摆设一两件作为点缀，每天更换摆设，精致有序且有新鲜感。

## 忌071 婚房装修忌造成空气污染

结婚是人生中的大事，新房的装修马虎不得，涂料的选择尤其重要，选择不好的涂料造成整个室内空气污染，小则危害健康，大则造成不治之症，还会祸害下一代，所以新房的装修一定要谨慎。不过现在有的厂家推出了"婚房漆"就挺适合新房装修，净味环保。

### 忌072 床上用品忌有三角形图案

床单和枕头套应避免使用三角形或箭头图案。因为三角形和箭头的图案会给人视觉上带来不舒适的感觉，破坏祥和的气氛，令居住者缺乏安全感。

### 忌073 床头忌紧贴灶位

若卧房连接厨房，床头不宜安放紧贴灶头的一方，因为厨房属火，容易使人生病或精神紧张、心情烦躁。

### 忌074 床头两侧忌有柜角或橱角

新婚婚房的床头枕头两侧，不可被柜角或橱角、书桌角、梳妆台角相对，否则易使人受伤。

### 忌075 床上方忌安装吊扇

床上方安装吊扇，容易导致居住者神经衰弱。这种情况要调整床向。

### 忌076 床头忌放电话充电

电话表面上与风水无关，但事实上，自从手机与室内无线电话普及之后，每个家庭都会将手机或室内无线电话放在一个充电器上。当晚上所有灯火都熄灭，所有人酣睡之际，家中的充电器却在不停地工作，所产生的电波会直接影响人的大脑神经细胞。因此，充电器都不适宜放于睡房内，尤其忌放在床头，宜放于大厅或其他地方。

大师全解居家设计的宜忌法则
全面公开趋吉避凶的布局秘诀

# 第六章

# 老人房与儿童房设计宜忌

俗话有云：『家有一老，如有一宝』。老人丰富的人生经验，是全家无价之瑰宝，老人能够安心享福，也代表全家人的福泽深厚。儿童是早上八九点钟的太阳，他们的健康成长关系着一个家庭的未来，关系着祖国乃至世界的未来。所以，我们一定要用心布置好老人与儿童的休息之地，让他们的居住风水旺起来。

# 老人房设计之宜

因为年长的关系，老人的房间首重环境舒适，温度、湿度、光线都应注意调和，应倍加重视老人房的设计，让老人身体常保健康。

## 宜001 老人房床位宜远离窗户

目前有一些新式的套宅，卧房的窗户开得很大，而且很低，如果把卧床靠近窗户的话，床面和窗台几乎是平行的，也就是说，躺在床上可以眺望窗外的风景。如果选择了这样的套宅，建议最好将老人的床放置得离窗户远一点，不然的话失眠和心悸多梦将成为老人的伴侣。另外，即便卧房中没有低矮的大窗户，但如果这面墙恰好是大楼的外墙的话，也请不要将老人的卧床放置在这堵墙下，这堵墙带有寒气，这也是病症的诱发因素之一。

## 宜002 老人房宜设在南方或东南方

老人房宜设于住宅南方或东南方，这两个方位容易受到太阳光的照射，太阳光对老年人的健康有很好的作用，甚至比许多医药效果都好，所以老年人的房间要选择采光最好的方位。老人在家里的时间也最多，要特别注意防寒、防暑、通风，这样老人长期留在家里就不会因为空气流通不好而中暑或受风寒而伤及身体。

## 宜003 老人宜选择较小的卧房

现在一些新兴的公寓住宅，尤其是三室一厅以上的套宅，往往把老人房设计得比较大，有些还配有非常宽大的玻璃窗，使之成为一间宽敞亮堂的豪华大卧房，殊不知这样不好。根据中医和气功理论，人体在白天体内能量和外部空间能量是一个内外交换的过程，人体通过呼吸、吸收阳光、摄入食物等等，随时补充运动、用脑所消耗的能量，而一旦当人体进入睡眠状态，则只有通过呼吸摄入能量，但人体在睡眠状态中只是减少了体力活动，大脑因为不停地做梦并不能得到充分的休息，因此，在睡眠过程中，人体能量是付出的多，吸收的少。所以建议给老人选择较小的卧房作为睡眠的安乐窝。

## 宜004 老人房宜空气流通

卧房内的空气一定要流通。很多人为了减少尘埃而长期关闭卧房的窗户，其实这样做很不利于身体健康。如果空气不流通的话，新家具及装潢所用的木材、油漆味会熏塞人的呼吸系统。特别是老人房更要注意空气的流通，因老人待在房中的时间比较多。

老人卧房所在的方位、窗户开的大小，以及地板的材质均会影响室内气流的速度。空气流动速度过快对人也不好，如一个人睡觉休息时，血液流速很慢，汗毛孔张开，过快的空气流动会使人中风、感冒；当空气不流动时，外面新鲜的空气进不来，空气长时间淤积，空气会变污浊，也会影响人的健康。如果遇到位置和角度不同的建筑物，户外风进入室内便会形成旋转气流或分流，这些均要列入老人房方位选择的考虑因素中。

## 宜005 老人房宜邻近浴厕

老人房宜邻近浴厕，因老人肾脏、膀胱较弱，易患泌尿系统毛病，所以应以方便如厕为佳。但是切忌卧室门对着厨房、浴厕、储物室。

▲为了老人生活方便，老人房宜邻近浴厕，但切忌卧室门对着厨房、浴厕、储物室。

## 宜006 老人房的格局宜合理

人到晚年，生活方式相对稳定且节奏放慢，老人卧室在格局上应重视行动便利、减少障碍。床的规格应大方，以便于休息。老人卧室除了考虑以上因素之外，还要考虑个人嗜好的需要，布置在有户外景观的位置，并离卫生间比较近；床头要有良好的照明且方便放物品。一般老年人行动不便，所以在居室格局上要留出宽敞、通畅的通道，出入方便，活动自如，防止出现意外事故。

## 宜007 老人房的布置宜安全

老人房的门宜易开易关，并应便于使用轮椅及其他器械的老人通过。不应设门槛，有高差时可用坡道过渡，并在材质色彩上体现其变化。门拉手宜选用旋转臂较长的，避免采用球形拉手，拉手高度宜在90～100厘米之间。根据老人的身高，居室窗台尽量放低，最好在75厘米左右，宽度可适当加宽，一般不少于25～30厘米，便于放置花盆物品或扶靠观窗外景色，条件许可时窗台内可设置安全栏杆。

老人房所用的家具应是简单、柔软的，如转椅、安乐椅、软皮矮沙发、矮床等。电风扇、电暖炉宜放置在房间角落，不要影响老人起居活动。电器开关安装位置应以方便实用、安全有效为原则。至于一些保健设施，可为老年人配备专用药柜或药箱，也可把常用药放在写字台前或床头柜上备用。健身器、按摩器需使用方便，注意保管和安全。

## 宜008 老人房宜添置藤制家具

由于藤制家具给人以返璞归真的感觉，所以深得老年人的喜爱，一些藤制摇椅、藤制沙发、藤制休闲桌等，都可以为家中的老年人配备一两件，让他们更充分地接近自然，尽享晚年生活的愉悦。藤制家具多以来自东南亚的天然藤制成，加入了新的技术含量，使它们基本避免了干燥开裂的可能。

## 宜009 老人房宜温度适宜

老人房的温度对健康的影响是很明显的，在寒冷的冬天和炎热的夏天，人体将消耗大量的能量来弥补温度带来的消耗。老人房的温度应尽量达到冬暖夏凉，冬天时，老人房的温度应在16～20℃；夏天时，老人房的温度在22～28℃这个温度范围内比较合适。

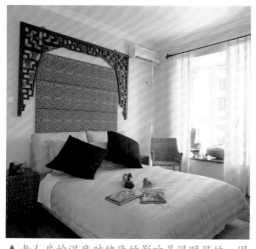

▲ 老人房的温度对健康的影响是很明显的，因此温度要适宜。

## 宜010 老人房的陈设宜利于睡眠

老年人的睡眠质量一般不太高，为了能使他们有高质量的睡眠，床应尽量以最佳的方式来摆设，在老人房内设置衣柜，会使房间显得拥挤，衣柜不适合摆在床头，尤其是紧挨床头，那样会给老人造成压迫感，影响睡眠。建议尽量避免在老人房间里放置太多的金属类物品，因为金属类的东西色调较冷，不适合老人房温馨的氛围。

有时老人房在一定程度上也充当书房，因此，写字台在老人房中也是很重要的家具。为有阅读、学习习惯的老人准备一张大小适中的写字台是很有必要的。在房间面积有限的情况下，写字台的摆放不容易达到最理想的状态，但应在有限的空间里，满足实际生活中的使用需要。很多老人并不会整天坐在写字台前阅读、书写，所以，可以将写字台与床头摆放在同一方向。在写字台上不应摆放超过两层高的小书架，如果有很多书需要摆放，可以在写字台的侧面设置一个书架。如果这些书并不是在阅读的，最好选择一款带有轮子的小型书柜，将它们收藏起来，放在床下或者写字台下，既节约空间又使房间看起来简洁、整齐。如果老人房面积允许的话，最好摆放一张双人沙发，方便老人之间聊天。

## 宜011 老人房宜挂福寿类的装饰画

健康长寿而且能享清福，是每一位老人的心愿。所以，老人房的挂画最适宜选用"平安益寿类"和"招福纳祥类"的装饰画。老人房的装饰画，宜挂在房间的吉利方位，使装饰画的灵动力更好地体现，从而使老人得到良好的心理暗示。

老人房不宜挂镶嵌画、丙烯画、玻璃画，因这些画颜色鲜艳而刺激，对于老人的视觉系统是一种负担，会造成一种紧张情绪，不利于老人休息调养。

## 宜012 老人房宜选用平和的装饰色

老年人喜欢怀旧，所以在居室色彩的选择上，应偏重于古朴、平和、沉着的室内装饰色，以契合他们的怀旧心理。老人房要的是踏实和稳重的感觉，与儿童房的色彩斑斓相比，老人房要求更多的是一些稳重的色彩。

由于老人的眼睛对颜色的敏感性减弱，如果色彩太轻，则会让他们产生轻飘、看物体不准确等感觉。令人觉得稳重、沉

▲老年人喜欢怀旧，所以在居室色彩的选择上，应偏重于古朴、平和、沉着的室内装饰色，以契合他们的怀旧心理。

着、典雅的深咖啡色、深橄榄色，让人感觉单纯平和的茶色系与奶色系，让人觉得雅致清爽的淡茶色系与灰色系都比较适用于老人房。但另一方面，如果老人的心情有些郁闷，则可考虑用少量橘黄色作为点缀，帮助老人调节心情。

## 宜013 老人房宜设置安全扶手

为老人做再多的安全保障措施都不为过。随着年事渐高，许多老人开始行动不便，起身、坐下、弯腰都成为困难的动作。除了家人适当的搀扶外，设置于墙壁的辅助扶手更是他们的好帮手。选用防水材质的扶手装置在浴缸边、马桶与洗面盆两侧，可令行动不便的老人生活更自如。此外，在马桶上装置自动冲洗设备，可免除老人回身擦拭的麻烦，对老人来说十分实用。另外，老人大多不能久站，因此在淋浴区沿墙设置可折叠的座椅既能节省老人体力，不用时收起又可节省空间。

## 宜014 老人房宜栽培观叶植物

老人居室以栽培观叶植物为好，这些植物不必吸收大量水分，可省却不少劳力。如可放些万年青、蜘蛛叶兰、宝珠百合等常青植物，象征老人长寿。

绿色植物宜摆放在窗边阳光充足的地方，也可用吊盆悬挂。桌上还可放置季节性球茎植物及适宜于水栽培的植物，如风信子、水仙等，能够观察其发根生长，可使老人在关心植物生长中打发空闲时间。还可从医药卫生和心理学角度出发，摆放有益于人体身心健康的花卉，如仙人球、

令箭荷花和兰科花卉等，在夜间能吸收二氧化碳，释放出大量氧气；米兰、茉莉等则有净化空气的功效；秋海棠能除去家具和绝缘物品散发的挥发油和甲醛；茉莉和菊花的香气可使人头晕、鼻塞等症状减轻。

### 宜015 老人房宜选择防滑地材

老人身体状况再好，若发生摔倒等情况，对于他们来说都是非常危险的。而浴室是最容易发生意外的地方，水气造成的地面湿滑，会令老人跌倒从而造成非常严重的损伤的几率提高。因此浴室的地板一定要选择防滑材料，对于老人来说，小块的马赛克铺贴的浴室地面比其他材料更防滑，可将其铺设在浴室门口、浴缸内外侧及洗面盆下方等处。老人也应该穿具有防滑作用的拖鞋，以防不小心滑倒。另外，卧房的地板也最好选择防滑材质的，光滑的地砖或木地板一旦不小心洒上了水，就极容易令老人滑倒。对于已铺设了一般地砖或木地板的家庭，可以再选购几块装饰地毯铺在老人房，既美化空间，又保证老人的安全。

▲ 为了老人的安全着想，老人房应选用防滑地材。

### 宜016 老人房宜陈设简单

老人房应陈设简单。除必需的床、桌、柜及茶具外，同老年人关系不大的家庭日常生活用品，如各种炊具，尤其是电器、铁器、玻璃制品、童车等，都不宜存放在老人房内。

▲ 老人房陈设应简单，除必需的床、桌、柜及茶具外，不应摆放过多的东西。

### 宜017 宜用蓝色、黑色让事业开运

黑色和蓝色有增强事业开运的寓意，正根据传统五行观点，北方在五行中属水，特别适合放在正北的方位，所以在老人房间的正北方位摆设黑色、蓝色的吉祥物，对老人的健康及家人的事业相当有利。

老人在人生阶段上已历练到稳定的心性，婚姻与感情也有不易撼动的基础，因此山水画、水车等属水的装饰品，寓意可以开发人际关系，帮助事业的运途，以五行中金水相生之理，金属饰品也合适，但会发出声音的装饰品则不宜选用。

## 宜018 宜用红色让声誉卓越

红色是喜气洋洋的吉利色彩，老人年高德劭福寿多，在房中用红色最恰当不过。红色属火，是主掌声誉的能量，用红色寓意可让你努力的成绩受到肯定，进而提升你的声誉与名望。

正南方在五行中属火，是红色最佳的摆设方位。以朱砂绘制的画轴，非常适合拿来挂在老人的房间的正南方，房间若够大，红木制的座椅意涵木生火的五行玄妙。

## 宜019 宜用绿色让家运、财运平稳

绿色是主掌健康、家运财富的力量，绿色植物有美化环境的功效，加上不少老人也喜好植栽，除了怡情养性，也可增进老人的健康与全家财运，是两全其美的吉祥开运物。

绿色在五行中属木，适合布置在老人房间的正东与东南方，要选择四季常绿的植物，且植物入房前要系上红丝带寓意为去阴气，在这两个地方如有沙发、躺椅，建议放置绿色的靠枕，老人于上休息可更顺利地吸收木气，身体健康福气广，家中可因此受益。

五行中有水养木的原理，所以在这个方位摆设水性之物，比如山水画，寓意为助长木气，让老人与整体财运都茂盛昌达。

## 宜020 老人房照明宜光线柔和

老人房最好能有充足的阳光，这样白天的采光就很充足。夜晚时，老人房应像主卧房一样，采用柔和光线的照明灯具。

由于老人的视力一般不是很好，最好能有明亮的日光灯与柔和光线的灯具相互补充，这样搭配比较理想。日光灯作为房间的基本照明，尤其在阴雨天，可以作为房间的主要照明灯具。另外，最好在床头柜上或者写字台上摆放一盏能调节亮度的台灯，当老人在夜晚阅读时，可以用它来提供明亮的灯光；当老人躺在床上休息时，将台灯的灯光调暗些，昏暗的灯光将有助于老人安稳地入睡。

▲ 由于老人的视力一般不是很好，老人房最好能有明亮的日光灯与柔和光线的灯具相互补充，这样搭配比较理想。

## 宜021 宜用白色、金色等让子孙有成

古人认为，颜色的能量中，白色、金色和银色主掌贵人运与子孙运，方位上来说，正西方主掌子孙运势，而西北方蕴含着贵人运，所以老人的房间布置，若有电器用品，可将电器用品摆在正西、西北这两个方位，金属制品亦可，寓意为能启发子孙的成就并招来贵人，此两方位以白色、金色和银色的吉祥物来布置，也预示着可

获贵人助运，助长子孙的成就。这样会让人感到心情愉快。

## 宜022 宜用黄色等来获得知识

黄色、棕色、土色能让思虑澄净，是提升知识与学习的最佳能量，寓意为对婚姻、爱情有稳定维持的助力，因此是能让幸福长久的颜色。这三个颜色在五行中属土，因此在老人的房间东北与西南方，以这些颜色进行装饰，寓意为有助于长者经验的传承、发挥与运用。

▲ 黄色是提升知识与学习的最佳能量，寓意为对婚姻、爱情有稳定维持的助力。

# 老人房设计之忌

老人上了年纪后，大多睡眠不是很好，精神较弱，需要安静的环境修身养性，所以老人房一般不要位于屋子中央，或家人活动频繁的位置，以免影响老人的休息。老人房的色调应以淡雅为首选，切忌颜色太浓烈或太阴冷。老人房的装修要避免所有不安全的因素。这些原则在装饰、布置老人房时要特别注意。

## 忌001 老人房忌离家人卧房太远

在选择老人房位置的时候，要注意老人房不可离其他家庭成员的卧房太远，否则不方便照顾老人。其他卧房也不可太吵闹，以免影响老人休息。如果是别墅或者复式楼，最好是将老人房安置于楼下，以免老人上下楼不方便。

## 忌002 老人房忌有灰白色家具

中国传统习俗认为，灰色使人忧郁，白色象征死亡，所以老年人房中家具不宜用灰色或白色。

## 忌003 老人房忌摆放狮子

我们往往看到有些人把张开血盆大口的狮子放在老人房内，其实这并不适宜。因为凶猛的狮子会给人不良的暗示，倒不如摆放龟寓意吉祥长寿。

## 忌004 老人房忌噪音污染

研究表明，噪音在50～60分贝时，一般人就会有吵闹感，老年人喜静，对有心脏病的老年人，安静还是一种治疗手段，家庭中创造一个宁静、优雅的环境，有利于老年人休养。

## 忌005 老人房忌设在住宅中央

老年人的精神较弱，需要较安静的环境才能休养身心。因此老人房最好不要设在住宅中央，也不宜设在家人走动频繁及噪音过大的地方。如果老人房很嘈杂的话，最好是重新调换房间。

▲老人房最好不要设在住宅中央，因为老人需要较安静的环境才能休养身心。

## 忌006 老人房忌设大落地窗

有落地窗的卧房会显得气派，但老人较年轻人体质会差一些，卧房如果带有落地窗，就会增加睡眠过程中的能量消耗，

▲卧房带有落地窗，会增加睡眠过程中的能量消耗，容易使人疲劳、失眠，对老人健康不利。

容易使人疲劳、失眠。因为玻璃结构无法保存人体能量，这和露天睡觉易生病是一样的道理。如果老人房设有落地窗，就要挂深色的厚窗帘遮挡。

## 忌007 老人房忌色彩鲜艳

老人房不宜用太鲜艳色彩来装饰，过多鲜艳的色彩装饰，会令人精神亢奋，并会导致老人患神经衰弱，长期下来会导致精神不济，心情烦闷。老人房适于营造和缓放松的气氛，使用能令老人平静、舒适的颜色最恰当。

老人房的色调应以淡雅为首选。老年人在晚年时都希望过上平静的生活，房间的淡雅色调刚好符合他们此时的心情。过于鲜艳的颜色会刺激老人的神经，使他们在自己的房间中享受不到安静，这样会损害老人的健康。过于阴冷的颜色也不适合老人房，因为在阴冷色调的房间中生活，

会加深老人心中的孤独感，长时间在这样孤独抑郁的心理状态中生活，会严重影响老人的健康。老人房色彩宜柔和，能够令人感觉平静，有助于老人休息。

## 忌008 老人房忌床体过高

床高虽然可以显得干净、气派，但是对人却是一个潜在的威胁，特别是老年人，太高的床会造成上下困难。睡觉的过程中，如果起夜容易跌倒。

▲老人房床体太高会造成上下困难，睡觉的过程中，如果起夜容易跌倒。

# 儿童房设计之宜

儿童处在生长发育的旺盛阶段，需要吸收来自于各个方面的能量，黎明时分能最早接受阳光能量的房间即是最理想的儿童房，所以儿童房首选住宅的东部或东南部。另外，儿童房最好选择通风比较好、阳光充足、周围环境安静的房间。从色调上说，应以清新、亮丽为主，可使孩子性格开朗、思维开阔。

## 宜001 儿童房的格局宜方正

方正的儿童房，可以引导孩子堂堂正正、规规矩矩做人。现在家长在布置儿童房时，都应保留儿童房方正的户型，这个很重要。儿童房的格局对孩子未来影响相当大，应选择正方形的房间，并注意在装修时保持户型的方正。

## 宜002 宜巧妙设计儿童房天花

儿童房是个孕育孩子梦想的地方，造型有趣的天花板，不仅能充分融功能性和美感，协调儿童房的整体美观，还能引发联想，激起孩子变幻无端的想象力。比如把天花做成蓝天白云或者璀璨星空，激发孩子的想象力。因此，装修儿童房时，天花一定不能忽视。

## 宜003 儿童房里宜摆放常绿植物

儿童房里摆放一些可以吸收室内空气中污染物的花卉，不仅可以净化空气，还有美化居室的作用。芦荟、吊兰、虎尾兰、非洲菊、金绿萝、紫菀属、鸡冠花、常青藤、蔷薇、万年青、铁树、菊花、龙舌兰、桉树、天门冬、无花果、龟背竹等都很适宜摆放于儿童房。

## 宜004 儿童房宜选择向阳的方位

向阳的房间，光的能量能够充分进入室内，使白昼与黑夜体现得较为明显，空气流通亦较好，也有助于保持房间的干燥，对儿童的身心健康有利。儿童房的最佳位置为住宅的东部或东南部，因为这两个方位是最早接受阳光能量的地方，能使孩子健康发展，能预示着儿童天天向上、活泼可爱、稳步成长；而住宅的西部五行属金，下午会接收阳光，也可以用作儿童房，但是此方位更适合于儿童睡眠，不利于儿童房的游戏功能。

## 宜005 儿童房的装修宜用环保材料

在儿童房的墙壁装修上，一定要选择合乎安全标准的产品，比如儿童房专用的艺术涂料或者液体壁纸。艺术涂料可以做出比墙面漆更丰富的效果，也比较环保。而专门供儿童房使用的环保壁纸，有害物质较少，脏了也很容易擦洗。但即便使用的是非常环保的材料，在装修后两个月仍需大开门窗，让每天通风4个小时以上，从而让污染物尽快扩散。

## 宜006 儿童房宜挂简约、活泼的画

儿童大部分的时间都在睡房中，房间扮演着卧房和游戏区的双重角色。墙壁上如果布置一些简单的几何图块或连续图案，可以启发孩子的灵感，促进儿童大脑发育，令孩子心情明朗、心无杂念。

▲ 儿童房墙壁上可以布置一些简单的几何图块或连续图案。

## 宜007 儿童房的规划宜合理

对学龄前儿童来说，玩耍是生活中不可缺少的部分。空间的规划必须具有启发性，能让他们在游戏中健康成长。对于学龄儿童来说，孩子们总喜欢在墙上随意涂鸦，与其让他们弄脏漂亮的画面，不如在其活动区域挂上一块白板或软木板，让孩子有一处可以随意涂抹、自由张贴的天地。也可利用展示板或在居室的一角设置搁架，陈列儿童作品，既满足孩子的成就感，也起到趣味展示的作用。

## 宜008 儿童房家具的转角宜圆滑

小孩子都好动，因此儿童房家具一定要边角圆滑。但这个小细节常常会被粗心的家长所忽视。注重儿童家具设计的小细节，能避免孩子发生一些不必要的意外。同时还要注意儿童发育快，桌椅最好能自由升降、调节高度，尤其是桌面的高度一定要恰到好处，以免造成儿童近视或驼背。

## 宜009 儿童房的地板宜平整防滑

儿童房地板平整固然重要，但要注意不能太光滑。平整又防滑的地板令孩子活动自如，不用担心滑倒。较硬材质的地板对小孩来说未必是好事情，因为这样的地板不但在视觉上给人冷硬的感觉，还会对刚学步的儿童造成潜在的伤害。具有良好的防滑性和耐磨性的地板才是儿童房装修时的首选。

▲ 儿童房地板平整固然重要，但要注意不能太光滑。

## 宜010 儿童房宜有适当的装饰品

装饰品的主要作用是填补空间、调整构图、营造视觉中心和体现空间特色。儿童房装饰品要体现出儿童的特性，如可爱的小公仔、玩具、溜冰鞋、碟片、运动用品、飞机模型等可以摆在儿童房，供儿童娱乐之用。而挂画、雕品、盆景等与儿童主题不相干的欣赏性工艺品，则不适宜摆放在儿童房。

▲ 装饰品的主要作用是填补空间、调整构图、营造视觉中心和体现空间特色，儿童房装饰品要体现出儿童的特性。

## 宜011 宜通过摆放床促进家庭关系

儿童床的摆放位置很重要。孩子如果是家中的独生子女，儿童床的床位应与父母的床位放在相同方向，这会有助于父母与孩子感情的融洽。如果家中有两个或两个以上的小孩合用一个房间，将他们的床放于同一个方向，也有助于减少他们之间的摩擦和矛盾。

## 宜012 婴儿房宜光线充足、通风

婴儿房内必须保持良好的光线与通风，而房间的方位以东方为好，因为光的能量能够充分进入室内，白昼与黑夜的体现较为完善。婴儿的房间向阳，阳光中的紫外线可以促进维生素D的形成，防止婴儿患小儿佝偻病，但应注意避免阳光直接照射婴儿脸部。如果在室内，不要直接隔着玻璃晒太阳，因为玻璃能够阻挡紫外线，起不到促进钙质吸收的作用。此外，婴儿和母亲的被褥要经常在阳光下翻晒，这样可以杀菌，防止婴儿皮肤和呼吸道发炎。

## 宜013 儿童床垫宜顺应人体曲线

儿童床的床垫应能顺应人体曲线，并均匀承载人体的重量，使人不会产生压迫感。很多家长一味地花高价购买漂亮床罩，而忽视床垫的透气性，这对小孩的身体发育是不利的。儿童的床垫应具有坚固的承托力，避免久睡下陷引起孩子的脊柱弯曲。

## 宜014 婴儿的居住环境宜用心布置

婴儿居住环境的要求不一定是要高档，只要用心布置，同样会使小宝宝有一个良好的环境。如，房内保持适宜的温度和湿度，夏季室温在24～28℃为宜，冬季在18～22℃为宜，湿度在40%～50%最佳。冬天可用暖气、红外线炉取暖，但一定要经常通风，保持室内空气新鲜。通风时注意风不要直吹婴儿，外面风太大时应暂不开窗。清洁婴儿房时，可用湿布擦桌面，用拖把拖地，不要干扫，以免尘土飞扬。

## 宜015 儿童房色调宜清新亮丽

从色调上说，儿童房应以清新、亮丽为主，明快的色彩可以使孩子性格开朗、思维开阔。从光线上来说，合适且充足的光照能让房间温暖、有安全感，有助于消除儿童独处时的恐惧感。一般带阳台的房间会比较明亮，可以作为儿童房的首选。

▲ 儿童房清新亮丽的色彩可以使孩子性格开朗、思维开阔。

## 宜016 婴儿床宜放在房间中央

婴儿床应该是独立的，放置在房间的中央，体现以其为尊的思想，也利于大人周围呵护，这样有利于婴儿的成长与自我意识，其中头北脚南的位置特别适合初生婴儿。

## 宜017 儿童房宜用合适的床上用品

孩子会像大人一样对某些颜色情有独钟。家长可以选择颜色素淡或简单的条纹、方格图案的布料来做床罩，然后用色彩斑

▲ 儿童房的床上用品应根据不同季节、不同年龄进行更换。

斓的长枕、垫子、玩具或毯子去搭配装饰素淡的床、椅子和地面。长枕、垫子等的外套可以备有多种颜色，可以在不同季节、不同年龄时更换枕套和垫子的颜色，这样比较经济、实用。

## 宜018 婴儿房的颜色宜浅淡

婴儿的房间颜色以浅淡、柔和为宜，特别是淡蓝色对婴儿的中枢神经系统有良好的镇定作用。

▲ 为婴儿的健康考虑，婴儿的房间颜色以浅淡、柔和为宜。

## 宜019 儿童房灯光宜协调

儿童房的灯光要与房间的整体风格相协调，同一房间的多种灯具，其色彩和款式应保持一致。儿童房是一个丰富多彩的空间，宜选用色彩艳丽、款式富于变化的灯具，才能与整体风格相协调。昏暗和冷色调的灯光，最好不要用于儿童房。

## 宜020 儿童房的颜色宜按个性设定

环境的颜色对于孩子成长具有深远的影响，如蓝色、紫色可塑造孩子安静的性格；淡黄色可以塑造女孩温柔、乖巧的性格；橙色及黄色带来欢乐和谐；绿色与海蓝系列最为接近大自然，能让人拥有自由、开阔的心灵空间，且绿色对儿童的视力有益；红、棕等暖色调能让人变得热情、时尚、有效率。在选择儿童房色彩时，要根据孩子的性格来定，如孩子很好动，就可选用蓝色或紫色，这样能使孩子变得安静些。

▲ 环境的颜色对于孩子成长具有深远的影响，儿童房的颜色应该根据孩子的性格来定。

## 宜021 儿童房宜注意预留储藏空间

青少年时期的孩子已慢慢长大成人了，他们也有了空间领域的意识，他们只想做自己想做的事，也想要保留自己的秘密，所以他们也希望自己来安排房间里的陈设细节。做父母的不能因为看不惯他们房间的凌乱，就随意进去整理、打扫，否则容易使孩子感到"领域被侵犯"，给孩子造成不必要的伤害，并使家庭关系紧张。这个阶段的青少年的卧房，充满了他们那个年代的物品，这时重要的是告诉他们如何收拾自己的东西。儿童房应该给他们准备足够的储藏空间。

▲ 随着孩子慢慢长大，就要告诉他们如何收拾自己的东西。

## 宜022 儿童家具宜简洁、新颖

儿童家具宜小巧、简洁、质朴、新颖，同时也要考虑孩子的审美品位。小巧适合儿童身体的特点，也为儿童多留出一些活动空间；简洁符合儿童的纯真性格；质朴

▲ 儿童家具宜小巧、简洁、质朴、新颖，同时也要考虑孩子的审美品位。

能培育孩子真诚朴实的性格；而新颖则可激发孩子的想象力，让他们的创造性思维能力在潜移默化中得到发展。孩子不断成长，空间要能随之灵活变化，让房间和孩子一起"成长"。选用看似简单但别具匠

心的家具，是保证儿童房间不断"长大"的最为经济、有效的办法。

### 宜023 儿童房宜摆放时钟

时钟的摆动和打鸣声会提醒小主人生命的活力，也方便他们知道时间。有韵律的滴答声，会为儿童的成长带来更多的规律和节奏感，也让儿童知道，时间就在这样的"滴答滴答"声中从身边溜走，让他们懂得珍惜时间。

### 宜024 床头宜朝向东及东南

儿童床的床头朝向东及东南位较好。因为按传统五行观点，东及东南位五行属木，利于成长，对小孩身高和健康很有益处。但如果小孩夜间难以入眠，则可选较为平静的西部及北部。

# 儿童房设计之忌

"望子成龙，望女成凤"，这是每一位父母的心愿。要做到这一点，首先就要给子女创造一个安静舒适的睡眠空间。儿童房的风格对孩子们的成长有很大的影响：简洁的卧房能让他们纯真；质朴的卧房能让他们待人真诚；新颖的卧房能不断激发他们的想象力，发挥他们的创造性思维。所以在对儿童房装修设计时一定要趋吉避讳，多花心思。

## 忌001 儿童房忌设在南方、西南方

南方多噪音，房间在南方会使孩子变得多动、贪玩。如果房间的安排只能设在南面的话，就要注意窗户不要开得太大。窗户太大而阳光太强烈，就会想睡觉或者想外出走动，无法用功读书。而且阳光太强烈也不利于室内的装饰品或书籍、文具的保存。

儿童房设在西南方也不好，这个方位会导致孩子做一点事就感到疲劳，头脑也不清楚，无法专心于学业。

## 忌002 儿童房的位置忌与年龄不符

孩子一天天长大，需要父母照顾的程度也随着年龄增长而变化。将儿童房设于何处，应该按照其年龄来做决定。孩子年纪尚小时，儿童房最好是紧邻父母的房间；等他们到10岁之后，房间最好能和父母的卧房保持一定的距离，以便拥有各自独立的生活空间。如果儿童房不根据年龄设置，将需要格外照顾的小孩房间设置得离父母房很远，会不便父母对小孩进行照顾。

## 忌003 卧室门忌与厕门或楼梯相对

儿童卧室的门不可与卫生间门或楼梯相对，否则会让小孩子读书以及做事都懒洋洋的，缺乏活力，提不起精神，更严重的是如果碰到叛逆型的孩子，有的还会离家出走，在外面胡混不想回家。

遇到此类情况最好赶快换房间，如果无房间可换，可以在与卫生间门或楼梯之间吊一串风铃，每天进出时敲风铃儿下。

## 忌004 儿童房的地面忌凹凸不平

儿童房的地板忌有凹凸不平的花纹、接缝，也不要留有磕磕绊绊的东西。因为任何掉入接缝中的小东西，都可能成为孩子潜在的威胁。同时，凹凸花纹及接缝也容易绊倒孩子。儿童房也不宜有过多的阶梯或高低起伏的坡度，这种装修无形中都会造成儿童活动的不便，甚至发生意外。

## 忌005 不规则房间忌做儿童房

儿童房的形状忌奇形怪状，如呈三角形或菱形等不规则形状，这会影响到儿童的人格发展。长期居住在这样的房间，容易使孩子脾气暴躁、性格偏激。

▲ 儿童房的形状如呈三角形或菱形等不规则形状，会影响到儿童的人格发展。长期居住在这样的房间，容易使孩子脾气暴躁、性格偏激。

▲ 儿童房的地面不宜装饰得太光滑，对孩子不安全。

如果已经选用了不规则形状的房间做儿童房，化解的方法就是将该房间改作其他功能区域，或者采用装修的办法，将其改成方正的空间。

## 忌006 儿童房家具边角忌有尖角

很多家庭都是直接从市面上购买儿童家具成品来布置儿童房间的，但不少儿童家具棱角分明，这些锐利的角很容易磕碰到孩子造成意外。可以买一些背面带胶的橡胶套或空心的橡胶套粘到转角处，起到一定的保护作用。如果条件允许的话，最好定做一些圆润的、不带尖角的家具。

## 忌007 儿童房地面忌太光滑

儿童房的地面不宜装饰得太光滑，也不宜铺设镜面地砖（镜面地砖是指能照见人影的光面砖），因为地面上照出影子会让人感觉不适，如果接触到水会很滑，对孩子不安全。儿童房始终要把安全放在第

一位，如果孩子的安全都保障不了，谈何快乐成长。儿童房的装修材料最好选择一些易于清洗、更换、防滑且安全性好的装饰材料，如普通粗面吸水地板砖、木质地板等。这样可避免孩子玩耍时滑倒摔伤，为孩子创造一个自由、安全的活动空间。

## 忌008 儿童房家具款式忌成人化

儿童房的家具功能上可以模仿成人家具，但款式风格不宜成人化。儿童有模仿成人的欲望，家具外形可带有启发孩子想象力的属性，如床像汽车，写字桌像积木等。稍大一些的孩子，需要较大空间发挥他们天马行空的奇思妙想，让他们探索周围的小小世界，若摆放按比例缩小尺寸的家具，如伸手可及的搁物架和茶几等小家具，能给他们把握一切、控制一切的感觉。

## 忌009 儿童房忌用电不安全

儿童房的用电要安全第一。儿童房的插座不能让到处爬的孩子摸到，最好选择有封盖的插座。一定要选择儿童专用灯具，并将电线固定在墙壁上。

比较危险的是在一个电源点上超负荷连接许多用电设备。因为孩子的玩具或学习用具，如电动火车、电视机、收音机、音响、电脑等现代设备均需要使用插座，因此，儿童房至少需要六个电源插座，其中两个在学习区的上方，其他可设置在墙角。在儿童房布线时应加装一套响铃监控系统，在这个布线系统上可随时接插小设备（如保湿报警器、小视频监视器等），这样能方便地照顾孩子。

## 忌010 儿童书桌忌冲门等

儿童房的书桌是很重要的家具，摆放时有很多禁忌：孩子书桌背后及左右不可冲门；书桌不可面向厕所，左右两侧不可与厕所浴室门相对，也不可背靠厕所浴室；不可正对厨房灶台；不可在水塔之下和马达机器上下；不可面向屋外巷道；不可正对屋外的电杆、墙角；不可放音响，如有必要，最好放在左边；不可堆积杂物在桌面上。

## 忌011 儿童房的书桌忌对着镜子

儿童房的书桌要避免对着镜子。如果书桌的灯与镜子太接近，会产生灯光从头顶直射下来的感觉，令人情绪紧张，头昏目眩。同时，镜子里照射出的影像还会分

▲ 儿童房的书桌要避免对着镜子，否则会影响到房间的风水。

散儿童注意力。在晚上，镜子里的影像容易使儿童受惊吓。另外，镜子还会反射能量，影响房间的风水。

## 忌012 儿童房忌过分讲究装饰

儿童房过分讲究装饰和摆设会增加有害气体的含量，影响儿童身心健康。另外，儿童房间中经常有地毯、床毯和各种装饰物，也容易导致室内空气污染。

## 忌013 儿童房忌装贴太花哨的壁纸

儿童房墙壁不可装贴太花哨的壁纸，小孩子的心智尚未成熟，太花哨的颜色容易刺激他们，导致心乱、烦躁不安；儿童房墙上也不可漆粉红色，因为粉红色属躁性色，不是很开朗的色系，个性容易暴躁不安。

大师全解居家设计的宜忌法则
全面公开趋吉避凶的布局秘诀

### 忌014 儿童房窗帘的颜色忌深沉

儿童房的装饰要力求明快、活泼，窗帘款式要简洁而不显单调。帘布的花、样、式之间的对比，以突出明显为佳。儿童房的窗帘要给人生机盎然的感觉，但也不能过于热烈和刺眼。古旧成熟、深沉色调的窗帘，是不适用于儿童房的，它容易促使孩子早熟，使孩子变得忧郁、深沉。

### 忌015 儿童房玩具忌随意摆放

现代的玩具五花八门，玩具最安全的摆法是，将所有玩具用储物柜或储物箱摆放好。若将玩具散满全屋，既不美观，又容易造成危险，容易绊倒小孩子。玩具要经常收拾好，千万不要堆置在小孩子的书桌及睡床上。这样会使小孩子读书时不专心，也会影响睡眠健康，这是很多家庭经常犯的毛病。

▲ 现代的玩具五花八门，玩具最安全的摆法是，将所有玩具用储物柜或储物箱摆放好。

### 忌016 儿童房忌张贴奇怪的画像

儿童房墙壁不可张贴奇形怪状的动物画像，这样会导致小孩子的行为怪异，因"有形必有灵"，看久了必会有所模仿。也不可张贴暴力的或武士、战斗士的图画，避免孩子心灵上产生好勇斗狠之心态。

### 忌017 儿童房忌有过多的植物

在儿童房内摆放过多的植物，是不适宜的。原因有两点：一是从环境学来说，儿童是成长中的幼苗，房内植物过多时，植物会跟儿童争抢空气，不利儿童成长；二是从生理卫生方面来说，植物的花粉可能会刺激儿童稚嫩的皮肤以及呼吸器官，易使儿童产生过敏反应。另外，植物的泥土及枝叶容易滋生蚊虫，对儿童的健康也不利。而带刺的植物如仙人掌、玫瑰等，更不适宜摆放在儿童房中，这是不安全的。

▲ 儿童房摆放过多的植物，对儿童的健康不利。

## 忌018 儿童房忌摆不吉饰物

一般家长都喜欢在儿童房摆设类似于孔雀、骏马等饰物，寓意"孔雀开屏"和"马到功成"。这类造型以栩栩如生、充满活力、富于积极向上精神主题的为首选；反之，如敛屏孔雀、低头马儿等意志消沉的则不宜选用。此外，悲伤的字句或萧条的图画也不宜悬挂，而牛角、兽头、龟壳、巨型折扇、刀剑等装饰品也不适合在儿童房陈设。

## 忌019 儿童房色彩忌与性别不搭配

儿童房色彩和性别有很大的关系，男孩房的色彩要男子气，女孩的色彩要淑女化。一般男孩子喜欢的色彩是青色系列（青绿、青、青紫），女孩子喜欢的色彩是红色系列（红、紫红、橙），无色、黄色系列的色彩则不拘性别，男孩和女孩都能接受。

▲ 儿童房色彩和性别有很大的关系，男孩房的色彩要男子气，女孩的色彩要淑女化。

## 忌020 儿童房忌随意摆放植物

在儿童房适量摆放一两盆花卉，可以使空间充满生机，增添自然、亲切的氛围，还可以在一定程度上净化空气。但要注意，并不是每一种花卉都适合摆放在儿童房中，如兰花、紫荆花、含羞草、月季花、百合花、夜来香、松柏、仙人掌、仙人球、洋绣球花、郁金香、黄花杜鹃等皆不适宜，因为这些植物或者刺激性太强或者容易刺伤人。

## 忌021 儿童房忌张贴油画

深沉凝重的油画容易让孩子心情忧郁，影响整个空间的气氛，并且油画都极具艺术性，不适合孩子的欣赏水平。对他们来说，鲜艳的色彩最能吸引眼球，从而刺激他们对色彩的辨认。

## 忌022 儿童房忌色彩单调

儿童有丰富的想象力，各种不同的颜色可以刺激儿童的视觉神经，而千变万化的图案则可激发儿童对整个世界的想象，这些可以说是儿童成长中不可缺少的环节。鲜艳的色彩除了能吸引儿童的目光外，还能刺激儿童视觉发育，激发儿童的创造力，训练儿童对色彩的敏感度。而单调的灰色、蓝色、黑色、深咖啡色等，均不适宜用做儿童房的主色。家长平时要多留心孩子对色彩的不同反应，选择孩子感到平静、舒适的色彩。单调深沉的色彩易让孩子变得孤僻、反应迟钝；对于性格软弱、内向的儿童，

▲儿童有丰富的想象力，各种不同的颜色可以刺激儿童的视觉神经，而千变万化的图案则可激发儿童对整个世界的想象。

宜采用对比强烈的颜色，刺激神经的发育；性格暴躁的儿童宜选用淡雅的色调，这样有助于塑造孩子健康的心态。

## 忌023 儿童房忌直射照明

灯光对发育时期孩子眼睛的影响尤其重大，直射照明容易刺激孩子的眼睛，影响孩子视力健康，最好采用漫射照明。漫射照明是一种将光源安装在壁橱或天花板上，使灯光朝上照到天花板，再利用天花板反射光的照明方法。这种光给人温暖、欢乐、祥和的感觉，同时亮度适中，比较柔和，适宜儿童房使用。还可以在书桌上放置不闪烁的护眼台灯，这样不仅可以降低孩子视力变弱的可能性，更能让孩子集中精力学习，达到事半功倍的效果。

## 忌024 忌长期使用人造光源照明

长期使用人造光源照明会扰乱人体的生物钟和生理模式，不仅使眼睛疲劳，还会降低儿童对钙质的吸收能力。长时间灯光照射，还容易使孩子变得精神萎靡，注意力不集中。人造光源过多甚至会诱发儿童性早熟。因此，白天儿童房的采光建议多利用自然光，夜间照明也要科学合理安排，培养孩子早睡早起的好习惯。

## 忌025 儿童床垫忌太过柔软

很多家长为了让孩子睡得舒服，选择床垫时，认为越软越好，其实这是错误的。太硬的床垫固然不可取，太软的床垫也不利于儿童健康。由于孩子正处在成长发育期，骨骼和脊椎都没有完全发育成熟，睡床过软容易造成骨骼变形。同时，太舒适柔软的床也会让孩子养成爱享受、缺乏斗志的坏习惯。

▲太软的床垫不利于儿童健康，因为睡床过软容易造成骨骼变形。

# 第七章

# 书房与居家办公设计宜忌

随着居住条件的不断改善，越来越多的住宅都拥有一间独立不受外界干扰的书房。现代书房作为一个独立的空间，功能越来越丰富，同时兼有工作与生活的双重性，既有家庭办公的严肃一面，也有浓浓的生活气息。一个人和一个家庭的文化素养都在这个空间里得到了充分地展示，所以对书房的装饰布置一定要慎重。

# 书房与居家办公设计之宜

在书房中，我们可以学习、工作、娱乐、社交、放松身心，作为开启智慧、凝神静气的重要所在，书房一定要好好设计，仔细考量。在书房的风水中，最重要的是要保持书房良好的通风与采光。人们长时间地读书需要保持头脑的清醒，新鲜的空气十分重要，所以书房要选择通风良好的房间，而且要经常开门、开窗通风换气。另外，流动的空气也更利于书籍的保护。

## 宜001 书房宜设在东方、东南方等

书房位于东方能形成比较活泼的氛围，如果业主是作家的话，对有关青年的话题或比较富有活力的书稿最为合适。

古人认为，东南方能令人集中思想，读书工作的效率高，知识丰富，并能学以致用，充分发挥聪明才智。若这个方位的阳光过于充足的话，可用树木遮挡让视野变得略为狭小，就会更为稳定。否则，视野太广阔，开门即见山也不适宜。

西北方也适合做书房，因为阳光照射的时间短，能使人心情稳定，头脑清晰。

北方也是设书房的有利方位，适合阅读有一定深度的、哲学性的及人性论等方面的书籍。但是这个方位采光较弱，室内的色彩最好选择浅淡的暖色，予以调和。

## 宜002 书桌前面明堂宜宽广

书桌前面应尽量有空间，面对的明堂要宽广。有人认为一般书房的位置本来就不太宽敞，如何能够有明堂？其实以门口为向，则外部就可成明堂，古人认为，这样则前途宽敞，易于纳气入局，用者头脑思路敏捷，宽阔无碍，能成大器；另外也可选面窗而坐，以窗外宽阔空间为明堂，既能够观赏外部景观以养眼，也可收到较好的功效。在书房的案头前方可以摆上富贵竹之类的水种植物，达到生机盎然、赏心悦目的效果，以利于启迪智慧。

## 宜003 使用电脑宜注意五行平衡

按照传统观点，五行忌火的人要远离属火的物品，但现代生活却不可避免使用属火的电脑。化解的办法是在电脑旁放置属水的物品，如一杯水、一块水晶、一个鱼缸等，通过水的能量削弱火气，维持水火平衡。

其实这也是为了消除电脑的辐射而设计的，同时也具有使环境活泼、愉悦身心的作用。

## 宜004 书房宜设在宁静之处

书房宜选择宁静之处。书房是陶冶情操的地方，为了创造出静心阅读和学习的空间，书房要尽可能远离客厅、厨房、餐厅、卫浴间，最好选择一个较为宁静的房间作为书房。宁静的环境可以增强学习效率，使人能够保持清醒的头脑。

## 宜005 书房宜为独立的空间

如果家中有一间独立的书房，那是最理想不过的。若居室面积够大的话，最好能单独开辟出一块空间作为书房，并做好书房与其他空间的隔断，做到互不影响。独立的书房在布置的时候，要充分体现主人的个性和内涵。

▲ 如果家中有一间独立的书房，那是最理想不过的。独立的书房在布置的时候，要充分体现主人的个性和内涵。

## 宜006 书桌的座位背后宜有靠

书桌的座位应背后有靠，背后靠墙，既有安全感，又不易背后受扰。古人认为，

▲ 书桌的座位应背后有靠，这样既有安全感，又不易背后受扰。

人耳能听八方，但眼只观六路，背后有靠，即谓有靠山，但凡能够成功出人头地的人士，除了自我的努力、智慧、机遇外，万万不可没有靠山。背后有靠，寓意着读书考试、与人交往时能得贵人相助、宠爱，打工一族则更可得上级赏识提携。古代从事文书类办公工作的人员除了讲究靠山之外，为了避免终日案牍劳形而一无所获，还将座椅后背镶上天然呈群山状的大理石为靠山，以加强倚靠的效果，美其名曰：乐山。所以书桌的座位后背应以不靠窗、不靠门等虚空为要，当然，这也缘于办公桌背后有人来去走动，则坐不安稳，难以集中注意力。

## 宜007 书桌用品的摆放宜有讲究

书桌用品的摆放很有讲究，一定要有山高水低的格局。书桌两边的物品不能摆放得高于头部，因为人不能够伸展出头部是传统的忌讳之处。古人认为，摆设的物品必须由高到低进行配置，对于男性使用

者来说，左手青龙位宜高、宜动，左手位可放茶杯和未看完的图书、刊物、记事本或文件夹等；右手白虎位宜低、宜静，有能量通过的物品如电话机、传真机、台灯等均应放在右方，才较为有利。如果是女性使用者，则应加强右方白虎位，重要的物品可放置在右方。

### 宜008 书房座椅宜选转椅或藤椅

坐在写字台前学习、工作时，常常要从书柜中找一些相关书籍，此时带轮子的转椅或可移动的轻便藤椅就可以给您节约不少时间，为您带来很多方便。根据人体工程学设计的转椅能有效承托背部曲线，应为首选。

### 宜009 书桌宜保持整齐、清洁

书桌宜保持整齐、清洁，每次学习或工作后要将书桌收拾干净，保持书桌整齐

▲ 每次学习或工作后要将书桌收拾干净，保持书桌整齐清洁。

清洁，文具用品放置有序。这样才有利于下一次的学习与工作，有益于大脑机器及思维保持灵活清晰，体现出一个人办事井井有条的风格和良好的品位。

### 宜010 椅子宜高度适宜、灵活

椅子坐面应该高度适宜，使膝盖微微弯曲而脚很自然、舒适地放在地板上，同时使用键盘时，应保持手、腕和小手臂处于同一高度。椅子还应有一定的灵活性，可在一定范围内根据我们的需要调节其高度和转向，这样身体既可以前倾来取放桌面上的物品，又可以后仰让身体自由伸展放松。

### 宜011 在有电脑的书房宜装换气扇

电脑的荧屏能产生一种叫溴化二苯并呋喃的致癌物质。所以，放置电脑的房间最好能安装换气扇，倘若没有，上网时尤其要注意通风。

### 宜012 书柜的设计宜合理

书房应该给人质朴的感觉，这样才有利于静心阅读和学习。书柜在材料选择上以木质材料为佳，最好是开放式的深色橱柜。书柜是书房的主要储物空间，在设计上要保持灵活，除了有效放置书籍的柜子，还应该要设计一些带门的壁橱，可以增加藏书的空间，也能储藏其他物品。但要避免装饰得过于华丽，否则会给人浮躁感，不利于学习和工作。

## 宜013 书柜宜适合主人的职业及喜好

书柜的布置主要根据主人的职业及喜好而定。比如，在音乐家的书房中，音响设备及弹奏乐器应占据最佳位置，书柜中唱片、磁带、乐谱的特点也不同于一般的书籍，应做特别设计，作家的藏书量大，书柜往往会占据整面墙，显得庄重而气派，科技工作者有一些特别的设备，在布置书房时，首先要将制图案、小型工具架、简易的实验设备等安置妥当。如果常用的书刊数量不多，可购买一个方形带滚轮的多层活动小书柜，根据需要在房间内自由移动，不常用的书就用箱子装起来，放在不显眼的地方。

▲ 书柜的布置主要根据主人的职业及喜好而定。

## 宜014 宜依据书桌安排书柜的位置

古人认为，书桌应该是属阳的，而放置书籍的书柜则是静的，属阴。古人讲求阴阳平衡，并且认为阴阳是宇宙的规律所在，万事万物都可分出阴阳来。为了平衡阴阳，书柜与书桌应摆放在对应的方位，两者之间还要隔开一段距离。书柜的位置要避开阳光直射，既保持了其阴性的属性，同时也有利于书籍的收藏和保存。书柜内部的书籍要摆放整齐，尽量不要挤得太满，留下一些空间，保持书柜内部气流的畅通。

## 宜015 书房的通风宜顺畅

长时间读书需要很好地保持头脑的清醒，新鲜的空气十分重要，所以书房要选择通风良好的房间，而且要经常开门、开窗、通风换气。流动的空气也利于书籍的保存。如果通风不畅，将不利于房间内电脑、打印机等办公设备的散热，而这些办公设备所产生的热量和辐射，会污染室内的空气，长时间在有辐射和空气质量不好的房间中工作和学习，对健康极为不利。

▲ 长时间读书需要很好地保持头脑的清醒，新鲜的空气十分重要，所以书房要选择通风良好的房间，而且要经常开门、开窗、通风换气。

## 宜016 书房温度宜适宜

如果书房配有电脑、打印机、扫描仪等设备，就会使室内温度大大升高，应该安装空调来调节室内温度。还要注意，不宜将这些设备放在空调的风口下，也不宜将其放在阳光直射的窗口旁和取暖器旁边。从另一个角度说，保持适宜的书房温度，也会使人感到舒适，从而提高学习与工作效率。

## 宜017 书房通风宜避免噪声

在利用窗户通风时应该注意窗外是否有噪声。如果窗外有巨大噪声，如楼下店铺持续、大声的叫卖声，或马路上传来尖利的汽车喇叭声等，则最好关上窗户，改用空调进行通风。

## 宜018 书房的装潢线条宜简洁明朗

书房的装潢线条宜简洁明朗，不宜有太多的弧线。最好不用吊灯，并避免对天花板进行过多地装饰，否则会给人意乱神迷的感觉。书柜的装饰线条也不宜过粗，否则有失"文雅"。

## 宜019 宜在书房中悬挂字画

书房悬挂字画有补壁的装饰作用，字画的内容和类别应根据主人的文化修养与情趣来选择。中国画、装饰画、书法、油画、木刻以及重彩、磨漆画等作品都可用于装饰墙面，但应与家具的配置协调一致。字画不仅能显示主人的文化品位，还可以渲染居室内的气氛，陶

▲ 书房悬挂字画有补壁的装饰作用，字画的内容和类别应根据主人的文化修养与情趣来选择。

冶性情、愉悦身心。如果是一幅山水作品，则宜与室内盆景互相呼应，相映成趣。字画挂在射灯上方，可因灯光照射而更具清新感。在字画的一侧放一株万年青，可使字画的格调更为高雅。

## 宜020 书房宜摆放常绿植物

书房与卧房不同，一般情况下，夜间没有人在此睡觉，因此在书房中摆放一两盆观叶的绿色植物，不会影响家人的健康。在白天时，由于这些植物进行光合作用，吸入二氧化碳释放氧气，还能令在书房中工作学习的人有充足的氧气，感到脑清目明，绿色能让眼睛有积极的休息，对于保护视力有很大的帮助。要注意的是，书房一般都有大量的书，书架和书柜也相对较大，因此所选的植物最好是矮小、短枝的，以盆景这样的小规格形式最佳。形状上，摆放在书房的植物最好是圆形的阔叶常绿植物，诸如海芋、富贵竹、黄金葛等。

常绿的盆栽植物、观赏类植物，如万年青、橡胶树、松柏、铁树等都属于旺气类的植物，不仅容易栽养，还可以增强书房中的气场。花石榴、山茶花、小桂花等属于吸纳类植物，除了可调节书房内的气氛以外，还可以将书房内的有害气体吸掉，有利于人体健康。

水种植物最适合摆放在书桌上，例如富贵竹、水仙等，可以形成"智者乐水"的格局，同时亦起到美化环境、启迪智慧的作用。

## 宜021 书房的光线宜充足

书房作为主人读书写字的场所，对于照明和采光的要求很高，书房应有充足的照明与采光。因为在过强或过弱的光线中工作，都会对视力产生很大的影响，所以写字台最好放在阳光充足但不直射的窗边。

▲ 书房作为主人读书写字的场所，应有充足的照明与采光。

## 宜022 书房主色宜用绿色和浅蓝色

书房壁面色彩以绿色、浅蓝色为佳，切忌花花绿绿、杂乱无章。其中浅蓝色给人以清爽、开阔的感觉，是一种令人舒适的色彩，也是相当严肃的色彩。蓝色在某种程度上可隐藏其他色彩的不足，是一种方便搭配的颜色。蓝色还具有调节神经、镇静安神的作用，蓝色的灯光在改善失眠、降低血压和预防感冒中有明显作用，但患有忧郁症的人则不宜接触蓝色。

## 宜023 书房的颜色宜协调

在居家环境里，颜色的运用也会对工作和学习的效率产生很大的影响。在工作比较紧张的环境里，宜采用浅色调来缓和压力；而在工作比较平淡的环境里，宜采用强烈的色彩以振奋精神。

## 宜024 宜将书分类存放

书房，顾名思义是藏书、读书的房间。那么多种类的书，且又有常看、不常看和藏书之分，所以应该将书进行一定的分类存放。如分书写区、查阅区、存储区等分别存放，这样不但使书房井然有序，还可以提高工作效率。

## 宜025 宽敞书房宜配有健身器材

若书房宽敞，女士可添置一些健身器材，劳逸结合，更有利于身体健康。男士则可配备沙袋、镖盘等富有阳刚之气的健身器材，读书之余锻炼身体不失为一种生活享受。

## 宜026 艺术家书房宜用冷色调

对从事美术、音乐、写作等职业的人来说，书房布置应以最大程度地方便工作为出发点。所以，书房的布置要保持相对的独立性，并配以相应的工作室家具设备，诸如电脑、绘图桌等，以满足使用要求。很多设计师认为，设计室应以舒适宁静为原则，在色彩方面使用冷色调为宜，将有助于人的心境平稳、气血通畅。窗帘的配置一般选用既能遮光，又有通透感觉的浅色纱帘，高级柔和的百叶帘效果更佳。

## 宜027 学生的书房宜清爽明朗

学生书房必须考虑安静、采光充足的因素，可用色彩、照明、饰物来营造。色彩上以白色墙面和灰棕色书柜、书桌、椅子的搭配为主，再通过少量的饰品对书房进行点缀，使书房简单而又不会显得沉闷。避免摆放过多的装饰品，以免分散孩子的注意力。装饰盆景不宜选用大盆的鲜花，而以矮小、常绿的叶类观赏植物为好。

## 宜028 宜在书房悬挂开运吉祥画

在住宅位悬挂吉祥画寓意着能够帮助开智慧、求功名。如果是想开启智慧，可以用"聪明伶俐图"、"魁星踢斗图"；想要考试高中的话可以用"三元及第图"、"状元及第图"、"连中三元图"、"一甲一名图"、"一帆风顺图"。

## 宜029 书房的窗帘宜选择浅色纱帘

书房的窗帘一般选用既能遮光，又具通透感的浅色纱帘比较合适，高级柔和的百叶帘效果更佳。强烈的日照经过窗幔折射会变得温暖而舒适。

▲ 书房的窗帘一般选用既能遮光，又具通透感的浅色纱帘比较合适。

## 宜030 宜用大的和椭圆形的办公桌

办公桌的形状与质地对办公会有深刻的影响，在通常的情况下，大办公桌体现着使用者的权利和地位，使用时令人极有快意。

在形状上，居家办公的椭圆桌较长方形桌为佳，有利于长时间的工作，并且避免了磕磕碰碰的情况。在办公桌质地方面，如工作时间较短宜用玻璃桌，可有助于刺激人迅速完成工作，而如需要长时间伏案工作，则宜用木桌。

# 书房与居家办公设计之忌

书房是学习思考、运筹帷幄的场所，应具有典雅、明净、高雅、脱俗的气氛，在方位布局、装饰设计上要考虑多方面的要求，力求拥有一个"明、静、雅、序"的书香环境。

### 忌001 书房忌设在主卧房内

将书房设置于主卧房内，会造成看书和休息、睡眠错位，职能的区分不明显，将使书房不能很好地发挥作用。如果有深夜看书工作的情况，还会影响到别人的睡眠。

### 忌002 书房忌过大

在居家风水中，任何房间宁可小而雅致，切忌大而无当。

有些面积比较宽敞的家庭，将书房设置得很大，其实在这样的书房里看书或者写作，实在是难以"聚气"的，会让书房中的人精神分散，注意力落在房间中的其他地方。而且如果房间主人本身处在管理者的位置上，在过于空荡的书房里"运筹帷幄"，无法很快地理清思绪，对事业的发展有极大的妨碍。

一般来说，住宅中的书房在10～20平方米为宜，依据住宅整体和房间内部进行选择，不宜过大。

### 忌003 书房忌设在南方和西南方

南方阳气过于旺盛，极不适合读书。古人认为，从写作方面来讲，如果说执笔是一种"阳"的工作，那么在写作之前，所经过观察和构思的过程，就是"阴"的工作。如果只是晚上才使用书房的话，还是可以将书房设在南方的。

西南方也不宜设置书房。与南方相同，不适合读书、写作等知识性的工作，而适合于体力方面的工作。

▲南方和西南方阳气过于旺盛，极不适合读书。

### 忌004 书房的门忌对着厨厕

书房的门向是需要注意的地方。书房的门向不能正对厕所、厨房，否则会令人情绪不佳，导致精神不佳。

### 忌005 书桌忌设在书房中央

书桌忌设在书房的中央，此为四方无靠、孤立无援的格局，会使坐在书桌前的人精神分散。

### 忌006 不规则房间忌做书房

书房是家居环境的一部分，它要与其他居室融为一体，透出浓浓的生活气息。不规则的房间会给人造成心理上的压制感，而书房作为办公和学习的空间，是要让人在轻松自如的气氛中更投入地工作和学习，并让人能自由地休息的，所以不规则的房间尽量不要做书房。

▲ 不规则的房间会给人造成心理上的压制感。

### 忌007 座位忌靠近水

座位旁不能有洗手台或水龙头，否则就会影响气场，古人认为水本身能聚气，也能扰乱磁场。长期坐在水龙头旁边的人，会有神经系统失调或运势反复的现象，最好是避开。

座位不能正对着饮水机，每天有人去用水的，更容易影响工作和休息。如可以的话，保持一段距离最好。

### 忌008 书桌忌位于横梁下

横梁压顶是一大忌，书桌和座椅也不能位于横梁下方，否则会令人有被压迫的感觉，无法集中精力学习和工作。如实在无法避免，可设计假天花将横梁挡住。

### 忌009 书桌正面忌镶镜子

书桌忌正对镜子，因为书桌上一般都放有台灯，如果灯与镜子太接近，会使人产生灯光从头顶直射下来的感觉，令人情绪紧张、头昏目眩。同时，镜子里照射出的影像还会分散人的注意力，影响人的工作和学习。

### 忌010 书桌忌紧贴着墙摆放

书桌紧贴着墙摆放，这样的格局容易造成人精神紧张。因为人体有很多感应磁场的部位，其中后脑的脑波放射区最为敏感，如果贴墙摆放书桌，人眼的视线所及范围就是墙壁，无法捕捉到有效的信息，人就会将注意力转移到脑后，时间长了，

▲ 书桌不宜紧贴着墙摆放，否则容易造成人精神紧张。

▲ 书桌不要正对窗户，这样会给人一种"望空"的感觉，且易分散读书人的注意力。

就会消耗掉大量的能量，从而影响工作和学习的效率。

### 忌011 书房内忌摆放睡床

在书房内摆放睡床不仅会影响书房中人的工作和学习，也会影响到家人的正常作息。书房是工作和学习的地方，床则是用来休息的，在工作和学习时看到一张床摆在旁边，容易使人心生倦意，失去工作和学习的动力。在书房睡觉也不利于休息，因为书房中有电脑、书籍、文件、传真机等与学习、工作有关的设备，在这样的房间里休息会产生很大的压力，即使睡着了也会想着工作，当然也会休息不好。

### 忌012 书桌忌正对窗户

书桌不要正对窗户，这样会给人一种"望空"的感觉。而且书桌正对窗户，人便容易被窗外的景物吸引，或被外面的事物干扰而分神，难以专心致志地学习，这对需要安心学习的人来讲，影响很大。因此，为了提高工作和学习的效率，摆放书桌时应该避免将书桌正对窗户，如果无法避免，就摆放在离窗户稍偏一点的位置。

### 忌013 书桌座位忌背对门

人不宜背门而坐。门是气口，既纳入清新的气，同时也会纳入浊气。如果人背门而坐，座后没有依托，空荡荡一片，会使人缺乏安全感，总感觉背后会受袭击，同时也会有一种背后受风寒的感觉。另外，经常背门而坐，会陷入担心背后会发生不测的紧张状态之中，很不利于学习和工作。

### 忌014 书房忌没有窗户

有的人一味追求安静，而将书房安置在一个密不透风的空间，这样做固然带来了安静，但也给人的心理造成了压力。在封闭空间里学习，只会使人的思维越来越僵化，人也会变得越来越孤僻、愚笨。

全面公开趋吉避凶的布局秘诀

大师全解居家设计的宜忌法则

## 忌015 忌在方正的书桌上插旗子

书房中大的办公桌桌角方正，就不适合在桌上安插旗子，因为这样会使人思绪杂乱无常，可能引发纠纷。若一定要放旗子，应插在桌子背后左方或左右两方为佳。

## 忌016 坏掉的电脑忌放在书房

坏掉的电脑绝不适宜放在家中，因为坏的电脑会放射辐射磁场，干扰及伤害家人健康，所以旧电脑要马上进行维修或者弃置。

## 忌017 书柜忌太高

书柜的高度不宜过高。对于藏书较多的家庭来说，高大的书柜更有利于书籍的存放。但书柜并不是越高越好，太高的书柜不利于取书阅读，可能会导致取放书籍时发生危险。而且书柜太高容易形成压迫书桌的格局，长期在这种氛围下学习，会导致人心神不宁，劳心头晕。

▲书柜并不是越高越好，太高的书柜不利于取书阅读，可能会导致取放书籍时发生危险。

## 忌018 书房忌凌乱嘈杂

书房最忌的是凌乱，最烦的是嘈杂。安静对于书房来讲十分必要，因为人在嘈杂的环境中工作效率要比在安静的环境中低得多。所以在装修书房时要选用那些隔音、吸音效果好的装饰材料。天棚可采用吸音石膏板吊顶，墙壁可采用PVC吸音板或软包装饰布等装饰，地面可采用吸音效果佳的地毯，窗帘要选择较厚的材料，以阻隔窗外的噪音。

▲书房最忌的是凌乱，最烦的是嘈杂，安静对于书房来讲十分必要。

## 忌019 书房空调出风口忌对人吹

空调的出风口应该朝上，冷气吹出后由上到下流动，能避免冷风对人直吹引起的头痛、头晕的问题。切记勿将出风口朝脸或头部吹，免得读书者书还没读完，头就已经痛得受不了了。

## 忌020 忌不符合人体尺度的家具

书房布置应该考虑人的活动尺度和使用要求。不符合人体尺度的家具，会增加人的疲劳感，甚至造成驼背、颈椎病和近视眼。

## 忌021 书房忌不重视健康理念

很多人并不重视书房的健康理念，认为书房仅仅是看书的地方，不用花什么心思在上面，只要有一张桌子，一把椅子，几本书就足够了。看起来不无道理，但事实上，这样的布局和设置是很久以前的观念了。现代的书房，其首要原则是舒适和健康。

健康书房应该具有的条件是：健康的工作照明；健康的工作方式；安全的布线方案；电磁波的有效防护；合理的办公储物；办公垃圾的及时清扫；新鲜流动的空气。

## 忌022 书房悬挂字画忌阴阳失衡

书房的悬挂字画讲究一种平衡，也就是传统的风水中所讲到的"阴"与"阳"的平衡，这就要结合主人的秉性来判断。如果主人是一个积极好动的人，这种性格属"阳"，想一进书房就获得一种安宁的气氛，可以选择一些属"阴"的字画，如色调比较沉稳的；对于一个性格比较安静的人来说，就可以选择画面比较"热烈"的偏阳的装饰字画。"阴阳"平衡既能起到较好的装饰效果，又能提高人的工作、学习效率，还寓意着带来好运与健康。

## 忌023 字画忌悬挂过高或过低

字画悬挂要高度适中，不能过高或过低。人的正常视觉区域是在头不转动时与眼睛水平视线成60°的范围内。平均视线约为1.7～1.8米，因此，挂画的高度也应在距地面1.5～2.0米处为宜。

字画悬挂位置宜选在室内与窗成90°的墙壁处，可使自然光源与画面和谐统一，真实感强。挂字画宜疏不宜密，同一屋中的字画应保持在同一水平高度。画框可平贴墙，也可稍前倾（一般前倾15°～30°）。

## 忌024 书房内摆忌放睡椅

不宜在书房内摆放睡椅，因为在睡椅上看书，不仅不利于身体健康，而且也会降低学习效率。

## 忌025 书房忌摆放藤类植物

书房忌摆放藤类植物，因为藤类植物易使房间潮湿，使人思路紊乱。

## 忌026 书房的色彩忌过多

书房是长时间使用的场所，应避免强烈的色彩刺激眼睛，宜多用灰棕色等中性色。为了达到统一，家具和摆设的颜色可以与墙壁的颜色使用同一个色调，并在其中点缀一些其他色彩的装饰，如书柜里的小工艺品、墙上的装饰画等。在购买装饰画时，要注意它在色彩上是起点缀作用的，在形式上要与整体布局协调。

一般书房的地面颜色较深，所以地毯也应选择一些亮度较低、彩度较高的色彩。

### 忌027 书房的窗帘忌用复杂的花帘

书房的主要功能是读书、学习，花样复杂的窗帘会分散人的注意力，且与书房应有的典雅、明净、高雅、脱俗的气氛不相宜，应以素雅为佳。

▲ 书房的主要功能是读书、学习，花样复杂的窗帘会分散人的注意力。

### 忌028 书房悬挂的字画忌太多

悬挂在书房的字画不宜太多，一两幅较为适宜，悬挂的挂画应该与书房的氛围一致，比如雅致的书法和文人画作。狂草的字幅、灰暗萧瑟或颜色鲜艳的画作，这些都会使人心情烦躁，产生或亢奋或消沉的结果，不利于人在书房学习、工作。

### 忌029 书房忌用毛玻璃幕墙

书房最好不要用毛玻璃幕墙，因为毛玻璃不仅寒气太重，而且会令人视觉模糊，使人昏沉欲睡。

天花板颜色的选择应考虑室内的照明效果，一般用白色，以便通过反光使四壁明亮。门窗的色彩要在室内整体色彩的基础上稍加突出，让其成为室内的亮点。总而言之，各种色调不可过多，以恰到好处为原则。

### 忌030 书房忌使用粉红色调

粉红色是红与白混合的色彩，明朗亮丽，孤独症患者、精神压抑者不妨经常接触粉红色。但书房是让人看书、思考问题的特殊场所，粉红色的优点在书房就成了缺点，这是因为粉红色会使人的肾上腺激素分泌减少，从而使人产生脑神经衰弱、惶恐、不安、易发脾气等症状。

### 忌031 书房忌安插多种电器

书房忌安插多种电器，因为电器都有自己的磁场，这些磁场会对人体内的磁场产生一定的干扰，引起头痛、心神不宁。

▲ 书房忌安插多种电器，因为电器都有自己的磁场，这些磁场对人体不利。

大师全解居家设计的宜忌法则 全面公开趋吉避凶的布局秘诀

## 忌032 忌打扰他人办公

很少有两个人会同时被同一种音乐感动，并从中获得灵感。如果你在有音乐的情况下工作得更好，不妨戴上耳机，这样你的工作伴侣就会因你的选择而不受影响。在共享一个办公室时，最难以面对的情况就是对方电话中的交谈声不断地对你造成干扰。如果可能的话，起身到屋外继续打你的电话。如果你实在走不开，转动椅子不直接面对你的工作伴侣。对着墙打电话能在一定程度上将声音削弱，不至于干扰对方集中精神工作。

## 忌033 书房照明忌刺眼或昏暗

书房作为主人读书写字的场所，对于照明和采光的要求很高，因为人眼在过强或弱的光线中工作，对视力影响都很大。书房照明主要以满足阅读、写作和学习之用为主，应以明亮、均匀、自然、柔和为原则，不加任何色彩可以减少疲劳。看书的时候，灯光太刺眼或太昏暗都会对眼睛造成伤害。落地大灯要避免直照后脑勺，台灯要光线均匀地照射在读书写字的地方。由于日光灯明亮、价格便宜、用电节省，因此办公室内多半使用日光灯照明，但日光灯有肉眼看不见的闪烁，会造成慢性视力损伤，所以最好多盏日光灯同时使用，以减少对眼睛的伤害。

## 忌034 书房植物忌枯萎、凋谢

在书房放置植物或鲜花，能营造轻松的学习和工作氛围。如果插花枯萎或凋谢，就要及时清理。在盛水的花瓶中插上花也可，但是要保持花的新鲜度，枯萎就要立即换掉。植物最好是圆形的阔叶常绿植物，比如海芋、富贵竹、黄金葛等。

▲ 书房照明主要以满足阅读、写作和学习之用为主，应以明亮、均匀、自然、柔和为原则，不加任何色彩可以减少疲劳。

▲ 在书房放置植物或鲜花，能营造轻松的学习和工作氛围。

## 忌035 书房忌过于"红火"

有一位男士的书房完全是西洋风格，简单而平实。在布置的格局上应该说是无可挑剔的，其装潢的材料以木质为主，颜色则呈现明显的红色。从心理学的角度考虑，红色是令人兴奋的，在一个不大的空间过多地采用红色，会使人在躁动的同时感到压抑，不适宜作为办公环境。

## 忌036 学生书房的装饰忌古板

学生书房装饰不宜古板，要符合年轻人的特点。书柜可以做成楼梯形，取民间"脚踏楼梯步步高"之意。儿童书房不可摆置高大的书柜，更不宜让书柜闲置，可设计成书柜和衣橱两用款式，这样既可合理利用空间，又不会因为儿童用书少而显得室内空泛。儿童书房可以张贴一些富有生气的动物图画，但不宜有老虎、狮子、豹子等猛兽的图案，否则会给孩子带来精神压力。

## 忌037 书房内忌放电视

书房环境要幽雅清静，使人能心无旁骛地在里面专心修习。不要放置电视、音响之类的东西。

## 忌038 办公文件忌不做整理

在任何家庭办公事业中，处理文件都是至关重要的一环，越是高效处理好家庭办公室的文件，工作才会越有效率。可以规定每周的某一天清理文件，或许周一是你清理文件的日子，或许是周五。但无论你如何抉择，在选定做清理的那一天至少拿出一个小时来整理你的收件箱，将一周以来的文件分类存放，为接下来的一周准备好发票和其他所需的文件。

# 第八章

# 厨房设计宜忌

「民以食为天」，饮食是健康的「脉搏」，而厨房则是居家的「心脏」。饮食是健康的「脉搏」，而厨房里创作美食的同时也传达爱意。厨房是如此重要，它关系着一家大小的食禄、财帛及健康状况，也牵系着全家上下的感情。美味健康的食品需要新鲜的材料、精细的做工、整洁明亮的环境，这就要求对厨房加以认真、细致的设计。

# 厨房设计之宜

厨房作为居室极其重要的部分，掌控着人的胃肠，关系到家人健康。因此，应该注重其方位格局与装饰布置是否合适。作为烹饪的地方，厨房既用"火"又用"水"，其水火关系要处理好。厨房的厨具的设置与摆放，其饰物的布置，照明和色彩的选用宜符合传统的堪舆之道。

### 宜001 厨房宜设在东方或东南方

厨房位于东方或东南方是大吉。因为东方是日出的方向，能给厨房制造出一种温馨的感觉。传统五行观点认为，厨房本是烟火之地，属火；东为八卦的震卦，震属木；东南为八卦的巽卦，巽也属木，木火相生，寓意为有利家人健康和财运。

▲位于东方或东南方的厨房属大吉，厨房位于东方，能够制造出一种温馨的感觉。

### 宜002 厨房宜设在住宅后方

厨房宜设在住宅的后半部，不可设在住宅的最前方。因为厨房是烹调食物的地方，会产生一定的油烟和热气，如果一进门就是厨房，不但不方便日常生活，也不卫生。

### 宜003 厨房宜四方规正

不规则的屋子不仅不可用来做客厅、卧房，也不可用来做厨房。古人认为，厨房是为一家人加工食物的地方，是家人补充营养和精气的关键之所，所以厨房尤其要注意聚风蓄气，需要四方规正。不规则的房屋如用来做厨房，会影响家人健康。

### 宜004 厨房宜与餐厅相邻

厨房的位置和餐厅相邻是最理想的选择，这样方便家人的日常生活。餐厅和厨房的位置如果距离过远，不方便生活，饭菜会因为距离过远而变凉。

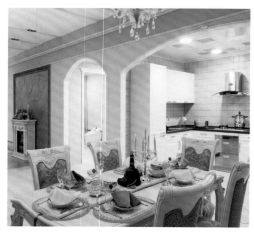

▲厨房的位置和餐厅的位置相邻可以方便家人的日常生活。

## 宜005 厨房门的开度宜适中

厨房门的开度是住宅装修重要的一环。厨房门的开度是指门口完成之后的最窄距离，也就是门框完成后的最窄距离。许多门口的净宽是0.7米～0.8米，这种净宽度最不宜用在厨房门上，必须设法调整。如果有条件，可以考虑将厨房门加宽到0.8米～0.9米，厨房门的最佳高度为1.98米。

## 宜006 厨房门宜远离卧房门

在设计厨房和卧房的门时，要尽量使两者的距离远一些，特别是不宜两门相对。如果厨房和卧房之间只有一条走廊之隔，且厨房门和卧室的门又相对，厨房的污秽之气以及厨房所产生的高温热量就会不断地冲到卧房，对人的身体造成伤害。

▲厨房门远离卧房门的话就会使厨房的污秽之气远离卧房，这样会有利于人的睡眠和健康。

## 宜007 厨房的天花板宜选择平板型

厨房的天花板装饰宜选择平板型，这里面有两个原因。一是平板型天花板在颜色上有可挑选的余地，居者可以用特别的颜色来装饰自己的厨房，给自己一个好心情；二最重要的是这种天花板好清洁。厨房总难免会产生很多油烟，就算你做饭的次数再少，一两年之后也会发现厨房天花板的颜色明显暗淡了不少。做清洁的时候，天花板是一项很重要的工程，因为几乎有70%～80%的油烟会在天花板上。

## 宜008 厨房内宜光线充足

厨房内光线充足寓意着家中财气充足，光线不足则不利家人运气。厨房内应该开个窗户让阳光进入，阳光就是希望，开个窗户的话，能保证厨房的采光。

▲厨房开有窗户可保证充沛的采光。

## 宜009 厨房排风口宜设在高位

厨房的排风口应该设在高位，让空气从低位风口进入，再从高位排风口排出，使得空气能够得到充分的置换，符合气压流动规律，科学合理。

## 宜010 厨房装修材料宜易清洁

厨房宜用瓷砖、铝塑板、不锈钢板等材料来装修。因为厨房油烟甚大，尤其是中国人喜欢用煎、炒等烹饪方式，厨房的油烟污渍相当厉害，所以四面的墙壁宜铺设光滑的瓷砖、铝塑板、不锈钢板等，主要是因为这样较易抹除油烟污渍，能够保持清洁卫生。目前市场上瓷砖花色众多，要选择易清洁、好保养的种类作为厨房墙面较常使用的材料，这种材料不怕酸碱的侵蚀，平时只要用清水洗涤擦干即可，唯有瓷砖需注意其沟缝里容易遗留污垢。

▲厨房的油烟污渍很重，所以四面的墙壁要铺设光滑的瓷砖、铝塑板、不锈钢板等材料，这样容易清洁，好保养。

## 宜011 厨房格局设计宜方便使用

厨房的空间有限，灶台的位置、水池及橱柜、煤气的摆放等都需要统筹安排。厨房内部格局设计应按流程的顺序排列，充分考虑厨房的洗刷、料理、烹饪、储藏物品这四大基本功能。注意操作台的宽度、高度以及吊柜的进深、高度等因素，以保证家人在厨房中操作、活动的方便性。

## 宜012 厨房宜铺设防滑地砖

厨房地面宜铺设防滑地砖或抗渗透性好的石材，这些石材既安全又耐用，又容易清洗，同时也暗示着好的家运。厨房多水，还有油渍，如果不用防滑、抗渗透性好的地砖，就很容易使人滑倒，存在安全的隐患。

▲抗渗透性好的防滑地砖既安全又耐用，且容易清洗，同时也暗示着好的家运，适用于多水的厨房。

## 宜013 厨房宜依照"黄金三角"摆设

厨房内有一个"黄金三角":第一角是灶台。灶作为烹调饮食的地方,也就是人的养命之源,它的设置摆放当然是最重要的。其次是水池。无水不可烹饪食物,无水也不能洗碗锅,所以水池为第二重要。第三则是冰箱,冰箱是储藏食物之地,也就是仓库。而这个"黄金三角"按三角摆放为最佳:冰箱置于三角形的角顶,左为灶台,右为水池。这样一来,冰箱将灶台与水池分割开来了,使水火互不相扰,各安其位,各尽其职。

## 宜014 炉灶宜有依靠

炉灶也是需要有靠山的,这靠山便是墙壁。墙壁可以挡住四面吹来的风,同时也可避免烹饪时产生的油渍溅出而影响居室卫生。

▲炉灶有墙壁做靠山可以挡住四面吹来的风,同时也可避免烹饪时产生的油渍溅出而影响居室卫生。

## 宜015 灶台宜设在藏风纳气处

灶台应安在藏风纳气处,这样的住宅寓意着兴旺长久,钱财越积越多。且藏风纳气之处可以避免四面吹来的风影响火的燃烧,这样有利于提高烹饪的质量。

## 宜016 宜慎重选择厨具

厨具不仅要有耐用性,而且厨具的造型、色彩的选用也应慎重考虑。厨具的表层材料应有良好的抗油渍、油烟的能力和易清洁的特性,并且要保持厨具长时间表面洁净,让人使用时感觉舒适。

## 宜017 现代厨房宜安装欧式橱柜

为了保持厨房的整齐和清洁,最好使用欧式橱柜,因为它们能把厨房的杂物分门别类地放好。为保证烹饪时候愉快、轻松的心情,橱柜的颜色最好使用浅色或冷色调。

▲欧式橱柜能把厨房的杂物分门别类地放好,为保持厨房的整齐和清洁,最好使用欧式橱柜。

### 宜018 灶台的尺寸宜适中

现代的灶台包括灶具、水盆和操作台三部分，基本都在同一水平高度。灶台的高度与宽度应以人体工程学原理为依据，过高或过宽都不适宜。灶台的高度应在86～100厘米之间，而宽度应在47～62厘米之间。这里所说的高度与宽度都是灶台的完成面，也就是完成之后的净高度和净宽度。灶台的高度要从贴完地面砖的零高度起算，直到灶台水平面。其宽度也是台面的直径最宽距离。如果台面外边是弧形，其最宽直径不应超过62厘米，然后自然弯曲过渡到最窄距离，其最窄距离直径不应低于47厘米。

### 宜019 厨房设计宜考虑孩子的安全

孩子是许多家庭的重心，在布置厨房的时候要考虑到对孩子的安全防护。厨房里有很多地方要考虑到防止孩子发生危险，如在炉台上设置必要的护栏，防止锅碗滑落；各种洗涤制品应放在矮柜下（洗涤池）专门的柜子里；尖刀等器具应摆在有安全开启开关的抽屉里。

### 宜020 厨房器皿宜干净、整齐

厨房器皿要清洗干净、摆放有序。烹调及用餐完毕之后应该将各种器皿清洗干净，然后放入橱柜，分门别类地摆放好。因为厨房整洁、厨具餐具藏好并放置整齐会给人舒服的感觉，家人在做饭做菜的时候就会有一种好心情，这自然会提高饭菜的质量。而干净的器皿也保证了饮食卫生。

### 宜021 厨房灶君宜安放在吉位

中国很多人都认为厨房必须要供奉灶君。其实，厨房未必一定要供奉灶君，一些没有宗教信仰的人不见得就会导致灾祸。传统的风水学认为，如果供奉灶君，就必须将其放置在吉位上。

### 宜022 厨房宜设置纱门

夏季，厨房宜设置纱门，以避免苍蝇飞入。盛饭菜的橱柜也要加纱网。

### 宜023 厨房宜安装抽油烟机

厨房是烹饪美食之所，而中国式的烹饪方式会产生很多油烟，浓浓的油烟既会熏黑墙壁天花，影响家居环境，同时还会污染家中各种电器，更重要的是，受油烟污染的空气会严重威胁到人体的健康。所以厨房都必须安装抽油烟机，以便将烹饪时产生的油烟排出到室外。

▲厨房会产生很多油烟，为保持居家的清洁卫生，保护各种家具，厨房宜安装油烟机，以便将烹饪时产生的油烟排出到室外。

## 宜024 宜正确使用抽油烟机

抽油烟机的正确使用方法是，只要烹饪一开始就应打开，不论是煎、炒，还是煮、蒸、炖。即使烹饪结束了也不要立刻关掉抽油烟机，应该再让它运行五六分钟，以便将厨房内残留的有害气体完全排出到室外。

## 宜025 宜经常清洗抽油烟机

抽油烟机要注意经常清洗，否则会影响其抽油烟和排气的效果。平时在家里可以用一些简单的方法对其进行清洁，每半年左右应该请专业人士将其拆开清洗。

## 宜026 厨房宜讲究卫生

厨房是烹饪食物的地方，关系到家庭中每个成员的身体健康，一定要注意清洁卫生。厨房设备应整洁、干净、易清洗，并具有抗污染能力，这样才可以防止食物和原材料被污染。

## 宜027 厨房宜采用日光灯照明

为了提高厨房照明度，可以根据不同用途设置多种灯具，但总体上来说，厨房最好采用日光灯照明，特别是吊顶灯和工作台上面宜用日光灯。日光灯既明亮又省电，是厨房照明的首选。

## 宜028 厨房灯具宜远离炉灶

厨房灯具安置宜远离炉灶，不要让煤气、水蒸气直接熏染。一方面因为炉灶产生的高温热量容易损害灯具，另一方面，煤气、水蒸气直接熏染灯具会影响其照明效果。

## 宜029 厨房宜陈设中国瓷器等饰品

在厨房陈列中国瓷器、玻璃器皿、盆子、盘子等一些美丽的装饰品，寓意着可为家人带来好运。

▲厨房讲究卫生可以防止食物和原材料被污染，保证家庭里每个成员的身体健康。

▲中国的瓷器、玻璃器皿等装饰物美观大方，可将它们摆放在厨房适当的位置。

大师全解居家设计的宜忌法则 全面公开趋吉避凶的布局秘诀

208

## 宜030 宜根据空间布置厨房的色调

厨房的色调宜根据其空间的大小来布置。一般来说，空间大的厨房不可选择明亮、纯度低的色调，这种用色会使厨房更具空旷感；而空间较小的厨房又不可选择色彩鲜明的色调，因为这会使本来狭小的空间变得更加局促，从而给人压抑窒息之感。

▲厨房色调的选择宜根据其空间的大小来决定，宜选择与其空间协调一致的色彩。

## 宜031 垃圾桶宜方便、隐蔽

厨房里垃圾量较大，气味也大，垃圾桶应放在方便倾倒又隐蔽的地方，比如可在洗漱池下的矮柜上设一个垃圾桶或可推拉式的垃圾抽屉。如果后阳台或屋外有空间，可将垃圾桶移到屋外；如果没有，记得将垃圾桶加盖。造型优雅的垃圾桶为首选。

## 宜032 厨房宜用白色和绿色

白色与绿色是代表洁净与希望的颜色，用于厨房能为阴气潮湿的环境增添许多生气，令烹饪者在烹饪时心情舒畅、愉快。最好的做法是将两种颜色结合使用，白色为主、绿色为辅是最合理的搭配。

▲白色为主、绿色为辅是厨房最合理的色调搭配，白色代表洁净，绿色代表希望，这样的色调会给烹饪者带来舒畅、愉快的心情。

## 宜033 厨房宜摆放色彩丰富的植物

一些家庭成员每天需要花很多时间在厨房，所以厨房适宜摆放一些风水植物来增添生气。一般厨房多采用白色或淡色装潢，而色彩丰富的植物不仅可以带来色彩变化，同时还能柔化硬朗的线条，为厨房注入一股生气。

# 厨房设计之忌

　　厨房是人间烟火的代表，是传递亲情友情、酝酿爱情的处所。因此，构建良好的厨房环境除了了解其有利的格局与装饰之外，还要清楚厨房在布局和装饰上的许多禁忌。比如厨房切忌完全封闭，切忌设置在屋子中央，忌与卫生间相邻等。

## 忌001 厨房忌设在住宅中央

　　厨房设置在住宅的中心位置。如果厨房设在住宅的中心位置，烹饪时所产生的大量油烟就会难以散去，另外油烟散发到客厅或卧房中，整个屋子就会充溢着一股浓浓的油烟味，影响家人健康。

## 忌002 厨房忌设在南方

　　古人认为，厨房忌设在南方，因为南方属火，厨房也属火，火上加火，对居家不利。其实，南风会令烹饪的烟气弥漫到整个房间。

## 忌003 厨房忌设在北方、东北方等

　　传统的风水学认为，厨房不能设置在北方，也不能设在有"鬼门关"之称的东北方和西南方向。我们一般适宜遵守这些传统禁忌，以获得良好的心情。

## 忌004 厨房形状忌不规则

　　厨房的形状要方正，不能用不规则的房子做厨房，特别不能将厨房设计成三角形。因为不规则的厨房、多边角的形状会令人心绪不佳，影响人的身体健康，且操作不方便。

▲南风会令烹饪的烟气弥漫到整个房间，故厨房不宜设在南方。

▲厨房不宜设计得不规则，不规则的厨房形状让人操作不便。

### 忌005 厨房忌与浴厕相连

厨房是一家做饭的地方，卫生间是家人排泄秽物之所，厨房紧邻卫生间的话，卫生间的秽气很容易混入厨房，再高明的厨师做出的食物也不好吃，这样会败坏家人的胃口，影响家人的心情和健康。

### 忌006 厨房忌与卧房相邻

卧房是睡觉休息的私密空间，环境比较安静，不宜有污秽之气。而厨房因为白天烹饪食物往往会留下污秽之气和烧菜时的油烟味，若与卧房相邻，这些气会严重影响卧房的环境和人的睡眠质量，从而对人的身体健康造成损害。厨房也不可设在两个卧房之间，若犯此忌，同样对居住在两边卧房中的人不利。

▲厨房如果与卧房相邻，厨房里的秽气会影响卧房的环境和人的睡眠质量，从而对人的身体健康造成损害。

### 忌007 厨房忌设在卧室的楼上楼下

厨房因下水不洁，空气燥热、多油烟及污物，易招虫蚁。从中医的角度看，卧室挨近厨房都会使人虚火旺，造成人脾气不佳或神经过敏、紧张不安，身体多病痛。就现代厨房而言，厨房是动水、动火、动气、动电之管道所在，不平静多危险，所以厨房不可设在卧室的楼上楼下。

### 忌008 厨房门忌与灶口相对

灶是烹制食物时用来加热的设备，而厨房的门会有风进入，从家居安全角度来说，如果厨房门正对灶口的话，会有大量的风吹向炉灶，现在大部分家庭都使用煤气作燃料，如果火被风吹熄，便会有漏气的危险。同时，如果炉灶的火受到风吹，也会影响火力，进而影响饭菜的质量。

▲厨房门正对着灶口，会使大量的风吹向炉灶，炉火就很容易被吹熄，有露气的危险，另一方面火力受到影响也会使饭菜质量受到影响。

## 忌009 厨房忌设在神桌背后

对有宗教信仰的人来说，厨房若设置在神桌背后，将会导致神明犹如坐在火炉上烤，这样神明就会坐不稳，建议在神桌和厨房间再隔出一道空间来化解，或是另觅他处安置神桌。

## 忌010 忌敞开式厨房

有些家庭为了营造某种时尚气氛而将厨房做成敞开式。厨房最好不要做成敞开式。因为这种敞开式厨房会带来两个问题：一是墙体的拆除会导致居室的不稳固，容易造成安全隐患。二是室内空气易受污染。因为中国饮食以烹调为主，油烟味比较大，厨房敞开后很容易使油烟飘入客厅及室内，慢慢污染家中的彩电、冰箱等电器，形成污染源，即使使用排风扇强制排风，也不能完全排除这种隐患。

▲厨房不宜设计成敞开式，敞开式厨房一方面可能导致居室不稳固，另一方面容易使室内空气受到污染。

## 忌011 厨卫忌同门出入

有些住宅因为面积较小，便将厨房与厕所用一扇门进出，无论是先经厨房到厕所，还是先经厕所到厨房都不妥当。因为厨房是烹饪食物的空间，而厕所是排污之处，这样的格局，会把厕所里的秽气携带进厨房。

## 忌012 厨房忌封闭

厨房至少要有一面要对着空旷处（如：阳台、天井、后院等），或开一扇窗，切忌封闭。因为"闷罐"式厨房，会影响卫生。

## 忌013 厨房门忌正对客厅

厨房门不宜正对客厅。如果厨房门正对客厅，居住者受厨房的油烟熏冲易导致头晕脑胀，脾气暴躁。

▲厨房门正对客厅，厨房内的油烟就会冲到客厅中，使居室内的家具容易受到污染，而居住者也会因为受油烟熏冲易导致头晕脑胀，脾气暴躁。

### 忌014 厨房忌缺少进风口

强排风的装置（抽油烟机）是中式厨房中必不可少的，但是，大家经常忽略进风口。在空气流动力学中，空气被强制排出时，必须设置相应的进风口，否则就会导致空气供求不平衡。

▲用于烹饪的厨房空气较为污浊，没有进风口，就不能使室内外的空气良好地流通交换，不利于卫生与安全。

### 忌015 厨房忌用不耐水材料

厨房是个潮湿且易积水的场所，所以表面装饰用材都应选择防水耐水性能优良的材料。地面、操作台面的材料应不漏水、不渗水；墙面、顶棚材料应耐水、并可用水擦洗。

### 忌016 厨房忌用易燃的装修材料

厨房是居室中唯一使用明火的地方，因此厨房设备的材料要求格外讲究，因为它决定着厨房甚至整个家庭的安全。如果厨房用易燃材料装修，很容易引起火灾，给居家安全带来威胁。厨具也应全部选用由防燃和不燃材质做成的。

### 忌017 厨房的装饰材料忌色彩清淡

厨房的特殊功能决定厨房装饰材料的色彩不宜过于清淡，要选用易于清洁的颜色。厨房的墙面装饰主要是通过厨房的基本设施来体现的，装饰要服务于这些基本设施的功能需要。

### 忌018 厨房地面忌高于其他地面

厨房的地面不能高于其他房间的地面，否则溢出去的水就很难流回来。这样会破坏其他居室的卫生，而水带来的潮湿环境也会使家人的健康受到影响。若厨房的地面高于其他房间的地面，要在厨房的门上加一道门槛。

### 忌019 厨房忌使用马赛克铺地

马赛克（又名锦砖、花窗玻璃，是一种用小瓷砖、小陶片拼成的装饰图案）耐水防滑，是以往厨房里使用较多的铺地材料，但是马赛克面积小、缝隙多、易藏污垢，且又不易清洁，使用久了还容易产生局部块面脱落，难以修补，因此厨房里最好还是不要使用马赛克铺地。

### 忌020 厨房地砖接口忌过大

地板适用防滑及厚材质的地砖，但忌接口过大，否则容易积藏污垢，不方便打扫。

## 忌021 厨房忌用镂空型天花板

如果装修厨房时你选择了镂空花型天花板，那就等于无法清洁了，因为油烟都会渗入到镂空花里，很难清洗。平板型天花板就不存在这个问题，它可以用布擦或用刷子刷。不少清洗过厨房天花板的人都有这种感觉：平板型天花板在同质材料中同时段的清洗效果比镂空型天花板要好得多。

▲厨房采用镂空花型天花板，容易使油烟渗入到镂空花里，这样很难清洁。

## 忌022 厨房忌过小

厨房不要过小。国内大部分家庭对厨房不够重视，分配给厨房的面积和区域往往过小，有的甚至将厨房安排在阳台上。饮食和睡眠是滋养我们身体的重要因素，厨房是食物加工储藏的场所，这个部分设施太弱或过于简陋，那么我们身体所得到的补充和给养也就少，久而久之必定产生不良的影响。

## 忌023 厨房忌设在浴厕下方

厨房若位于上一层楼的厕所下方，做饭时听到楼上厕所的冲水声，会破坏一家人用餐的心情，很不吉利。因为厨房灶台是烹饪食物的地方，而厕所是承受污秽的地方，不宜上下相对。

## 忌024 炉灶忌安放在西方

日落西方，暮气沉沉，煮食时炉灶吸纳了这些暮气便不吉利。另外，炉灶受西斜的太阳照射，容易变坏。吃下坏了的炉灶所煮的食物，便正如俗语所谓的"病从口入"了。

## 忌025 炉灶忌设在厨房中央

灶台不宜独立设在厨房中央，一方面炉灶设在中央显得无依无靠，操作不便，另一方面厨房中心位置火气过旺，不利于安全。

▲炉灶设在厨房中央无依无靠，操作不便，另一方面厨房中心位置火气过旺，不利于安全。

大师全解居家设计的宜忌法则
全面公开趋吉避凶的布局秘诀

214

## 忌026 炉灶忌靠近卧房的床

炉灶会产生大量的热量，尤其是在夏天做饭的时候，可以说，厨房就是一个高温热源，靠近厨房的区域热量很高。所以炉灶不宜靠近卧房的床，否则不利居住者的健康。

## 忌027 炉灶忌靠近窗户

如果炉灶离窗户太近，风会从窗户吹进厨房进而影响到火势，且容易带来安全隐患。因此要尽量避免炉灶靠近窗户。

▲炉灶离窗户太近会使窗户进来的风影响到火势，从而带来安全隐患。

## 忌028 炉灶忌受到斜阳照射

斜阳长期照耀着炉灶会使其容易损坏。所以炉灶应远离窗口，尤其不能靠近西斜的窗口。若西斜的阳光能透过窗子射到炉灶上，那就要把窗户封掉一部分，直至西斜的阳光不能照射在炉灶上为止。

## 忌029 炉灶忌安在水道上

炉灶忌安在水道上。这是因为传统的风水学认为，炉灶属火，而水道乃排水之物，水火不容，故此两者不宜接近。其实这样造成安全隐患。

## 忌030 住宅大门忌见灶

书曰："阳宅三要：门、房、灶"。炉灶是居家生活重心之一，乃家庭生活隐秘所在，而料理的食物在过去还是贫富的象征。炉灶可谓财禄之库藏，无需在客人面前全部坦然公开，故忌由大门直接看见。

## 忌031 炉灶忌与"水"对冲

水槽所产生的水气，与炉灶的火气是相冲的。所以炉灶不可与水槽或冰箱对冲。正所谓"水火不相容"，水多会对煮食的炉灶有所冲克，间接地影响全家人的食欲。其实这个说法的原理是很简单的：生火的地方水气太重会产生潮气，潮气又会影响火的燃烧，从而影响烹调出的食物口味。

## 忌032 炉灶忌悬空

由于使用空间不足，常有人将炉灶置于外飘窗窗台或防盗网上，灶成悬空状，风水上称其为"无根灶"，是大忌。古人认为最好能使炉灶"落地"，认为这样善得地气。从现代的角度来说，"无根灶"存在许多安全隐患，家居不宜安置。

### 忌033 灶井忌相邻

厨房会有污水排出，倘若水井和炉灶相邻，厨房排出的污水就会渗入到水井中，这样水质就会受到污染，人体健康就会受到威胁。

### 忌034 炉灶忌漏气

如果炉灶损坏后漏煤气，就会出现危险，伤及家人。所以，炉灶一定要定期检查、检修，防患于未然。另外，厨房是一个"水火交融"的地方，若厨房家具出现故障或者损坏，一定要及时处理，否则会影响家人的运气。

### 忌035 炉灶背后忌空旷

炉灶背后应靠墙，不宜空旷。倘若背后无遮挡，则火势及油烟均不易控制，也不安全。

▲ 炉灶背后空旷无遮挡，不利于控制油烟和火势，不利于安全。

### 忌036 炉灶上方忌有横梁

灶上有横梁压顶，易对人的心理带来不利影响。因此厨房装修时，切忌横梁压灶。

### 忌037 炉灶上忌晾衣服

千万不要将衣服晾在炉灶上，这是传统的风水学上的大忌。另外更不可将内衣裤披在热的锅盖上烘干，否则易惹上火灾。

### 忌038 炉灶忌用黑、红二色

在选择煮食炉或在建造灶座时，有些颜色是不宜采用的特别是红色和黑色。炉灶五行中属火，用红色不宜，因为红色也属火；另从色彩心理学上分析，红色容易使人脾气暴躁。而黑色则会使本就阴暗的厨房显得更加压抑，且让人不易察觉卫生死角。所以在选购炉灶或是设灶时，最好避免使用这两种颜色。

### 忌039 煤气炉忌设于阳台

在现代家居中许多人将煤气炉摆于阳台上，这既不合乎风水之道，也不安全。阳台的承重量是有限度的，阳台重物过多很容易引起坍塌事故的发生。一定要避免将煤气炉设在阳台上。

### 忌040 煤气炉忌对着阳台

煤气炉不可对着阳台。阳台本是采纳阳光的地方，热量很高，如果煤气炉对着阳台，家庭火气就会很旺盛，家人受到影响往往会虚火上升，导致人体内新陈代谢速度减缓，从而影响到身体健康。

## 忌041 抽油烟机忌噪音过大

在选用抽油烟机时，要注意选用隐藏式、低噪音的。过大的噪音不但影响人的心情，而且容易损坏机器本身。抽油烟机在沾染上油脂、灰尘后也会发出噪音，所以要注意经常清洁。

## 忌042 厨房墙上忌挂电子钟

厨房墙上忌挂电子钟，尤其是猫头鹰或其他带有恐怖意味的鸟兽造型，因为猫头鹰等这种恐怖造型的时钟，不利于孩子的健康成长。

## 忌043 厨房忌只用抽油烟机排气

厨房的抽油烟机如果持续使用太长时间，其工作效率就会受到影响。所以厨房最好采用以抽油烟机为主、换气扇为辅的排烟、排味、通风换气的方式。中国菜烹饪时会产生较多的油烟，所以在炉灶之上应该安装抽油烟机。同时，在棚顶或窗上安装换气扇，协助换气，以便把油烟尽快抽到窗外，保持厨房的清洁。

## 忌044 厨房的墙面装饰忌过多

厨房的墙面装饰不宜过多。厨房的装饰性主要是通过厨房的基本设施来体现，装饰性也要服务于这些基本设施功能的需要。一些基本炊具的合理摆放、挂置，同时也是装饰厨房墙面的因素，也能达到较好的装饰效果。

## 忌045 冰箱忌放置在南方

从生活角度来说，南方接受阳光照射的时间比较多，温度也相对较高，而冰箱是制冷电器，要尽量避免高温，所以最好不要将冰箱放置在南方。

## 忌046 冰箱门忌正对灶口

现代住宅常见的问题之一是因居家空间不足，而导致冰箱门正对灶口。在这种情况下冰箱会容易受油烟所污，导致其内食品受污染、变质，而其外则受油烟熏燎，易脏，冰箱的使用寿命也会因此大大缩短。

▲放置在厨房的冰箱门正对灶口会使冰箱易受油烟所污，其内的食品也容易受污染变质。

## 忌047 冰箱忌靠近灶台、洗菜池

冰箱是厨房中不可或缺的一部分，但它的位置不宜靠近灶台，也不宜靠近洗菜池。因为灶台经常产生热量，会影响冰箱内的温度，而洗菜池中溅出来的水则可能会导致冰箱漏电。

## 忌048 洗衣机忌放置在厨房中

有些人在布置卫生间时把在卫生间中放不下的洗衣机移到厨房，平时为了方便，便在厨房洗涤衣服，这样会对食物造成污染。如果实在无法将其放在厨房以外的地方，那在洗涤衣物时，宜把洗衣机挪到厨房外使用。

▲厨房放置洗衣机是非常忌讳的，这样会对食物造成污染。

## 忌049 冰箱忌放于阳台上

会给日常生活带来诸多不便，甚至可能导致危险的发生。

## 忌050 厨房内忌放置餐桌

一些家庭喜欢将餐桌放在厨房里，这边烧好菜，那边就用餐，非常方便，避免了过长的食物运送过程。但这是不适宜的。因为厨房的空气不佳，不利饮食。且炉灶属火，经常燃烧，温度很高，人身处其中会受到不良影响。

## 忌051 空调忌直对灶火

厨房的炉灶是全家人填饱肚子的炊具，若空调直接对灶火，会让灶火不旺，间接地破坏烹饪中食物的能量，进而影响居住者的身体健康。

## 忌052 厨房橱柜忌摆得太多

有些人唯恐厨房的存储空间不够，喜欢选择柜体较多的橱柜。但橱柜的选择不是多多益善，而应该是合理有效。过多的橱柜不但占去了活动区域，还会使厨房显得沉重、压抑，并会造成光照死角。

## 忌053 餐具忌暴露在外

厨房里锅、碗、瓢、盆等物品既多又杂，如果暴露在外，易沾油污又难清洗。因此，厨房里的家具应尽量采用封闭的形式，将各种用具、物品分门别类储藏于柜内，既卫生又整齐。

▲暴露在外的餐具，易沾油污且难以清洗，应将其分门别类储藏于柜内，这样既卫生又整齐。

218

## 忌054 厨房刀具忌悬挂在墙上

厨房中的各种菜刀或水果刀不应悬挂在墙上，或插在刀架上，应该放入抽屉收好。特别是对于有小孩的家庭，菜刀外露不安全。

## 忌055 锅与铲用过后忌放在一起

锅和铲使用后不宜放在一起，这两种用具平时用来炒菜吱吱喳喳响个不停，如果用过后不清洗或是清洗后放在一起，会在偶然的时候发生声音，影响人休息，最好分开放。

## 忌056 厨房忌放置过多杂物

厨房宜布置得整齐清洁，不宜摆放过多杂物。厨房摆放的杂物过多会导致空间狭窄、昏暗、阴湿等。这样的环境最易滋生蚊虫鼠蚁，对全家人的健康造成很大的威胁。同时，厨房的卫生环境若不理想，还会影响人在炒菜煮饭时的情绪与心情，这样做出来的食物，色、香、味都会大打折扣，当然也会影响全家人的食欲和健康。

## 忌057 厨房忌有卫生死角

厨房是最容易堆积灰尘、污垢和滋生细菌的地方。在设计厨房时，应尽可能采用封闭式柜体，如吊橱封到顶、煤气柜、水池下部也最好落地封实。这样不但节省了材料，最重要的是减少了可能出现的卫生死角。在打扫厨房时一定要将一些边角位置都清理干净，避免出现卫生死角。

## 忌058 刀和砧板用过后忌放在一起

用刀切东西，一刀一刀都斩在砧板上，这两者用过后也应分开放，不要"砰"一声就把刀插在砧板上，这样会产生安全隐患。

## 忌059 厨房内忌晾衣服

厨房内不宜晾晒衣服。厨房总会有一些油烟味，衣服晾在其中自然就会沾上油烟的味道，穿在身上就会对人本身的气场造成一定的不良影响，使运气阻滞，不利健康。

## 忌060 厨房忌摆放娇弱的植物

娇弱的植物不适宜摆放在厨房。这是因为厨房的门开开关关，加上厨房到处都是散发高热的炉子、烤箱、冰箱等家用电器，很容易导致植物干枯。

▲娇弱的植物放置在厨房中，厨房内的油烟及火气容易使其干枯及受到污染。

# 第九章

# 餐厅与吧台设计宜忌

餐厅是人补充能量之所，与户主关系密切。餐厅除了追求自然、高雅、朴实、个性之外，更讲究各种宜忌。相同的餐厅不同的布局会产生不同的效果。

吧台是现代时尚家居中供家人品酒休闲或朋友之间倾心交谈的处所，吧台的功能主要体现在『休闲』两字上，其设计与装饰可体现主人的气度涵养和生活品质。

# 餐厅设计之宜

布局成功、装饰得当的餐厅使人在进餐的时候精神松弛舒泰、心情愉悦，从而能尽情享受人间美食，还有益于用餐者沟通交流，促进家庭成员之间的和谐相处。因此，餐厅在选择方位、设计布局、安放家具、装饰美化的时候要讲究科学合理。

## 宜001 餐厅宜位于住宅中心

餐厅宜位于住宅的中心位置。餐厅位于住宅中心，不仅方便家人的日常生活，从传统的风水角度来讲更有利于家庭团结。但是需要注意的是餐厅不可直对着住宅的前门或后门。

▲位于住宅中心的餐厅可方便家人的日常生活，从传统的风水角度来讲也有利于家庭团结。

## 宜002 餐厅宜与厨房相邻

餐厅和厨房的位置最好相邻，一出厨房就是餐厅更佳，因为餐厅设在厨房旁边方便就餐，能够保证饭菜的新鲜和热度。要避免二者相距过远。

## 宜003 餐厅宜设在住宅南方

餐厅也宜设在住宅的南方，因为南方日照光线也比较充足，能给人温暖的感觉，更容易营造出温馨的就餐环境，让家人尽情地享用美食。而且南面属火，餐厅设在南面寓意着家道如火势燎原，日益兴旺。

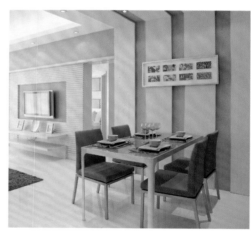

▲住宅的南方日光充沛，给人温暖之感，可营造出温馨的就餐氛围，餐厅设在此处能让家人尽情地享用美食。

## 宜004 餐厅宜设在住宅的东方

餐厅还适合设在住宅的东方，这个方向是太阳升起后最早照射的地方，能给人勃勃生机和活力。如果在此方位吃早餐，能激发家人积极向上的进取心。

## 宜005 餐厅的格局宜方正

餐厅的格局讲究方正，通常方方正正的空间格局寓意做人堂堂正正，如果再搭配上方形餐桌或圆椅子，这样方圆组合，就会别有韵味。不仅吃饭的时候起坐舒适，使人能在身心放松的情况下愉快地就餐。

## 宜006 餐厅相对的墙面窗户宜聚气

餐厅墙面窗户应聚气，不宜窗与窗正对。餐厅墙壁的一面设置了窗户即可，不需两面都开窗。如果餐厅两侧都开设了窗户，那么就应将两个窗户错开，不要正面相对。因为，两窗相对时，气会从一面墙的窗户进入，再从另一面墙上的窗户流出，无法聚气，不利于住宅的气运。同时，两扇窗户相对的局面，还会让风直吹到用餐者，容易给用餐者带来健康上的不利。

▲餐厅的墙面宜藏风纳气，其一面设置了窗户即可，不宜两面墙壁都开窗，否则无法聚气，不利财运。

## 宜007 餐厅宜在客厅和厨房之间

餐厅宜设在厨房与客厅之间。这种格局可增进家庭成员关系的和谐。从实用角度来看，这样能最大限度地节省上菜以及人们从客厅到餐厅就餐耗费的时间，同时可避免菜汤、食物过快冷却或弄脏地板。如果餐厅与客厅设在同一个房间，应当与客厅在空间上有所分隔，具体可通过矮柜、组合柜或软装饰作半开放式或封闭式的分隔。

▲设置在厨房与客厅之间的餐厅方便家人就餐，同时还可增进家庭成员之间关系的和谐。

## 宜008 餐厅天花宜区别于其他区域

餐厅的天花设计对整个餐厅设计非常重要，因为很多餐厅与客厅，或餐厅与厨房之间是连接的不做任何隔断，这就需要在天花吊板做区分，展现丰富的多层次空间变化，使住宅整体设计功能区域表现明显。

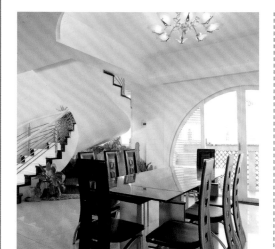

▲餐厅的天花吊板区别与客厅的天花设计，能体现丰富的多层次空间变化，使住宅整体设计功能区域表现明显。

### 宜009 餐厅的天花及地板宜平整

餐厅是一家老少围桌共食的地方，若有倾斜或凹凸会令人心情不畅。因此，餐厅的地板和天花都须平整。

### 宜010 餐厅宜摆放橱柜或酒柜

餐厅可摆放大小适当的橱柜或酒柜，柜内可摆放些不需冷藏的食品、饮料、酒类，这样不仅方便日常使用，还能产生装饰效果。

### 宜011 餐厅宜有音响

在餐厅的角落最好安置音响，以便用餐时刻享受美妙的音乐。适时播放轻柔美妙的背景乐曲，医学上认为可以促进人体内消化酶的分泌，提升胃的蠕动水平，有利于食物消化。

### 宜012 餐桌宜选圆形或方形

中国的传统宇宙观是天圆地方，日常用具也大多以圆形或方形为主，传统的餐桌便是最典型的例子。传统的餐桌形如满月，象征一家老少团圆，亲密无间，能够聚拢人气，营造出良好的进餐气氛。方形的餐桌，小的可坐四人，称为四仙桌；大的可坐八人，又称八仙桌，象征八仙聚会，属大吉。方桌方正平稳，象征公平与稳重，因此被人们广泛采用。圆桌或方桌在家庭人口较少时适用，而椭圆桌或长方桌在人口较多时适用，设置时宜根据人口数量加以选用。

### 宜013 大餐厅宜选用方形餐桌

面积比较大的餐厅（15平方米以上）若选用方桌，能凝聚人气，增强财运。方桌是四面开方的，有"广纳四方财运"的寓意。

▲方桌四面开方，有"广纳四方财运"寓意。

## 宜014 餐厅地面宜耐磨、耐脏

餐厅是家人聚集在一起就餐的地方，活动频繁，地面容易弄脏或受损，所以其装饰材料宜以各种耐磨、耐脏的瓷砖和复合木地板作为首选。利用这两种地面装饰材料，可以变换出无数种装修风格和式样。而合理利用石材和地毯，又能使餐厅空间的局部地面变得丰富多彩。

## 宜015 餐厅宜使用实木家具

居家餐厅布置应多使用实木家具，尤其是餐桌宜选用实木材质。实木家具富有亲和力，清新环保，带有自然的本色，利于家庭吸纳有益之气。另外实木材质的家具借助布艺、鲜花、挂画、灯光等装饰的烘托，还可以增强餐厅的"阳气"，让餐厅呈现出和谐的暖色调。

▲ 实木家具富有亲和力，清新环保，带有自然的本色，餐厅使用实木家具有利于家庭吸纳有益之气。

## 宜016 餐桌的尺寸宜合理

餐桌的大小尺寸要尽量和餐厅大小相协调。

圆桌：如果客厅、餐厅的家具都是方形或长方形的，圆桌面直径可从150毫米递增。在一般中小型住宅中，如用直径1200毫米餐桌则显过大，可定做一张直径1140毫米的圆桌，这样看起来空间会比较宽敞。直径在900毫米以上的餐桌，虽可坐多人，但不宜摆放过多的固定椅子。如果直径为1200毫米的餐桌，放8张椅子就很拥挤。平时可以只放4～6张椅子，人多时加用折椅。折椅平时可放在贮物室，不占空间。使用圆桌就餐有一个好处，就是就座的人数上可以有较大的伸缩性。人多时，只要把椅子拉离桌面一点，就可以容纳得下，不存在使用方桌时坐转角位不方便的弊端。

方桌：760毫米×760毫米的方桌和1070毫米×760毫米的长方形桌是常用的餐桌尺寸。如果椅子可伸入桌底，即便是很小的角落，也可以放一张六座位的餐桌。用餐时，只把餐椅拉出一些就可以了。760毫米的餐桌宽度是标准尺寸，至少不小于（700毫米），否则就餐时会因餐桌太窄而互相碰脚。餐桌的脚最好是缩在中间，如果四只脚安排在四角，就很不方便。桌面低些，就餐时可对餐桌上的食品看得清楚些。一般桌高为710毫米，配415毫米高度的座椅。

开合桌：开合桌又称伸展式餐桌，可由一张900毫米方桌或直径1050毫米的圆桌变成1350～1700毫米的长桌或椭圆桌（有各种尺寸），很适合中小型单位会客时使用。

大师全解居家设计的宜忌法则
全面公开趋吉避凶的布局秘诀

224

## 宜017 餐厅宜摆放福禄寿三仙

餐厅适合摆放福禄寿三仙，分别象征健康、财富和长寿，它们除了观赏装饰作用外还预示着会给家人带来好运。另外，可摆放一些传统的风水水果挂画，如橘子代表富贵、桃子代表健康长寿，石榴代表多子多孙。

## 宜018 餐厅宜悬挂利于进食的图画

餐厅最好选择可为轻松进食提供和谐背景的图画。赏心悦目的食品写生、欢宴场景或意境悠远的风景画均可，而通常放在餐具柜上的真水果，鲜翠欲滴，也有同样的效果。

## 宜019 餐桌上方宜平整

餐桌之上宜平整，不宜倾斜，否则会对家人健康不利。如果不能把餐桌移至斜顶遮挡的范围之外，则可用假天花把斜顶填平。餐桌若是处于楼梯下，则可把两盆开运竹摆放在楼梯底。

▲餐桌上方四方平整，有利于家人的身体健康和家庭的运气。

## 宜020 餐椅座位数宜为幸运数字

古人认为，餐椅的座位数对家运也有一定影响，最好是6、8、9等属阳的幸运数字。一般家中的用餐人数都是固定的，不过在宴客时可事先安排好该请几位客人。

## 宜021 用餐时老人宜坐在主位

家中每位成员用餐时的方位也比较重要，宜让家中的老年人坐在主位，其次是男主人。这样有利于家庭的和睦及塑造男主人的权威，对老年人的身体、男主人的事业也都有帮助。

## 宜022 餐具上宜有吉祥图案

选择餐具宜选用传统的碗、盘、碟、筷，这些餐具一般造型典雅、形态饱满祥和，多采用龙、蝙蝠或桃子等吉祥图案作为装饰，能给就餐者带来好运。

▲餐厅餐具选用传统的图案作为装饰，会给使用者带来吉祥，增添好运。

### 宜023 餐具宜体现自然和谐之趣

餐具的"自然化"体现在自然材质的选用、造型上模仿自然物以及色彩上用色原始而浓烈。如木质碗筷、贝壳平碟、椰壳烛台、黄瓜形橄榄架、花朵碟等，这类餐具充满自然趣味，不仅能激发人的食欲还能培养人对自然和生活的热爱之感。

### 宜024 餐厅装饰布置宜阴阳调和

餐厅装饰布置要讲究阴阳调和，在阴阳平衡上略偏阳性。

### 宜025 餐椅与餐桌宜相配

餐椅是与餐桌一起使用的家具，因此切记要与餐桌相配，以便在座位与桌子之间给膝盖留出足够大的空间。如果餐厅面积足够，就可选用有扶手的椅子，但是它们会占据更多的空间，饭后椅子也不容易塞到桌子下面。如果空间较小，选择可以堆叠的椅子更为合理。

▲餐椅与餐桌宜相配，这样不仅方便就餐，也有益于居家环境的整齐美观，面积足够的话可选用有扶手的椅子。

### 宜026 餐厅植物宜避开有害品种

布置餐厅的绿化植物时要特别注意避免选用一些有毒的对人体有害的品种。如玉丁香久闻会引起烦闷气喘，影响记忆力；夜来香夜间排出废气，使高血压、心脏病患者感到郁闷；郁金香含毒碱，连续接触两个小时以上会头昏；含羞草有毒碱，经常接触会引起毛发脱落；松柏会影响食欲。

### 宜027 餐厅宜放置植物

餐厅是象征健康、福气以及富足的地方，美化这里的环境可以让人在增强健康的同时获得更多财富。在餐厅稍微点缀一点绿意，带来的将是无限的生机，如秋海棠和圣诞花之类，可以增添欢乐的气氛。也可将富有色彩变化的吊兰置于木质的分隔柜上，可以把餐厅和其他功能区分开。

▲在餐厅合适的位置稍微点缀一点绿意，带来无尽生机，能让人赏心悦目地享受美味。

全面公开趋吉避凶的布局秘诀
大师全解居家设计的宜忌法则

226

## 宜028 宜根据方位摆放餐厅植物

植物的摆放可根据传统的五行方位来选择，东方在五行中属木，将植物放置在东方，代表家庭幸福家人身体健康；东南方在五行中也属木，将植物放置在东南方，代表着拥有财富与成功；南方在五行中属火，将植物放置在南方，代表拥有声誉与学识；北方在五行中属水，将植物放置在北方，代表着拥有事业。因为土行会破坏中心，且与金行相克，所以应避免将植物放在西南、东北以及中间位置，当然，也要避免放到金行的方位——西方与西北方。

## 宜029 餐厅绿化植物比例宜适度

餐厅绿化植物与餐厅内空间高度及阔度宜成比例，过大过小都会影响美感。一般来说，餐厅内绿化面积最多不得超过餐厅面积的10%，这样室内才有一种开阔感，否则会使人觉得压抑，影响用餐的心情。

▲餐厅内放置的植物比例恰当，营造出恰到好处的美感，给人带来舒适灵动的感觉。

## 宜030 植物色彩与餐厅环境宜和谐

植物的色彩宜与餐厅整体环境相和谐。一般来说，最好用对比的手法，如背景为亮色调或浅色调，选择植物时应以深沉的观叶植物或鲜丽的花卉为好，这样能突出立体感。

## 宜031 瓶花宜与餐桌的布局协调

现在许多家庭都在餐桌上摆放瓶花，这是一种不错的装饰。在设置上，要注意瓶花与餐桌的布局相协调。长方形的餐桌上，瓶花的插置宜构成三角形；圆形餐桌上，瓶花的插置以构成圆形为好。同时还须注意，餐厅主要是品尝美味佳肴的地方，故不可用浓香品种的花，以免干扰食物的味道，使人产生不适的感觉，进而影响心情。

▲餐桌上的瓶花与餐桌的布局相协调，相映成趣，营造出美好的气氛，能让人性情舒畅。

## 宜032 宜根据需要选用餐厅光源

对于餐厅可以依据自己的需要，运用不同光源组合变化，创造出温暖的气氛或戏剧性效果。可选择嵌在天花板上的照明灯。朝天壁灯也是一个相当好的光源，比起吊灯，它会为房间增加更多的戏剧性。此外，桌灯或立式台灯也都能创造出温馨的气氛且可以摆放在屋里的任何角落。

## 宜033 餐厅宜用装饰品点缀

美好的环境能给用餐者带来好心情，增进食欲。因此餐厅可用植物、壁画等来点缀，这能使人改变视觉角度，从而变换自己的心情。

▲一副壁画点缀在餐厅的墙壁，给餐厅带来许多明媚优雅的气息，从而变换了人的心情。

## 宜034 餐厅宜采光充足

对于一个餐厅来说，视觉上的明亮干净是非常重要的。因此，餐厅十分讲究采光充足。从风水环境来说，充足的日照会使家道日益兴旺。因此，餐厅最好在南面开窗户，以利采光。

▲餐厅采光充足，不仅能给人视觉上的干净明亮，而且充足的光照更有益于人身心健康，能使家道日益兴旺。

## 宜035 餐桌上方宜安装照明灯

中国人吃饭讲究"色、香、味"俱全，但好的饭菜如果没有合适的灯光也会逊色很多，因此，餐桌上方宜安装照明灯。餐桌上方宜安置造型独特、光线柔和、色彩素雅的可以调整高度的吊灯。这不但方便用餐，更能调动人的食欲。淡淡的灯光静静地映照在热气腾腾的佳肴上，可以刺激人的食欲，营造出家的温馨气氛，也能促进家人身心健康。

大师全解居家设计的宜忌法则
全面公开趋吉避凶的布局秘诀

228

## 宜036 餐厅宜灯光柔和

餐厅的灯光宜柔和淡雅，以营造出温馨的家庭气氛，有利于形成家庭和睦温暖的就餐氛围。

▲柔和淡雅的光线，刺激着人的食欲，营造出温馨的家庭气氛，让人倍感家庭之乐。

## 宜037 餐厅颜色宜用暖色系

对于餐厅色彩，宜以明朗轻快的色调为主，最好采用暖色系（即黄色系或红色系），这类色彩既可以给人温馨感又能刺激食欲，增加能量，有利健康。

▲暖色系的灯光在给人温馨感的同时又能刺激食欲，增加能量，有利健康。

## 宜038 餐厅色彩宜注重稳重感

在对餐厅进行色彩搭配时，要注意天花板色调宜浅，墙面宜用中间色调，地面色调则宜深，以增加稳重感。

▲清新浅淡的天花，柔和温暖的墙面，稳重典雅的木地板使餐厅整体呈现出稳重的格调。

## 宜039 餐厅摆放的植物宜耐阴

因餐厅内一般是封闭的空间，选择植物最好以耐阴的观叶植物或半阴生植物为主。东西向餐厅养文竹、万年青、旱伞；北向餐厅养龟背竹、棕竹、虎尾兰、印度橡皮树等。

▲餐厅的植物最好以耐阴的观叶植物或半阴生植物为主，以方便护理。

# 餐厅设计之忌

　　餐厅是家人用餐之地，布局装饰恰当则会增进家运，促进家庭和睦。需要注意的是餐厅的设置、装饰同样很有讲究，如餐厅不宜设在西方、西北方及西南方，餐厅不宜有太多的尖角，饰品不宜过多等。在布置装饰餐厅的时候千万要留心。

## 忌001 餐厅忌设在西方、西北方

　　餐厅忌设在房屋的西方和西北方。如果餐厅设置在房屋的西方，下午太阳西晒，食物容易变质。餐厅也不宜设在西北方，西北方的寒气比较重不适宜日常就餐，同时餐厅若设在西北方还会使用餐者情绪不够明朗和稳定。

## 忌002 餐厅忌位于卫浴间的正下方

　　餐厅的正上方不宜是卫浴间，也就是说餐厅忌位于上一层楼厕所的正下方。因为餐厅是一家人用餐的地方，而卫浴间是排泄污秽的地方，有较重的秽气和湿气，坐在下面用餐会让人缺乏胃口，影响食欲。这种格局不利于家人的健康，也会影响家运。

## 忌003 餐厅忌空间小而家具多

　　餐厅空间过小，家具过多、过大，在摆设时也会带来诸多不便。另外，过于紧凑的空间环境对风水会产生一些不利影响，如使人压力过大等。因此，在选择餐厅家具时，宜力求实用、美观，忌在小面积的空间里强行塞入过多、过大的家具。

## 忌004 餐厅忌设在厨房中

　　厨房最好不要与餐厅合二为一，两者的空间划分要清楚。因厨房中油烟及热气较大，食物放在其中味道容易受到影响，同时人在其中就餐不利于健康。如果空间有限，厨房和餐厅不得不合并的话，要注意不能使厨房的烹饪活动受到干扰，同时也不能破坏进餐的气氛。要尽量使厨房和餐厅有自然的界线，或使餐桌远离厨具。

▲餐厨合一从卫生的角度来说也十分宜。

## 忌005 餐厅忌空间大而家具小

　　餐厅的空间过大，家具过小，会形成空旷寂寥的局面，使人心情不佳。从装潢角度来看，这种布置也有碍美观。

一看就能明白的住宅宜忌　用就能转运的设计妙招

### 忌006 "楼中楼"的餐厅忌位于楼下

如果是复式或者别墅的住宅，餐厅最好不要设在楼下。因为气是往上升的，"楼中楼"设计的餐厅应位于楼上才符合卫生标准。在楼上用餐，环境优雅，在楼下用餐则易受来访者的干扰。

### 忌007 餐厅忌有太多的尖角

传统的居住风水学认为，尖锐带角的墙和梁柱会带来不好的影响。因此餐厅内不宜有太多尖角，否则会影响健康运和财运。如果因为某些原因，不得不选择有尖角的房子作餐厅，则可用橱柜隔开以弥补缺憾。餐桌的形状也不宜带有尖角，因为尖角容易引起碰伤，对健康有损。而餐厅座椅更忌带有尖角，因为带有尖角的座椅会影响就餐时的心情，尖角角度愈小便愈尖锐，不利因素也就愈大。

▲餐厅的方形玻璃餐桌也会形成尖角，尖角锋利，容易引起碰伤。

### 忌008 餐厅忌正对住宅前门或后门

餐厅不可正对住宅的前门或后门。出现这种情况就如同厨房的门正对大门一样，会使来访的客人直接看到餐桌。被来访的客人看见是不合适的，应尽量避免。如果实在避免不了，可以使用屏风遮挡。

### 忌009 餐厅忌正对卫生间的门

餐厅不宜正对卫生间的门，出现这样的情况比厨房的门正对卫生间的门更为糟糕。厨房的食物仅仅是处于烹饪过程中，而餐厅的食物处在享用过程中，在享受食物带给人的愉悦的过程中，来自卫生间的异味会严重影响就餐情绪。

### 忌010 餐厅的天花板忌贴镜子

有很多家庭会在餐厅的天花板上贴镜子，殊不知镜子会对下面的物体产生反射，形成下面是食品的实品，上面是食品的虚像的局面，两相对应，导致人精神不振，所以餐厅的天花板不宜贴镜。

### 忌011 餐厅地面忌用冷色材质

餐厅地面不宜用冷色材质，如铝片、瓷砖、不锈钢。因为餐厅容易被洒上油污和水，使用此类材料不防滑，不易干燥，且易弄脏。餐厅地面在材料选择上宜用其他材料，如上光漆木质地面等。

## 忌012 餐厅通道忌过多

餐桌是全家人用餐的地方，要有宁静舒适的环境才可闲适地享用美餐，因此，餐厅不宜通道过多。如果餐厅多通道，则犹如置身在漩涡中，令人产生危机感，使人坐立不安。这种情况要尽量设法改善。

## 忌013 餐厅忌开设落地窗

餐厅在开设窗户时注意要避免开设落地窗，因为落地窗视野太宽阔会影响食欲，而且桌椅移动时还容易撞到下层玻璃。如果已经开设有落地窗，则应该挂上窗帘。

▲地窗视野太宽阔会吸引人的目光从而影响食欲，桌椅移动时还容易撞击到下层玻璃，引发危险，宜挂上窗帘。

## 忌014 餐桌忌摆放在通道上

通常在客厅与餐厅之间都有个通道，千万不要将餐桌摆放在通道上。通道是家人行走的地方，用餐时容易受到干扰，而且餐桌还堵塞了通道，不方便家人的日常生活。

## 忌015 餐桌忌正对厨房门

厨房经常有油烟排出，温度较高，餐桌放在厨房门对面，对家人的健康不利，时间长了会令人变得脾气暴躁。因此，餐桌不要正对着厨房的门摆放，如果无法避免，可用帘子遮挡，或者经常将厨房门关上。

▲正对着厨房门的餐桌，会受到厨房秽气的冲袭，对家人的健康不利，时间长了还会使人脾气暴躁。

## 忌016 餐桌忌摆在气浊杂物多之处

餐桌所在的位置应该是气清洁而杂物少的，因为进食之处，其气宜清不宜浊，多杂物则多浊气，对于饮食健康不利。

## 忌017 餐桌忌在空调的下方或附近

空调使用过一段时间后常会有灰尘堆积，如果餐厅里的空调直吹餐桌，灰尘很有可能被吹到食物里。另一方面这样也容易使桌上美味的食物更快凉掉，所以餐厅里的空调最好不要装在餐桌的上方或附近。

### 忌018 用餐时忌坐在桌角

餐桌最好用圆形或椭圆形，如果用方形餐桌则要避免有尖锐的桌角，同时在用餐的时候不要坐在桌角的位置，以免受伤。

### 忌019 餐桌忌正对厕所门

餐桌切忌被厕所门直冲。厕所在传统的风水上被视为"出秽"的不洁之处，越隐蔽越好，如正对餐桌，不仅影响人的食欲，也不利健康。如果餐桌与厕所直冲，应尽快把餐桌移到别的位置。

### 忌020 餐桌上方忌有横梁压顶

住宅里不管是哪个地方有横梁压顶都不吉利，而尤以压在睡床、沙发、炉灶及餐桌上的祸害最甚，必须尽量设法避免。

### 忌021 餐桌之上忌用烛形吊灯

有些吊灯由几枝白色蜡烛形的灯管组成，虽然设计新颖，颇有观赏价值，但若把它悬挂在餐桌之上，就如同把长短不一的白蜡烛堆放在餐桌之上，这绝非吉兆。因为白蜡烛是丧事的象征，把它放在一家大小共同进餐之处，其象征的意味不吉。因此宜尽量避免这种情况，而如选用其他颜色的这种形状的灯管则无碍。

### 忌022 餐桌忌过大

宜注意餐桌与餐厅的大小比例。如果餐厅的面积并不宽敞，则不适宜摆放大型餐桌，这样会形成厅小台大，出入不便。如果出现这种情况，最好的办法是更换面积小的餐桌，使之与餐厅的比例大小适中，以方便出入。

▲横梁压顶在传统的风水学上是最为忌讳的，餐桌上方有横梁压顶也是如此，易使家人运气败坏，招来祸患。

▲餐厅的面积过小，却摆放着大型的餐桌，形成厅小台大，使出入不便，有碍美观。

## 忌023 用餐时忌坐在沙发上

沙发一般较低平，坐在沙发上吃饭不利于消化，而且吃饭时容易弄脏客厅和沙发，不利于卫生。

## 忌024 用餐时忌发生口角

用餐时间是一家人欢聚的时刻，家庭和乐，家运才会昌旺，而进餐时发生口角则会影响家运。因此要注重进餐的礼仪，如有长者一同进餐，一定要请长辈先用，这不但能体现家庭的教养，也有福佑晚辈的意义。

## 忌025 餐桌忌用冷色调台面

大理石与玻璃等桌面较为坚硬、冰冷、艺术感较强，但这样的台面属冷色调，能迅速吸收人体的能量，不利于提高进餐者的食欲，也不利于进餐者的座谈交流，所以要尽量少用这类台面的餐桌。

▲餐桌的材质为冷色调的话，会迅速吸收人体的能量，不利于提高进餐者的食欲，也不利于进餐者的座谈交流。

## 忌026 餐椅的材质忌为金属

餐椅的材料忌金属，因为金属易伤人。餐椅的材料宜以木、土为重，木头制、皮制、布制都很好。

## 忌027 餐椅忌正对灯饰

餐椅上方不宜有灯饰正面照射，因为如果灯饰位于餐椅的上方，灯光照射下来所散发的热量就会让人感到不适，从而影响用餐者的心情及用餐的氛围。

## 忌028 餐桌忌缺乏生气

餐桌上如果只放置碗筷，没有任何装饰，会使餐厅缺乏生气。宜在餐桌上或餐桌的旁边放置盆栽或鲜花，这能使人在进餐时增强食欲。

▲餐桌上一点装饰都没有，这样的餐厅缺乏生气，显得死气沉沉，不利于增进人的食欲。

## 忌029 餐具忌不清洗

长期将餐具堆积起来不清洗是很不好的习惯,这样不仅会造成细菌的滋生繁衍,使餐具很难清洗,而且残留的食品杂质发酵、发臭后会污染室内空气环境,影响家人健康。

## 忌030 餐厅装饰忌缺少文化气息

餐厅装饰设计的目的不宜仅限于美化,而应当使其体现居室主人的文化素养。在餐厅的装饰上,可运用科学技术及文化艺术的手段创造出功能合理、舒适美观,符合人的生理、心理要求的空间环境。要从为装饰而装饰的层面,提升到对艺术风格、文化特色和美学价值的追求的高度。

## 忌031 餐厅忌使用尖锐的刀叉

家居餐厅应避免使用尖锐的刀叉,防发生危险。喜爱西式餐点的家庭,在用餐过后宜将刀叉用具收归橱柜并放置好。

▲餐厅仅仅摆放着餐桌,墙壁上一点装饰物都没有,显得冷清单调,没有审美可言,这样的餐厅不能体现主人的品味,于家运也不利。

## 忌032 餐厅忌有电视机

边听音乐边用餐是一种享受,但边看电视边用餐,则不适宜。因为如果眼睛总是盯着电视,而不是用心地去享受美餐,这会影响食欲,影响人体的消化功能,对健康不利。所以,最好不要把电视机放在餐厅。

## 忌033 餐厅地板忌与家具不协调

餐厅的地板色调与家具色调要协调,这样人的视觉就不易疲劳。特别是大面积色块,一定要色彩和谐。如果色彩深浅相差过大,不仅会影响整体装修效果,也会影响进餐者的食欲和心情。

## 忌034 餐厅装饰品忌过多

餐厅宜保持简洁大方,不宜摆放太多的装饰品,以避免杂乱。餐厅陈设既要美观,又要实用,不可随意堆砌,各类装饰用品要根据不同就餐环境灵活布局。

▲餐桌上饰物过多,显得杂乱无章,不美观。

## 忌035 餐厅忌用厚实的棉纺织物

餐厅中的软织物，如桌布、餐巾及窗帘等，宜选用较薄的化纤类材料，不宜选用厚实的棉纺织物。因厚实的棉纺类织物极易吸附食物气味且不易散去，故不利餐厅环境卫生，会影响人体健康。从风水上讲，厚实的棉纺织物还容易吸附不好的运气。

## 忌036 餐厅花卉忌花哨过度

花卉能起到美化环境、调节心理的作用，但餐厅花卉切忌花哨过度、冷色暖色相混杂。这样会让人烦躁，且会影响人的食欲。花色上宜色调相近，深浅相似。例如，在暗淡灯光下摆设晚宴，摆放红、蓝、紫等深色花卉会令人感到稳重；同是这些花，若用于午宴，则会显得热烈奔放。而白色、粉色等淡色花用于晚宴，会显得明亮耀眼，使人兴奋。

▲ 放置在餐厅的花卉颜色繁多，冷暖相杂，看起来花俏无比，易使人烦躁、影响人的食欲。

## 忌037 餐厅忌摆放浓香的花卉

餐厅是品尝佳肴的地方，所以不适宜摆放浓香的花卉品种，以免干扰食物的味道。另一方面，浓烈的花香，多具刺激性，如果用餐人中，有对花香过敏者，容易引起反胃，甚至呕吐。

## 忌038 餐厅忌摆设开谢频繁的花类

餐厅不宜放置开谢频繁的花卉种类。花开时，固然会带给你繁花似锦的喜悦，但是花落时，则难免使你发出残花败叶的嘘嗟。如果恰逢好友来临，举杯相对，那凋谢枯萎的残花，便会大煞风景。

## 忌039 餐厅颜色忌刺眼

餐厅颜色以素雅为主，如白色。颜色不能太刺眼，油漆尽量不要反光。也可配合家具选用一些明快清朗的色调，在给人温馨感的同时也提高进餐者的兴致。

▲ 餐厅的颜色太刺眼，容易使人眼花缭乱，反光的油漆使人视觉神经受到刺激，不利于就餐与消化。

一看就能明白的住宅宜忌 一用就能转运的设计妙招

235

### 忌040 餐厅忌挂意境萧条的挂画

从传统的风水学上讲，餐厅不适宜悬挂意境萧条的图画。因为意境萧条的图画象征的意味消极，一方面摆放在餐厅不吉利，另一方面也不利于培养愉悦的就餐心情。所谓意境萧条的图画，大致包括惊涛骇浪、落叶萧瑟、夕阳残照、孤身上路、隆冬荒野、恶兽相搏、枯藤老树等几类题材。

### 忌041 餐厅忌光线不足

餐厅是一家人共享美食的重要空间，应宽敞舒适，且光线充足。尤其是家中有年长者的话，更应该注意使餐厅光线充足。从传统的　　　风水角度来讲，餐厅光线不足就是阳气不足，对家人健康不利。

▲餐厅的整体色调灰暗，几乎没有光线，这样的就餐环境阴沉郁闷，不管是从方便就餐还是从风水来说都非常不利。

### 忌042 餐厅墙壁忌花哨

用令人眼花缭乱的色彩装饰餐厅，是居家布置的大败笔。因为颜色过于繁杂鲜艳，会让人坐立不安，影响进餐的心情。

### 忌043 餐厅忌用黑色或灰色

色彩在就餐时对人们的心理影响很大，餐厅环境的色彩能影响人们就餐时的情绪。因此，餐厅墙面的装饰绝不能忽视色彩的作用。在设计时可以根据个人喜好与性格选择，但要注意不宜选择黑色或灰色等冷色调，否则会破坏家庭用餐的气氛，降低进餐者的食欲。

▲餐厅环境的色彩能影响人们就餐时的情绪，餐厅选择黑色或灰色等冷色调的话会使人压抑，易破坏家庭用餐的氛围，降低进餐者食欲。

# 吧台设计之宜

　　吧台是现代家庭中供家人品尝佳酿的休闲之所，是朋友之间倾心交谈的优雅静谧之地。吧台的设计和装饰得当不仅能够体现出主人良好的文化层次、生活品位和气度涵养，还能为家人增添运势。因此吧台的设置，也是非常讲究其合理性的。

## 宜001 吧台宜设在厨厅交界处

　　吧台建在厨房与客厅交界处也是不错的主意。客厅一般是家庭招待客人的最佳场所，而厨房是储藏食物的地方，如果能综合两个空间的优势，在其交界处设计吧台，岂不两全其美？

## 宜002 吧台宜设在餐厅的角落

　　吧台的位置并没有特定的规则可循，设计师通常会建议利用一些畸零空间。吧台宜摆放在餐厅的角落，因吧台的水性灵活多变，不怕受压，就算设在楼梯下也无妨。

▲将吧台设置在餐厅的一角，既合理利用空间，更为家人的就餐及休闲提供便利。

## 宜003 吧台宜设在吸引人的地方

　　吧台是供人休闲之所，是亲友品尝佳酿倾心聊天的地方。因此，吧台宜设置在能吸引人久坐的地方。

## 宜004 吧台宜设在餐厅与厨房之间

　　设在餐厅和厨房之间的吧台就像一个便餐台，这样的吧台很常见也很方便，能有效地提高生活质量。更能体现休闲的功能。

## 宜005 吧台宜设在客厅与餐厅之间

　　吧台设在客厅与餐厅之间，对于经常举行宴会的家庭非常合适。它的功能在宴请客人时，就能充分发挥出来。在吧台上完成调酒和制作甜点，都非常得心应手。

▲设置在客厅与餐厅之间的吧台适用于经常举行宴会的家庭，在吧台上调酒和制作甜点，然后送至正举行宴会的客厅非常方便。

### 宜006 吧台宜设在客厅电视的对面

随着有线电视普及频道的增加，许多人在电视前的时间越来越长。将吧台设计在电视对面的位置，可以边喝茶边欣赏精彩的歌舞晚会或者一场激烈的足球比赛，更能提供聊天的题材。

### 宜007 宜根据空间调整吧台样式

吧台造型灵活多变，可以根据空间的大小适当调整样式。如在不规则居室里，利用凹入部分设置酒吧，可以有效地利用室内空间，给人整齐统一的印象。如果房间内有楼梯，也可以利用楼梯下面的凹入空间设置吧台，让这个特殊空间得以充分利用。还可将室内一部分干扰较小的墙面布置成贴墙的吧台，这样才能做到空间的合理运用，也避免了尖角的产生形成。

### 宜008 吧台风格宜与整体风格协调

吧台的形式多种多样，一般常见的有变化空间的隔断式，一物两用餐台式，活动自如的成品式，立式发展的倚墙式，节省空间的嵌入式，别具匠心的转角式等款式。无论吧台采用何种款式，都必须与居家整体风格相协调。此外，吧台的设计要考虑家人的生活方式、用餐习惯、休闲娱乐取向以及住房空间等条件。

### 宜009 墙角部位宜设计转角式吧台

墙角的转角在空间利用上比较难，但如果因地制宜将其设计成个性突出的吧台，则不仅弥补了空间利用上的缺点，还可以形成整个空间的亮点。毕竟只有部分户型才有转角空间，如果将其设计成转角式吧台，更能彰显主人的匠心独运。如果空间面积足够，这个空间将会别具一格。

▲吧台的样式可根据空间的大小来调整，如在不规则居室里，利用凹入部分设置酒吧，可有效地利用空间。

▲在墙角的转角处因地制宜地设计成个性突出的吧台，不仅弥补了空间的缺点，还使其成为整个居室的亮点。

### 宜010 吧台宜成为室内的视觉中心

大面积餐厅的吧台是居室的"特区"，这一空间区域应该成为室内的视觉中心。设计时，主要是确定柜位、灯位、杯位、瓶位、食具位等。可制作或选购1~1.2米的酒吧专用玻璃柜。柜内上方安有照明和装饰用的灯具，柜内后壁最好镶有一块玻璃镜，以反射柜内的物品，给人一赏心悦目的感觉，烘托居室中的生旺之气。

### 宜011 吧台台面宜使用耐磨材料

考虑到吧台损耗性较大，因此其台面最好要使用耐磨材质，而不宜用贴皮材料。有水槽的吧台使用的材质最好还能耐水。如果吧台使用电器，就要考虑到使用耐火的材质装修，人造石、美耐板、石材等，都是理想的耐火材料。

▲因为吧台损耗性较大，故宜选用耐磨、防火性的材料，最好还能耐水。

### 宜012 酒柜的设计宜便于使用

酒柜的设计要注意使用上的便利，每一层的高度至少30~40厘米，置放酒瓶的部分最好设计成斜式，让酒能淹过瓶塞，使酒能储放更久。柜子深度不宜过深，以触手可及为佳。如果家庭空间不是很大，也可以考虑将餐桌与吧台结合，使吧台兼做餐桌，一般可以设计成"T"形或"L"形。吧台可分为上下两层，下层挑出一部分，做成折叠式，支起时形成小餐桌，供数人用餐，放下时就成为吧台，可减少使用面积，支架可利用吧柜的门窗。

### 宜013 吧台灯光宜采用暖色调

如何将家庭吧台营造得温馨怡人，吧台灯光的色调就宜选用暖色调，因为暖色调的光线比较适合久坐，也便于营造气氛；黄色系的照明较不伤眼，再加上射灯光线一强，可以穿透展示柜，让吧台呈现明亮的视觉感受。

▲暖色调的光线可营造出温馨的气氛，能够吸引人久坐，是最为适宜的吧台的色调。

### 宜014 吧台宜摆放阔叶常绿植物

吧台适合摆放圆形的阔叶常绿植物，诸如海芋、富贵竹、黄金葛等。当然这些植物都需要细心养护，要经常擦拭其叶面以保持干净。

### 宜015 吧台的颜色宜与方位搭配

在传统风水学中，红色五行属火，在八卦方位中属南方。若吧台在南方，放置红色、紫色的装饰品和物品，可以加强气场，引进财气；若吧台是在北方，则要用黑色或蓝色，因黑、蓝色代表北方，五行属水，也可以放置高脚水晶水杯。西方与西北方都是属金，金、银色的饰品可以带来好的气场；西南方与东北方属土，可以选择黄色为主色的饰品装饰；东方与东南方属木，可放置绿色饰品或发财树。吧台饰品摆放时以搭配自然和谐为原则，色彩也应力求协调柔和。

▲吧台的颜色宜与方位相搭配，在北方的吧台使用代表北方的蓝色来装饰，既整洁优雅又相生相旺。

### 宜016 吧台灯光宜采用嵌入式设计

灯光是营造吧台气氛的重要角色，在吧台灯光设计上也有一些风水考究。吧台的灯光最好采用嵌入式设计，这既可节省空间，又体现了简洁的现代风格，与吧台的氛围相适合。

### 宜017 酒柜宜呈方圆或弧形内收

酒柜宜设计成方形或圆形。酒柜是方形或圆形都会形成传统风水上方圆吉利、富贵之格局，但若酒柜是弧形则不宜向外，要内收以保证安全，也寓意着家运昌隆。

▲弧形内收的酒柜属于吉利、富贵之格局，内收的弧形可保证安全，也寓意着家运昌隆。

# 吧台设计之忌

　　作为家中的休闲场所，吧台在设计装饰上非常讲究。其方位、形状、饰物、色彩及光线的搭配都有一定的要求。比如，吧台不能远离其他功能区，这不方便日常生活；吧台忌有缺角，以不安全；吧台不宜色彩杂乱等。

## 忌001 吧台忌忽视电路水路走向

　　在设计吧台之前，宜事先设计好房间水路、电路的走向。如果想在吧台内使用耗电量大的电器，如电磁炉等，最好单独设计一个回路，以免电路跳闸。拥有良好的给水、排水系统以及安插电源的位置都很重要，一定要将管线安排好，以免给日后的使用增添许多麻烦。

## 忌002 吧台忌离其他功能区太远

　　吧台是家人品酒休闲的空间，不宜离客厅、餐厅或厨房太远。否则，会给人产生孤立的感觉，也不方便家人的日常生活。

▲吧台是家人品酒休闲的空间，不宜离客厅、餐厅或厨房太远。

## 忌003 贴墙吧台忌设计成转角式

　　将室内一部分干扰较小的墙面布置成贴墙的酒吧，是现今流行的一种布局。但这样的墙角部分不适合设计转角式吧台，只能采用贴墙式。这样才能做到空间的合理运用，也避免了尖角的产生。即吧台靠墙安放，吧柜摆在吧台上，或悬挂在墙上。吧柜上方可以悬挂一块顶棚，嵌上筒灯，让灯光投射在吧台和酒具上，能增加光影效果。

▲室内一部分干扰较小的墙面适合设计成贴墙式吧台，而不应该设计转角式。

### 忌004 吧凳忌缺乏灵活性

吧台的吧凳不宜缺乏灵活性。吧凳不仅是活化吧台空间的主角，也是塑造人们美好姿态的关键。在选择吧凳时，除了颜色与样式需要注意外，还要选用

▲吧凳是活化吧台空间的主角，不宜缺乏灵活性，宜选择可360°旋转，方便调整高度的。

符合人体曲线的椅面，最重要的是具有灵活性，可360°旋转，方便调整高度。一般可选择带旋转角度和调节高度的中轴式钢管吧凳。

### 忌005 吧台的水槽忌高低不平

设有水槽的吧台，在购买水槽时要注意，水槽最好是平底槽。若水槽高低不平，放置杯子时易发生倾倒或撞坏的情况。水槽深度最好20厘米以上，以免水花四溅，弄湿居室。

### 忌006 吧台忌有缺角

设置吧台时只要尽量避免出现缺角或凸出太明显的形状即可，因为尖角吧台容易对身体造成不安全的影响。

# 第十章

# 卫浴间设计宜忌

回家后，一场酣畅淋漓的惬意淋浴或一番浸润悠闲的舒服泡澡，即能洗去一天的疲劳，换上一身的清爽舒服。无疑，卫浴间是现代人释放生活压力的快乐天堂，是居家空间极其重要的部分，卫浴间五行属水，主财，除了其独特的日常使用功能外，其所处的位置与布局还会直接影响家庭成员的健康。

# 卫浴间设计之宜

卫浴间最好设置于东南或者东方（从房子的中心看），卫浴门宜远离卧房门，卫浴间使用的材料宜防水、防滑、抗腐蚀，卫浴间宜空气流通……这些都是卫浴间布局装饰非常注重的设计原则。我们应遵循这些因应之道，让生活顺心舒适。

## 宜001 卫浴间宜干湿分离

将卫浴间的淋浴区和其他区域相分隔，淋浴时水就不会四处飞溅。如果卫浴间能够干湿分离，淋浴区外面的空间就不会有水，可有效地保持室内干燥。使用完毕之后，应把卫浴间的门关上，特别是套房的卫浴间。

## 宜002 卫浴间宜设在东或东南方

挑选卫浴间方位的原则是先找出风水气场的所在，再区分优劣，进而有效地调和环境与人之间的默契。最理想的卫浴间方位是在东或东南方，因为根据传统五行观点，东和东南属木，水生木，水能支援东和东南方木的气能。

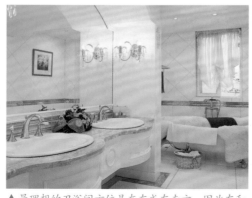

▲最理想的卫浴间方位是在东或东南方，因为东和东南属木，水生木，水能支援东和东南方木的气能。

## 宜003 卫浴间宜重视上下楼层关系

有些别墅或复式住宅装修时往往只考虑楼层平面内各房间之间的搭配，却忽视了上下楼层之间的关系。比如卫浴间压在卧室之上就是极为不好的宅相，卫浴间的浊气下降到卧室之中，不利健康，而且住在这种格局会令人感觉不舒服。

## 宜004 卫浴间镜子宜大

用于卫浴间的镜子，应尽量挑选较大的。因为它可以尽可能地扩张因睡眠而收缩的能量，会使人精神百倍。考虑到容易清洁及美观的因素，镜子一般设计成与洗手台同宽即可。

## 宜005 卫浴间的排水宜通畅

设计卫浴间时，要考虑排水的通畅性，以便清扫和排除地面污水。卫浴排水管道尽量不要流经住宅其他房间，以免排水时发出响声影响休息，且污水管道经其他房间时会让人感觉也不舒服，在潜意识里会觉得肮脏不堪。

## 宜006 宜充分利用台面下方空间

最大限度地利用台面下方空间进行装修装饰，既节省空间又可起到美观作用。不管卫浴间的面积怎么小，只要能够安装台式洗面盆，那么台面下的空间就不宜浪费。可以用底柜或立式收纳柜与底柜相组合，在台下安装与台面尺寸相同的台下浴室柜，以方便将卫浴用品分类放置。两种收纳柜最好在材质及风格方面保持一致，以使狭小空间更和谐。

## 宜007 盥洗室宜设在卫浴间的前端

盥洗室宜设置在卫浴间的前端，这样更能方便日常生活。盥洗室主要功能是摆放各种盥洗用具及为人提供洗脸、刷牙、洁手、刮胡须、整理容貌的场所，另外人们还可以在此换、放衣服。

## 宜008 卫浴门宜远离卧室门

现代人为了安逸、舒适，在购房时常会选择有多套卫生设施的住宅，其中的卫生设施多数与主卧室相连。因此，在装修时需要予以特别关注，避免卫浴间的门正对卧室门，保证卫浴门具有良好的密封性能，且必须与卧床保持较大距离。如果无法避免卫浴门与卧室门相对，宜在中间设置屏风来避免。

## 宜009 卫浴间吊顶高度宜适中

卫浴间吊顶可以根据不同造型选用多种材料，如平顶型可用PVC扣板、铝扣板、塑铝板，配以轻钢龙骨或水泥板。但是在吊顶时要注意不能太高，也不宜太低。吊顶太高了显得空旷，而且在沐浴时会因为空间里的寒气过多而感到寒冷；太低又会给人压抑感，令人身心疲惫。

▲盥洗室主要功能是方便家人盥洗，因此宜设置在卫浴间的前端。

▲吊顶时要注意不能太高，也不宜太低，宜高度适中。

### 宜010 卫浴间天花及墙壁宜抗腐

浴室的墙壁和天花板所占面积比较大，所以应选择既防水、抗腐蚀又防霉的材料来确保室内卫生。瓷砖、桑拿板和具有防水功能的塑料壁纸都能达到这些要求。

### 宜011 卫浴间宜通风、采光良好

卫浴间宜通风及有阳光的照射。卫浴间长年潮湿，极易滋长细菌，如果缺乏阳光和清新的空气，污浊之气便容易积聚于此，长此以往势必有损入厕之人的身体健康。如果常有清新的空气，随时能接受阳光的照射，卫浴间则会干燥卫生。因为阳光不但能杀菌，还能给卫浴间带来生命力，对人体健康大有益处。因此卫浴间最好安置在有阳光照射的位置，并宜有足够大的窗户。

### 宜012 卫浴间地面宜防水、耐脏

卫浴间地面应采用防水、耐脏、防滑的地砖，如花岗岩等材料。如果卫浴间只有少部分接受阳光的照射或根本不暴露在自然光中，那么地面的材料就以大理石、花岗岩为佳。为了防滑，也可铺设一层防滑垫。用新型材料铺设的地面容易藏污纳垢，对卫浴间的气能会产生负面的影响，应该经常清洗。

### 宜013 卫浴间宜保持清洁

卫浴间因为有较重的湿气和秽气，一定要经常清扫，保持清洁卫生，否则容易滋生细菌和散发出异味，不利于家人健康。有的新型铺设材料容易藏污纳垢，也会对卫浴间的空气产生负面的影响，所以卫浴间应该经常清洗，保持清洁。

▲卫浴间最好安置在有阳光照射的位置，并宜有足够大的窗户。常有清新的空气，随时能接受阳光的照射，使其干燥卫生。

▲卫浴间宜经常清扫，只有保持清洁卫生，才有利于家人的健康。

## 宜014 肥皂颜色宜搭配五行

肥皂的颜色选择宜配合人的五行。如五行属金宜用乳白色系；属木则选用绿色；属水宜用灰色系；属火用玫瑰红色系、属土则宜用黄色系，这样能为室内带来一股生气盎然的能量，令人身心愉快。

## 宜015 卫浴间宜有排气扇

卫浴间内一定要有排气扇，这可把卫浴间内的秽气抽出，一方面可减轻气煞的祸害，另一方面亦可保持卫浴间内空气清新。

## 宜016 卫浴间宜保持干燥

由于其特殊功能和位置，阴暗和潮湿常是卫浴间的"通病"，也是细菌滋生、繁殖的最佳环境，所以为防止细菌、污垢的积聚，保证家人的健康，要尽量使卫浴间保持干燥的状态。卫浴间在平时就应该保持通风，使用时打开通风扇，如果卫浴间上方有小窗的话要常常打开。

## 宜017 卫浴间的镜子宜方圆

卫浴间的镜子一般以方形最佳，因为方形代表了平衡和有序，但在选用方形的时候切忌不能有尖锐的棱角。另外，圆形和椭圆形的镜子也可。

## 宜018 家有老人马桶旁宜设扶杆

家里有老人的卫浴间，坐便器附近应安装助力扶杆，以方便老人站起。另外，马桶在平时宜尽量将马桶盖闭合，尤其是在冲洗的时候。

## 宜019 马桶宜面对卫浴间的墙壁

马桶的朝向最好是面对卫浴间的墙壁，而不应正对着卫浴间的门。在卫浴间面积较大的情况下，最好将马桶设在从卫浴间的门外看不到的位置上；如果卫浴间的面积较小，无法找到一个比较合适的位置，那么就尽量使马桶错开门所在位置的直线。

▲为防止细菌、污垢的积聚，保证家人的健康，要尽量使卫浴间保持干燥、通风。

▲马桶的朝向最好是面对卫浴间的墙壁，不宜正对着卫浴间的门。

一看就能明白的住宅宜忌 一用就能转运的设计妙招

## 宜020 卫浴间的物品宜摆放在外

卫浴间的香皂、沐浴露、洗发剂、洗手液等洗浴用品不必封闭于橱柜内，只要摆放好即可，因为美好的气味寓意着可以带来好运气。

## 宜021 卫浴间植物宜耐阴、耐潮

卫浴间湿度高，放置盆栽十分适合，因为室内湿气能滋润植物，使之生长茂盛，增添浴室生机。选择植物时一定要谨慎，只能选择耐阴暗、潮湿的植物，如抽叶藤、蓬莱蕉等。当然，如果卫浴间宽敞明亮又有空调的话，可增加一些观叶凤梨、蕙兰等较具观赏性的植物，切记不能放有刺的植物。

## 宜022 卫浴间凸出的窗子宜摆花

在卫浴间摆放一些花可以改善室内空气，同时还有美化的作用。而传统的风水学认为，在卫浴间向外凸出的窗子上摆放一些花，可以使浴室环境更佳。

▲卫浴间窗子上摆放一些花，可使浴室的环境更佳。

## 宜023 卫浴间的灯具宜防水

卫浴间是使用水最频繁的地方，因此，在卫浴间灯具的选择上，应以选用具有可靠的防水性与安全性的玻璃或塑料密封灯具为宜。在灯饰的造型上，可根据自己的兴趣与爱好选择，但在安装时不宜过多，不可太低，以免发生溅水、碰撞等意外。

## 宜024 卫浴间盥洗区光线宜稍强

对整个卫浴间来说，宜选择日光灯照明，其柔和的亮度足够满足使用的需求了。而盥洗区域需要的光线要稍强一点，适合布置一盏光线柔和的灯具，用来加强此处的照明，以弥补整体日光灯在此处照明时亮度的不足。应该格外注意的是，最好不要使日光灯正对着头顶照射，这个角度照射的光线会使人觉得很不舒服。最好能偏离这个位置，使灯光从侧面照射，这样光线就不会使人产生紧张感。

▲盥洗区域的光线要稍强一点，适合布置一盏光线柔和的灯具，加强此处的照明。

## 宜025 卫浴间灯具宜选用卤素灯

卫浴间天花板上的灯具一定要封紧，宜选用隐藏式、低电压的卤素灯，这会比单一的天花板日光灯的照明好。若是在中间再安上三盏小聚光灯，便能照射到角落，使卫浴间均匀受光。壁灯也可以用在浴室里，只不过它的灯泡必须完全密封起来，以免溅水触电。此外，电灯的开关宜远离灯具本身。

## 宜026 卫浴间镜子上方宜重点照明

卫浴间的梳妆镜通常用来梳妆打扮，其上方最适宜重点照明。这样可以在梳妆镜附近形成强烈的灯光效果，使其便于使用梳妆镜梳洗打扮，还可以增加温暖、宽敞、清新的感觉。

## 宜027 卫浴间宜用冷色调

卫浴间的色调以有清洁感的冷色调为佳，搭配同类色和类似色为宜，如浅灰色的瓷砖、白色的浴缸、奶白色的洗脸台，配上淡黄色的墙面，也可用清晰单纯的暖色调，如乳白、象牙黄或玫瑰红墙体，辅助以颜色相近的、图案简单的地板，在柔和、弥漫的灯光的映衬下，不仅使空间视野开阔，暖意倍增，而且愈加清雅洁净，爽心怡神。

## 宜028 卫浴间的毛巾颜色宜柔和

吊挂在卫浴间里的毛巾，以黄色系、乳白色系、浅草绿色系为佳。这类柔和的颜色能给人带来好心情，注意不宜选用红色或黑色系的毛巾。

## 宜029 卫浴间宜摆设镜子

在整个住宅当中，卫浴间算是最适合放镜子的地方。尤其对于那些没有窗户的卫浴间来说，镜子的作用更不容小视。卫浴间的镜子既可以用来梳妆理容，还可以用来增大视觉面积和拓展空间。

▲卫浴间算是最适合放镜子的地方，镜子既可以用来梳妆理容，又可以增加视觉面积和拓展空间。

## 宜030 卫浴间的色调宜整体统一

卫浴间的色调宜整体统一。一般来说卫浴间在装饰的时候宜以卫生洁具三大件（面盆、浴缸、马桶）的色调为主色调，墙面和地面的色彩与之互相呼应，才能使整个卫浴间的色彩协调舒适。对于洁具三大件的色调选择，一般来说，白色的洁具显得清丽舒畅；象牙黄色则富贵高雅；湖绿色给人自然温馨的感觉；玫瑰红色则彰显浪漫含蓄的韵味。

# 卫浴间设计之忌

判断一套住宅的优劣，卫浴间是极为重要的指标，因此卫浴间的设置除了讲究一些合宜传统的风水之道外，还有许多需要特别留心的不宜之处。如卫浴间不宜设在房屋的中心点，卫浴门不宜正对房门，浴缸不宜存水，镜子不能照到卫具等。

## 忌001 卫浴间忌设在住宅中央

卫浴间、厨房等易积聚污秽的房间都不宜设在住宅的中央。若卫浴间设在住宅的中央，其内的湿气、秽气便会扩散至其他房间，容易导致家人生病，对健康极为不利。如果卫浴间已经设在房子的中央，最好重新装修调整。

▲卫浴间设在住宅的中央，其内的湿气、秽气便会扩散至其他房间，容易导致家人生病。

## 忌002 小浴室忌装大浴缸

浴室面积不大，却在里面装一个大的浴缸，这种摆设容易造成安全隐患，因此，要选用尺寸与浴室面积相匹配的浴缸。

## 忌003 卫浴间忌与厨房相连

一些家庭为了节省空间往往将卫生间与厨房相连，甚至把卫浴间的门开在厨房里，这是极不适宜的。传统风水学认为，厨房是火的能量区，卫浴间是水的能量区，卫浴间与厨房相邻就会形成水火并邻的格局这样会造成磁场爆冲，也会影响整个住宅的能量状态。当然，这样也不利于保持卫生。

▲卫浴间与厨房相连是极不适宜的，这样不仅不卫生还会造成磁场爆冲，影响整个住宅的能量状态。

## 忌004 卫浴间忌在神位后面

对于有宗教信仰的人来说，卫浴间要避开神位，既不能正好在神位后面，也不可在神位的楼上房间。

## 忌005 卫浴间忌做床的靠山

床是休息的地方，最重要的是要有清净之气，宜置于吉方，这和卫浴间的喜忌相反。由于把厕所、浴室设在卧室的旁边，最为方便，所以现代楼房主卧的浴室，必在卧室之邻。但千万要注意的是床的靠山必不能是卫浴间的墙壁，因为卧室主人睡眠时，这种格局会令他们精神不振，思考能力减退，易头晕目眩等。遇到这样的情况就要把床头移开。

## 忌006 卫浴门忌冲大门

卫浴间的门不宜与房屋入户的大门对冲。传统风水学认为，房屋的入户门是气口，是生气吸入的地方，生气应该和缓地在住宅内流动。如果卫浴间的门正好对着入户口，从室外进入的生气会进入排泄污秽、阴气较重的卫浴间，卫浴间的门就像一张大口，释放的阴气与住宅大门进来的生气会形成对冲，不吉。另外，人一进屋即看到卫浴间门，而且有可能有异味或声音传出，不礼貌。

## 忌007 卫浴门忌与炉灶相对

卫浴间的门不可与灶位正对，这样不卫生，不利于家人健康。

## 忌008 卫浴门忌正对往上之楼梯

卫浴门（尤其是内设有独立厕所间的门）正对往上之楼梯，楼梯下冲之气就直冲卫浴间，易导致其内之秽气聚集难散、滋生细菌等，影响家人的身体健康和运势。如果没办法改变这种情况，则可在卫浴门挂上长布帘。

## 忌009 卫浴门忌正对往下之楼梯

正对往下之楼梯，会导致卫浴间秽气往下直泄，流置住宅各处，影响家人的健康和运势。对于这种情况，可用卫浴门正对上楼梯的化解方法来进行化解。

## 忌010 卫浴门忌正对房门

卫浴间的门对着任何一个房间的门都是不理想的，要尽量避免。如果实在无法避免，可在卫浴间与宅门间设立屏风或隔断以此化解此种情形所带来的不利影响。

▲卫浴门正对任何一个房门，都会使卫浴间的秽气直冲到房间里面，要尽量避免。

一看就能明白的住宅宜忌
一用就能转运的设计妙招

**251**

## 忌011 卫浴门尺度忌太高太宽

卫浴门是家宅所有门中最窄和最矮的，而现在的家居中也不需要高大的卫浴门。卫浴门的净高尺寸有两个：1.875米和1.99米～2.09米之间，目前的楼盘层高有2.85米就很好了，所以卫浴间门无须达到2米的净高度。如果居室属于豪宅，层高会达到3米以上，那样门开高一些也无妨。层高当然使人舒适，但取暖和制冷的效果相应会差些，除非增大耗电成本。至于卫浴门的净宽尺寸也有两个：0.59米、0.71～0.79米，这两个尺寸范围足以够用。家居卫浴门尺度不用太宽太高。

## 忌012 卫浴门忌为玻璃门

卫浴间是一个很隐秘的地方，不适宜用玻璃门。如果换成玻璃门，卫生间的隐秘性就会遭到破坏，不利家庭生活。

▲卫浴间使用玻璃门会导致其隐私性遭到破坏，不利于家庭生活。

## 忌013 卫浴门忌长期敞开

卫浴间会有秽气散发，如果将门长期敞开，秽气会流向其他房间，且卫浴间流出的秽气很不洁净，对居住者身体健康不利，也会影响到家庭成员的运气。因此应尽量让卫浴间的门保持关闭状态。

## 忌014 卫浴间忌改成卧室

现代都市地狭人稠，寸土寸金，往往有些家庭为了节省空间，便把其中一间卫浴间改做卧室。卫浴间是不洁之地，卧室邻近卫浴间已是不吉，更何况是把卫浴间改做卧室。从环境卫生的角度来说，虽然把自己那层楼的卫浴间改做卧室，但楼上楼下却依然如故，而自己夹在上下两层的卫浴间之间，颇为不妥。此外，楼上的卫浴间若有污水渗漏，睡在下面的人便会首当其冲，极不卫生。

▲卫浴间是不洁之地，卧室邻近卫浴间已是不吉，把卫浴间改做卧室更是大忌，千万要避免。

## 忌015 卫浴间地面忌过于光滑

卫浴间的地面经常会有水，一定要防滑，以免出现安全事故。因此，在装修时卫浴间地面要使用防滑材料，而大型瓷砖类的材料当为首选，因为它清扫方便、容易干燥，可拼贴出丰富的图案，且光洁平整，是非常实用的材料。有时为了防滑，也可在瓷砖上铺设一层防滑垫。另外，塑料地板的实用价值也很高，加上饰钉后其防滑作用会更显著。

## 忌016 卫浴间忌无窗户

卫浴间的湿度非常高，气流往往沉重难以流动，甚至会处于停滞的状态。如果没有窗户，空气就会因为不流通而变得污浊有害，会损害人的身体健康。一些住宅的卫浴间是全封闭的，没有窗户，只有排气扇，且排气扇也并不是经常开启，这是非常不明智的。

▲没有窗户的卫浴间会因空气不流通而变得污浊有害，有损人健康。

## 忌017 卫浴间地面忌高于卧室地面

卫浴间的地面不能高于卧室的地面，尤其是浴盆的位置不能有一种"高高在上"的感觉。传统的风水学说认为，水是向下流的，属润下格，长期住在被水"滋润"的卧室里容易使人发生内分泌系统的疾

## 忌018 卫浴间忌杂乱

卫浴间不宜摆放过多杂物以免杂乱。否则的话，会使原本就相对狭小的空间变得更加局促，一方面不方便日常活动，另一方面不利于空气的流通，还会导致照明不均，使得原本潮湿的浴室卫浴间更加潮湿。而最理想的浴室就是那些设计简单、摆设简洁、通风良好的浴室。

## 忌019 卫浴间忌四处流水

大部分的卫浴间都是这样，洗澡时水四处飞溅，纵横满地。要知道，卫浴间的水四处流淌，正是卫浴间潮湿的根源。所以卫浴间要设置良好的排水系统，以便将流淌在地上的水集中排出去。

## 忌020 卫浴间忌弥漫不洁之气

卫浴空间如果不干净或潮湿不通风，就会弥漫着带有臭味或霉味的不洁之气。为了不让不吉的阴气笼罩，首先要注意房间的通风排气，其次可以改善卫浴空间的摆设、颜色以及气味，像拖鞋、踏垫等的颜色可以选用与墙体颜色反差较大的色彩。去味方面，芳香剂很有效，但不环保，最好是选用一些香花

或香草。花是卫浴空间提升运气的幸运物，香草中可选含有能使心情平静的香味及有治疗失眠之效的香味，它可以减少卫浴空间的不洁之气，能给家人带来好运。

## 忌021 卫浴间忌有尖角的构件

卫浴间不宜选择有尖角的构件，如三角形或其他有锐利边角的物体。因为浴室空间相对较小，而人们在那里活动时皮肤裸露较多。因此，为避免擦伤、划破皮肤宜选择表面光滑，无突起、尖角的构件作为卫浴设施。

▲方形的玻璃小桌其桌角也形成尖角，对裸露的人体造成威胁，不宜。

## 忌022 卫浴间忌使用金属材料

卫浴间不宜使用冰冷、坚硬的金属材料，因为这些会让使用者感到不舒服，而且一不小心也容易对身体造成伤害。如果已使用了这些材质，则可以在卫浴间里挂上柔软的毛巾，这样会使整个卫浴间变得温馨、舒适起来，让人有安全感。

## 忌023 卫浴间忌压在卧室之上

一些别墅或复式住宅，在装修时往往只考虑同一楼层平面内各房间之间的搭配，而忽视了上下楼层之间的关系。其实，上下层之间的关系也是非常重要的，卫浴间不应该"压"在卧室之上。试想，如果卫浴间的污浊之气下降到卧室之中，睡在下面的人的身体怎么会好呢？

## 忌024 卫浴间忌有电吹风

电吹风不宜摆放在卫浴间。因为卫浴间有较重的湿气，会影响电吹风的使用效果和寿命。

## 忌025 马桶忌放在卫浴间的中间

马桶应该靠墙，不宜设在卫浴间中央。如果马桶处在中间，会破坏卫生间的整体和谐，还会给生活带来不便。

▲马桶处在中间，会破坏卫生间的整体和谐，还会给生活带来不便。

## 忌026 浴缸形状忌不规则

卫浴设施的选择很有讲究。浴缸的形状以长方形或圆形为吉利，规则的五边形、六边形也可以，但切忌使用三角形或不规则的形状，那样对使用者不利。

▲浴缸使用不规则的形状，不管是从安全还是从使用的角度来看都对使用者不利。

## 忌027 浴缸忌存水

浴缸是洗澡用的，不宜存水。有些人为了节水，泡澡后将剩下的水留着冲厕所、擦地。这种做法不卫生且会产生不好的风水效应。因为使用浴缸洗澡是要把脏东西洗下来，把水放掉，意味着和脏东西说"再见"了。如果存水的话，所洗掉的疲乏和坏情绪仍留在室内，就会干扰到生活。

## 忌028 马桶固定后忌轻易移动位置

马桶一旦固定了就不要轻易移动，千万不要为了有大洗手台或宽淋浴间而把马桶位置放至远离原排污管的地方，随意触动了污气会有意外发生。

## 忌029 热水器忌安装在浴室内

热水器切忌安装在浴室内，宜将其安装在卫浴间之外的通风处。如果实在无法将热水器安装在浴室之外，就要注意保持浴室的通风换气，避免煤气外溢而引起中毒。

▲热水器安装在浴室内容易受到损坏，由于浴室潮湿还会隐藏着触电的危险，如果浴室不通风透气还可能因煤气外溢而引起中毒。

## 忌030 卫浴间忌使用嵌入式盆台

有的人在装修卫浴间的时候，喜欢在卫浴间里砌一个盆台，盆台高出地面一两个台阶，然后将浴盆嵌在盆台里，这样的格局非常漂亮。不过，根据中国传统习俗卫浴间的地面不能高于卧室的地面，尤其是浴盆的位置不能过高。如果浴盆的位置高于卧室就意味着人住在被水侵蚀的卧室里，这使人容易患上内分泌系统的疾病。如果您非常喜欢这样的嵌入式浴盆，可以将它安置在另一间远离卧室的卫浴间内。

### 忌031 卫浴间灯具接头忌暴露在外

卫浴间比较潮湿，所以在安装电灯、电线时要格外小心。灯具和开关最好使用带有安全防护功能的，接头和插座也不能暴露在外。开关如为跷板式的，宜设于卫浴间门外，否则应采用防潮防水型面板或使用绝缘绳操作的拉线开关，以预防因潮湿漏电造成意外事故。

### 忌032 卫浴间镜子忌照出卫具

卫浴间一般会设有镜子，但千万不要设置在卫具的对面，使镜子映照出卫具的影像，尤其是不应使镜子映出卫具的使用者。因为这样的设置容易使人感到不舒服，甚至使人变得焦躁。为避免这种情况出现，则朝向卫具所在位置正对的四个方向不宜设置镜子。另一个最简单易行的办法就是将镜子设在卫具侧面的墙壁上，并且使两者之间留有一段空白距离。

▲卫浴间的镜子映照出卫具的影像，甚至照出使用者，易使人焦躁。

### 忌033 神龛忌放在卫浴间外面

对于有宗教信仰的人来说，神龛不能放在卫浴间外面，因为卫浴间是一家之中空气最差、最不干净的地方。卫浴间里面都可以经常通风，可是外面这一小块方寸之地，却连空气都不流通，这么污浊的环境，怎么可以放置神龛呢？而且人进人出，从神像面前经过很不敬。

### 忌034 忌将废水倒在卫浴间的花盆

绝大多数的洗涤行为都是在卫浴间进行的，因此在洗刷的同时，注意不要将带碱性的废水倾倒在花盆里，这样会导致植物死亡。

### 忌035 卫浴间的植物忌沾泡沫

卫浴间绿化的目的是让卫浴间产生"动"的装饰效果。绿化装饰的过程中应注意卫浴间是湿度和温度都很高的特殊场所，摆放植物的位置要避免肥皂泡沫飞溅玷污，否则既影响植物的生长又不卫生。

▲卫浴间摆放植物的位置要避免肥皂泡沫飞溅玷污，否则既影响植物生长又不卫生。

## 忌036 卫浴间忌用贴木皮类家具

卫浴间不宜使用贴木皮类家具。因为市场上的贴木皮类浴室家具多以实木或密度板为基材，使用实木皮板整体粘贴后再在表面刷附防水漆料，而基材本身易出现开裂现象，会影响防水效果，所以不宜用在卫浴间。

## 忌037 卫浴间的灯饰忌过多、繁复

卫浴间的整体照明宜选白炽灯，以柔和的亮度为宜，但化妆镜旁必须设置独立的照明灯作为局部灯光的补充。镜前局部照明可选日光灯，以增加温暖、宽敞、清新的感觉。在卫浴间灯具的选择上，应以具有可靠的防水性与安全性的玻璃或塑料密封灯具为主。在灯饰的造型上，不宜用繁复的灯型来点缀，更不可太低，以免累赘或发生溅水、碰撞等意外。

▲卫浴间的灯饰造型不宜太过繁复，更不可太低，以免累赘或发生溅水、碰撞等意外。

## 忌038 卫浴间的镜子忌太小

卫生间必须具备镜子，并可以稍大，有梳妆作用，亦可增大视觉面积及拓展视觉空间。太小的镜子起不到什么作用。

## 忌039 卫浴间忌选用深紫色

卫浴间不适宜选用深紫色装饰。因为深紫色虽然有浪漫的情调，但它同样会给人压抑、深沉之感。这种颜色须慎重选择，设计不当会让空间氛围忧郁黯淡。

## 忌040 卫浴间忌选用刺眼的颜色

卫浴间避免使用诸如大红色等刺眼的色彩，因为这样会令入厕者产生烦躁的心理。由于卫浴间是属水之地，所以卫浴间的颜色也最好选择属金的白色及属水的蓝色，既高雅又能产生安宁、静谧的感觉。

▲卫浴间使用诸如大红大紫等刺眼的色彩，会令入厕者产生烦躁的心理。

## 忌041 卫浴间忌太潮湿

卫浴间必须常保持干爽清洁，对家人的健康不利。

如果卫浴间潮气过重的话，卫具就极易受潮变形褪色，失去美感和应有的功能。而且潮湿的卫浴间还极易滋生细菌和真菌，使卫浴间内的物品出现难闻气味，并对人体造成不好的影响。

要坚决卫浴间的潮湿问题，首先在装修上做好防潮处理，具体包括，卫浴间的天棚宜选用具有防水、防腐、防锈特点的材料制成；地面铺设瓷砖时，要保证砖面有一个泄水坡度，避免水的蓄积，还要保持地砖与墙砖通缝、对齐，以保证整个卫浴间的整体感，以免在视觉上产生杂乱的印象；墙面的瓷砖也要做好防潮防水，而且贴瓷砖时要保证平整，若遇到给水管路出口，瓷砖的切口要小、适当，使得外观完美；卫浴间最好有窗户，以利通风，最好还有排风扇，而且排风扇必须安有逆行闸门，以防止污浊空气倒流。

其次，应选用具有防潮性能的家具，将卫浴间常用的物品，如毛巾、洗浴用品等收纳其中，避免物品收到影响。如果选用了容易受潮的木制家具，可在柜体底部采用金属作为支腿材料支撑柜体，这样就可以避免将潮气引向柜体，既能延长了卫浴家具的使用寿命，也能加强对物品的收纳保护。

## 忌042 卫浴间忌设在走廊尽头

当居室有较长的走廊时，就要注意走廊和浴室的关系，卫浴间只宜设在走廊的边上，而不可设在走廊的尽头。

▲卫浴间设在走廊的尽头使用起来很不方便。

## 忌043 卫浴间忌用黑色

卫浴间内宜用鲜艳的颜色，忌用灰、黑、蓝等阴沉色调。

# 第十一章

# 楼梯设计宜忌

现代住宅都是高楼大厦，离不开联系上下空间的楼梯。楼梯作为重要的『气口』，它可以使气通到一楼、二楼、三楼，甚至更高。在复式房的设计中，楼梯是承前启后的关键部位。楼梯的方位以及旋转的形状都会影响气流的流向，因此在居家设计时不可忽视楼梯的重要性。

# 楼梯设计之宜

　　随着复式、跃式、别墅等住宅结构的流行，家居多个层面的空间分隔就要靠楼梯来衔接，这时候楼梯就被纳入住宅的内部空间。楼梯作为房屋的通道，是家中联系"上"与"下"的纽带，其方位、形状、布置等就对住宅的内部布局产生了强烈的影响。

## 宜001 宜根据房子的坐向设置楼梯

　　楼梯的坐落位置宜根据房子的坐向来判断，以房子的靠山来选择楼梯位置。因为楼梯是转折的地方，而房子的靠山是营气的地方。如果房子是靠北面，那北面就是营造出好的气的位置，那这个位置就可以做二层楼梯转折、旋转的空间。但是也要注意这个位置是不是吉祥的位置，例如坐南朝北的房子，不宜将楼梯设在南方，这在古代风水学中有十分重要的讲究。以下是各个方位坐向的房子所对应楼梯的吉方位：

　　东南坐向的房子楼梯的吉祥位为南方、北方、东方；

　　西南坐向的房子楼梯的吉祥位为西北方、东北方、西方；

　　西坐向的房子楼梯的吉祥位为西北方、东北方、西南方；

　　北坐向的房子楼梯的吉祥位为：南方、东方、东南方；

　　南坐向的房子楼梯的吉祥位为东方、北方、东南方；

　　东坐向的房子楼梯的吉祥位为西南方、西方、西北方；

　　西北坐向的房子楼梯的吉祥位为南方、北方、东南方；

　　东北坐向的房子楼梯的吉祥位为南方、东南方、西方。

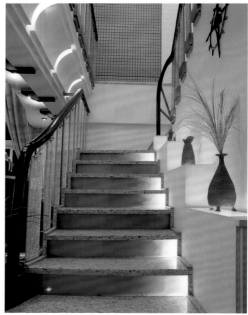

▲楼梯是转折的地方，而房子的靠山是营气的地方，因此，楼梯的坐落位置宜根据房子的坐向来判断。

## 宜002 楼梯宜设在隐蔽处

将楼梯设置在隐蔽处，隐藏在墙壁后面，用两面墙把楼梯夹住，能够避免楼梯口正对住宅的大门，同时还可以增强上下楼梯的安全感。为避免楼梯口正对大门也可以将楼梯反转设计，比如把楼梯的形状设计成弧形，使得梯口反转方向，背对大门。

▲楼梯设置在隐蔽处，可避免楼梯口正对住宅的大门，还可增强安全感。

## 宜003 楼梯进气口宜对着起居室等

楼梯进气口宜对着客厅、餐厅、起居室。因为客厅、餐厅、起居室都是一家人聚集的地方，楼梯对着这些地方，就能产生聚合的力量。但是如果楼梯口对着餐厅时，不宜冲到餐桌，这样会令在这里用餐的人很不安定。

## 宜004 大门和楼梯之间宜设屏风

如果大门直对楼梯口，大门的气就会直冲楼梯口。出现这种格局时，宜在大门和楼梯之间放置一个屏风，使"气"能顺着屏风进入家门。

▲大门直对楼梯口，宜在大门和楼梯之间放置一个屏风，使"气"能顺着屏风进入家门。

## 宜005 楼梯上行方向宜顺时针

人上楼时的行走方向应与宇宙螺旋场的运行方向相一致，以顺时针方向为宜，而且楼梯的上下弧度需要大小相同。

▲楼梯的行走方向应与宇宙螺旋场的运行方向一致，以顺时针方向为宜。

### 宜006 楼梯坡度宜根据家人情况来设定

楼梯的坡度宜根据家中成员状况来决定。若家庭中有老人和孩子，楼梯的坡度就要缓一些，踏步板要宽一些，梯级要矮一些，楼梯的旋转也不要太猛烈，这样老人、孩子在上下楼的时候才会有安全感。

▲楼梯的坡度宜根据家中成员状况来决定，若家庭中有老人和孩子，楼梯的坡度就要缓一些，踏步板要宽一些，梯级要矮一些，楼梯的旋转也不要太猛烈。

### 宜007 楼梯颜色宜与方位对应

根据五行的原理，楼梯宜根据其方位选择与其相配的颜色来装饰，这样有利于增添屋宅的运程。如果楼梯设在东或东南方，宜用绿色、蓝色；如是南方宜用淡紫色、黄色；北方则宜用灰白、米色、粉红色；西北方适宜灰、白、黄、棕、黑；东北方宜用淡黄，而西南方则宜用黄色。

### 宜008 楼梯高度差宜控制在首末步

所谓楼梯的首末步，就是与地面相接的第一级踏步和与楼板相接的最后一级踏步。这两步不仅是上下空间的连接点，也不仅仅是楼梯的支撑点，它们还是整段楼梯中最关键的地方。一般而言，楼梯的调整会在楼梯的首、末两级进行，而中段保持不变，所以有可能出现首、末两级的踏步高度与中段不同的情况。把调整安排在首、末两级有一定的道理，因为每个人在踏上楼梯第一步的时候总是十分小心，当熟悉了踏步的节奏后，心中的戒备才会逐渐放松，因此，楼梯中段的踏步高度必须保持与首末步相同。

▲楼梯中段的踏步高度必须保持与首末步相同，因此其高度差控制在首末步。

### 宜009 楼梯台阶宜防滑

楼梯台阶与坡道如不设防滑条的话，则踏步面应向内侧倾斜，以免人在上下楼梯时滑倒。楼梯台阶的材料一般采用实木、大理石或玻璃。应该注意的是：在选择玻璃做楼梯时一定要加设防滑条，且用于踏板的玻璃最好采用钢化玻璃，因为其承载重量大，且不像普通玻璃破裂之后容易出现锋利的尖角。

## 宜010 楼梯栏杆的宽度宜适中

在设计楼梯栏杆的宽度时，要首先考虑到安全问题，特别是有小孩的家庭，应考虑小孩头部被夹的可能性。栏杆间隔以8厘米为宜，因为8厘米的间隔正好可以防止小孩把脑袋伸进去。

## 宜011 楼梯的部件宜光滑、圆润

楼梯的所有部件都应光滑、圆润，没有突出、尖锐的部分，以免对居住者造成意外的伤害。试想一下，当女士们穿着裙子优雅地走上楼去，但裙子的后摆却被挂住了，会产生什么样的尴尬情形？同时楼梯的踏板要注意做圆角处理，避免其对脚部造成伤害。

## 宜012 宜根据情况选择楼梯处植物

楼梯处植物的摆设要根据实际情况来定。如果楼梯较窄，使用频率又高，在选择植物时宜选用小型盆花，如袖珍椰子、蕨类植物、凤梨等。还可根据壁面的颜色选择不同的植物。如果壁面为白、黄等浅色，最好选择颜色深的植物；如果壁面为深色，则选择颜色淡的植物为好。若楼梯较宽，每隔一段阶梯可以放置一些小型观叶植物或四季小品花卉。在扶手位置可放些绿萝或蕨类植物。平台较宽阔的话，可放置印度橡皮树等。

## 宜013 楼梯宜用环保材料

在选择楼梯款式的时候也应关心它是否由环保材料组成。切记不要选择那种会挥发出对人体有害的化学物质的材料，否则不利于家人的健康。

▲楼梯的所有部件都应光滑、圆润，可避免对居住者造成意外的伤害。

▲选用环保材料来作为楼梯的材料有利于家人健康。

## 宜014 楼梯光线宜明亮柔和

从所处的位置来讲，楼梯多给人较昏暗的感觉，所以光源的设计就变得尤为重要。主光源、次光源、艺术照明等方面都要根据实际情况而定。过暗的灯光不利于行走，过亮又易出现眩光，因此，楼梯的光线在确保清晰明亮的同时，还要追求一定的柔和度。

## 宜015 楼梯宜挂装饰画、装饰品

楼梯的细节美化是十分重要的。可在楼梯转弯处随着楼梯的形状摆放不很规则的装饰挂画，再配上一些比较有新意的装饰品，如金属质地的雕塑、艺术相框、手工烟灰缸等，这些装饰品在细节上与装饰画相呼应。如果一上楼梯，正对的墙面面积很大，那么可以根据自己的想法直接在墙面上画图案装饰，画图案最好是请专业人士来完成。

▲楼梯转弯处随着楼梯的形状摆放不很规则的装饰挂画，再配上一些比较有新意的装饰品可美化楼梯，还能体现宅主的文化品位。

## 宜016 宜合理利用楼梯底部空间

大多数楼梯下面都会留一个空间，这样的空间若能合理地规划，则能发挥很好的作用。例如在其底部装上一扇门，就可以成为一个储蓄室，里面摆上几个储物箱，可以分门别类地收藏东西。还可以根据楼梯台阶的高低错落，制作大小不同的抽屉式柜子，直接嵌在里面，用来摆放不同物品。楼梯踏板也可以做成活动板，利用台阶做成抽屉，作为储藏柜用。另外，那些不常用的东西以及孩子们所丢弃的玩具，或是那些等着回收的报刊废纸，都可以放置在这个地方，这样既合理利用了空间又能达到整齐美观的效果。除此之外，还可以将靠墙的一侧作为展示柜，展示柜可依楼梯的走势而设计，做成大小不一的柜子，然后再在墙上打上适当的柔光，使展示柜上的物件精美漂亮。

## 宜017 楼梯宜与住宅总体风格一致

楼梯设置要注意与住宅空间环境总体风格保持一致。和谐、统一是家居风水最主要的原则，如果楼梯的设置过于突兀，装饰过于哗众取宠，必然会让居住者觉得不适。

# 楼梯设计之忌

　　有人认为楼梯和房间不同，楼梯只是发挥通道的功能。其实，楼梯既是家中接气与送气之所在，也是最易发生事故的地方，倘若方位不当，就会给家中带来不利因素。因此在设计楼梯时，要避免一些不利于居住生活的格局与装饰。

## 忌001 楼梯忌设在住宅的中央

　　将楼梯设在住宅中央是不太合理的。房子的中央被称作"穴眼"，是"气"的凝结点。楼梯设在其中会把整个房屋底层分隔得支离破碎，使蛰居一隅的客厅成了门厅的陪衬，如同专为陌生人"留步稍候"而设的"大堂会客区"。一般认为客厅是全宅的中心所在，如果把楼梯设置在屋子中央，则显得喧宾夺主。而且楼梯是人经常走动的地方，喧闹不宁。

## 忌002 楼梯忌通向卧室

　　楼梯具有很鲜明的指向性，面对楼梯，人们都会不由自主地拾级而上，所以切忌进门处的楼梯直接指向卧房门，这样会将人们的目光引向私人空间。如果楼梯直通卧室的话，不仅不利于家人保护隐私，也会让来访者感到尴尬。

## 忌003 楼梯忌正对大门

　　传统的风水学认为，当楼梯迎大门而立时，楼上的人气与财气在开门时就会冲门而出，不利家人健康，也不利财运。若出现这种格局，可在梯级与大门之间放一面凹镜，这样可以把气能反射汇聚回屋内。

## 忌004 楼梯口忌正对厕所、门窗等

　　楼梯的进气口不宜正对厕所、门窗、灶口等。楼梯正对厕所，从楼口带进来好的气流就会直冲进厕所里；而楼梯口如果对着走出去的门或落地窗，会让住在楼上卧房的人望而生畏，尤其是直梯更严重；而如果楼梯口对着厨房灶口，亦是不宜的格局。

## 忌005 楼梯口和楼梯角忌正对房门

　　楼梯口及楼梯角不可正对卧房门和厨房门，特别是不宜正对新婚夫妇的新房门。因为楼梯口属"气口"，正对房门会让气流直接冲到房间，对居住者的健康不利。楼梯角正对房门的话，就形成了尖角对房的不利格局。如果无法避免这两种格局的话，可在卧房门、厨房门与楼梯口之间放一个屏风，或在厨房门、卧房门上挂个门帘以起到缓冲的作用。

## 忌006 楼梯底下忌作厨房、卧室

　　楼梯底下的空间呈倾斜状，高低不平，不宜作餐厅、厨房和卧室等。因为人在楼梯下面会感到很压抑，而且容易碰伤。如果想利用楼梯底下的空间，最好是将其设

一看就能明白的住宅宜忌 一用就能转运的设计妙招

计成储藏室或厕所，这样有利于家人的财运，使家中钱财越积越多。

### 忌007 楼梯扶手材料忌与方位相克

现代风水学建议，楼梯扶手分为木制扶手和金属扶手，五行属性为木和金，都有相克的对应方位。木制扶手不宜在东北、东南、西北、西南四方位，如果已经选用了，可以通过颜色来化解，只要使用红色、银白色或者咖啡色材料即可。金属扶手不宜在东和东南两个方位出现，若已经出现又不想换的话可以通过红色、深色来化解。

### 忌008 楼梯忌太低

楼梯与天花板的距离应大于2米，以避免碰头。若楼梯太低，上楼时总是要小心翼翼，这会给人的生活造成紧张感。太低的楼梯也会影响气的流通。

▲卫楼梯太低，这会给人的生活造成紧张感。太低的楼梯也会影响气的流通。

### 忌009 房间里面忌设置楼梯

房间里面不要设置楼梯。有些住宅为了要节省空间，就在卧室内做了楼梯通往楼上的小孩房间，这种情形会在视觉上造成狭窄的空间，且实际生活起来更为不便。

### 忌010 楼梯踏板忌用普通玻璃

楼梯的踏板一般可采用实木、大理石或玻璃。目前很多人喜欢玻璃台阶的剔透、冰冷及酷的感觉，但注意用于踏板的玻璃应是钢化玻璃，其承重量大。普通玻璃虽然也能承重，但破裂之后容易出现锋利的尖角，因此为安全起见，最好不要采用普通玻璃。

### 忌011 楼梯外形忌锯齿状

楼梯是现代建筑不可缺少的构件。但需要注意楼梯的形状，形如锯齿的楼梯是一种危险的房屋构件，因此楼梯不宜设计成锯齿形，否则会给家人安全带来不利。

▲形如锯齿的楼梯是一种危险的房屋构件，会给家人安全带来不利。

## 忌012 楼梯设计忌忽略台阶的高低

楼梯最忌讳的就是各个台阶的尺度不等。相信很多人都有在楼梯上被绊或踩空的经历，这两种情况都会让人惊出一身的冷汗。因为人在上下楼的时候，节奏感已经在脑子里形成了惯性，变成一件很自然的事，如果在楼梯这样一个陡面上，节奏突然被打断，就很容易发生意外。

## 忌013 楼梯坡度忌过大

楼梯是快速移"气"的通道，能让"气"从一个层面向另一个层面迅速移动。当人在楼梯上下移动时，便会搅动气能，使其改变流向。要使居家达到藏风聚气的目的，气流必须回旋，如果楼梯的坡度太大就会影响气的流通。为了避免楼上的"气"直冲而下，家居楼梯从形状上讲，应尽量不做直梯，而是做成折线形的楼梯（即有休息平台的楼梯）、螺旋楼梯或弧形楼梯。

▲楼梯的坡度太大就会影响气的流通，也不利于家人行走安全。

## 忌014 楼梯装修忌用硬材

在选用楼梯装修材料时，需要注意的是，如果不希望自己的居室呈现出宾馆、舞厅等公共场所的喧嚣气氛，就不要采用不锈钢等生硬的材料制作居室的楼梯。不锈钢等金属材料因为其明亮、耐用、加工便利等特点而早已被定位在公共设施的专用材料中，因此不宜家庭使用。

## 忌015 楼梯忌压在房屋的中心点上

楼梯的转台或最后一级不能压在房屋的中心点。因为房屋中心点在传统风水学看来是统管八方、八卦的，是房屋的核心，若核心动摇的话，八方皆乱。相对于斜梯和半途有转弯平台的楼梯来说，楼梯的第一个台阶在房屋中心还无大碍，如果到达楼梯尽头的平台是房屋中心，那就是不宜的格局。

## 忌016 楼梯扶手忌有冰冷感

冷暖适中的楼梯扶手会给居住者带来舒适的感觉。如果采用金属作为楼梯的栏杆扶手会给人冰冷的感觉，因此最好要求厂家在金属的表面做一下处理。金属在冬季时非常冰冷，尤其是冬天，会让人很不舒服，这对老年人尤为不利。目前，市场上有一种特殊材质的扶手，既有金属般的酷感，又不冰冷，适宜选用。楼梯的扶手直径则以5.5厘米为宜，使用起来会非常舒服。

解读住宅宜忌

## 忌017 楼梯踏级忌有缝隙

　　家庭中的楼梯踏级不应有缝隙。如果楼梯踏级有缝隙，这样不仅不利于居家安全，而且居住者走在上面，衣服也容易被勾住，易发生意外。

▲楼梯踏级有缝隙，这样不利于居家安全，居住者走在上面，易发生意外。

## 忌018 楼梯忌噪音过大

　　楼梯不仅要结实、安全、美观，在使用时还应避免发出过大的声音。在夜深人静的时候，踩在楼梯上所产生的"咚咚"声会显得有些恐怖。楼梯的噪音不但与踏步板的材质以及整体设计有关系，也与楼梯各个部件间的连接有关系，所以应该慎重选择。

# 第十二章

# 过道设计宜忌

过道是联系各居室的交通纽带，是家居的动脉，是居室中利用率最高的区域之一。作为室内人气旺盛的场所，过道应设在适宜的位置，而作为居室的『交通线』，方便行走是过道的主要功能要求。在设计过道的时候若是合乎设计原理则能为家居增添生机，否则会有许多不良的居住影响。

# 过道设计之宜

干净整洁的过道不仅会给居住者带来好心情，也方便居住者行走。过道是人们经常走动的地方，宜保持长期的照明，这样既方便日常生活，又能带来好的家运。过道的装饰美观大方能为居室增添高雅、宁静的气息。总之，过道的布置与装饰合理得当，能使居住者家运通畅，生活舒适。

## 宜001 过道边墙宜有艺术感

作为室内的主要"交通线"，如果在墙边铺上七彩的卵石，放上小海星、小贝壳等饰品，整个空间就会充满艺术感，也会给家人的日常生活带来好心情。

## 宜002 过道宜整洁、通畅

干净整洁的过道，会给居住者带来好心情，也方便行走。如果在过道堆放过多杂物或者垃圾，就会影响居住者的心情和生活，甚至使其生活失去方向，不利家运。

▲过道干净整洁，方便居住者随意行走，可给居住者带来好心情，同时还能使家中气流通畅无阻，可带来好的家运。

## 宜003 过道边墙宜重点装饰

过道装饰的美观主要体现在墙饰上。过道墙面的装饰方法有很多，如在一侧墙面安装内有多层架板的玻璃吊柜，放些纪念品等物；也可挂上几幅适宜的装饰画，这可起到补缺的作用，更能增添文明、雅静的气息；还可在过道面积稍大的一面墙上挂一块较宽的茶镜玻璃，玻璃下方墙脚处放置盆景或花卉来衬托。如果茶镜能反衬出室外的树木等景色，则有借墙为镜、延展空间的良好效用，使上下、内外相映生辉，生生不息。

▲过道上点缀着几幅装饰画，增添了许多文明、雅静的气息，同时还延展了空间。

## 宜004 宜根据需要设定过道宽度

居室过道的宽度可以根据不同的需要设定。居室入口处的过道常起门斗的作用，既是交通要道，又是更衣、换鞋和临时搁置物品的场所，还是搬运大型家具的必经之路。在大型家具中，沙发、餐桌、钢琴等的尺度较大，在一般情况下，过道净宽不宜小于1.2米。通往卧室、起居室（厅）的过道要考虑搬运写字台、大衣柜等物品的通过宽度，尤其在入口处有拐弯时，门的两侧应有一定余地，故该过道宽度不应小于1米。通往厨房、卫浴间、贮藏室的过道净宽可适当减小，但也不应小于0.9米。各种过道在拐弯处应考虑搬运家具的路线，以方便搬运。

## 宜005 过道地面宜平整、易清洁

作为室内的"交通线"，过道的地面应平整、易于清洁。地面材料以硬质、耐腐蚀、防潮、防滑材料为宜，多用全瓷地砖、优质大理石或者实木及复合地板，这样可以避免过道地面因行走频率过高而过早磨损。

## 宜006 过道宜以攀附状植物为主

居室的过道往往较窄，且大多光线较暗淡。此处的绿化装饰大多选择体态规整或攀附为柱状的植物，如巴西铁树、一叶兰、黄金葛等；也可用小型盆花，如袖珍椰子、鸭跖草、凤梨、吊兰等，

采用吊挂的形式，这样既可节省空间，又能使空间的气氛活泼。也可以根据过道壁面的颜色选择不同的植物，假如壁面为白、黄等浅色，则应选择带颜色的植物；如果壁面为深色，则选择颜色淡的植物。总之，该处绿化装饰选配的植物以叶形纤细、枝茎柔软为宜，以缓和空间视线。

## 宜007 过道地面宜铺设实木地板

过道地面主要有实木地板、瓷砖和地毯三种装饰材料。中式风格的过道装饰中，最好使用实木地板而不用复合地板。虽然复合地板的图案多样、色彩丰富，但太过强调现代气息，而实木地板的色彩单纯，赋予过道宁静、古典的气息，且实木地板具有更高品位的质感，与室内其他家具等搭配和谐。

▲过道使用实木地板，色调单纯，营造出一种宁静、古典的气息，与其他家具更和谐一致。

## 宜008 过道地毯宜耐磨

选择过道的地毯时要注意铺设的位置和该处的行走频率。过道是走动频率较高的区域，因此宜选用密度较高、耐磨的地毯。一般而言，素色和没有图纹的地毯较易显露污渍和脚印；割绒地毯的积尘通常浮现于毯面上，但尘污容易清理；而圈绒则容易在地毯下面沉积灰尘，较难清除。优质地毯有不褪色、防霉、防蛀、阻燃等特性。选购人工或机织地毯时，应注意是否有厂方提供的防尘、防污、耐磨损、防静电等保证。

▲过道是走动频率较高的区域，宜选用密度较高、耐磨的地毯。

## 宜009 大面积过道宜摆放绿色植物

若是过道比较宽阔，可在此配置一些观叶植物，叶部要向高处发展，使之不阻碍视线和出入；摆放小巧玲珑的植物，会给人一种明朗的感觉。也可利用壁面和门背后的柜面放置数盆观叶植物，或利用天花板悬吊抽叶藤、吊兰、鸭跖草等。至于柜面上，可放置一些菊花、樱草、仙客来、非洲紫罗兰等。宜将室内的花草每周对换一次，以达到调整绿色植物生长环境的目的。

▲宽阔的过道配置绿色的观叶植物，可以给居室更换新鲜的空气，带来无尽的春意。

# 过道设计之忌

过道在居室中的效应容易被忽略，如果在过道堆放过多杂物或者垃圾，会影响居住者的心情和生活，不利家运。因此，过道在设计、装饰美化上也应符合一些因应之道。

## 忌001 过道忌直冲卧房门

住宅里面的过道不宜直冲卧房门，这样会让气流直接冲向卧房，影响房间里的气流走向，无形中也影响了家庭的和谐。

## 忌002 过道内忌有横梁

横梁是装修设计中应注意的问题，也是较难处理的问题。如果小过道内出现横梁，一般可做假天花来化解，这样既美观大方，又解决了风水方面的问题。否则，有碍美观，还会使人心理有压迫感，导致家人工作可能出现阻力，做事不顺利等。

▲过道内出现横梁，有碍美观，还会使人心理有压迫感，导致家人工作不顺。

## 忌003 过道忌直通、宽窄无度

过道不宜宽窄无度，一通到底。一般过道控制在90厘米左右，最宽为1.3米。如果宽度超过1.8米则视为"缺"，补救的方法就是使之变窄。过道的长度也有一定限制，不宜一通到底，一般控制在整个住宅长度的三分之二以内。如果过道一通到底，把一个居室分割成两半，就不是适宜的格局。补救的方法是在过道的尽头处改建橱柜，把过道长度缩短到宅长的三分之二以内。

## 忌004 过道忌过多

室内的动线设计要流畅。走道不宜过多，最好是以客厅为中心，能四面八方前往各单独房间。如果过道绕来绕去，或穿过一房再进入另一房，都不宜。

## 忌005 过道尽头忌正对厕所

过道的尽头不宜正对厕所，否则厕所的秽气就会直冲过道而污染全宅，而且这也有碍观瞻。出现这种情况宜在过道安门，安门后在客厅就不会看到他人出入厕所的尴尬情况，也可避免厕所的秽气流入客厅。

### 忌006 过道壁柜忌潮湿不通风

过道的壁柜常因通风、防潮不良而造成贮藏物品霉烂，所以对设于底层或靠外墙、卫生间等容易受潮部位的壁柜，应采用积极的防潮措施，宜保持其通风透气，避免壁柜受潮生霉。所有壁柜内均应平整、光洁且应经常清洁整理，以免细菌、真菌滋生在角落缝隙里，损坏壁柜和其中的物品。

▲过道壁柜不通风，防潮不良就会使贮藏物品霉烂，应该保持其洁净、通风。

### 忌007 过道忌有利器

许多家庭在装修时，在屋内的小过道做假天花板，在天花板上开一个柜的位置，使其变成了一个储物柜。在储物柜内摆放一般物件，如衣服、棉被等是没有问题的，但不宜摆放利器，以免发生意外。过道边墙也不能挂刀、箭等利器，避免其掉下来伤害到家人。

### 忌008 过道地毯忌不透气

地板的阳气很强，如果在上面铺上不透气的地毯，就会阻隔阳气，导致家里阴气增加，所以要选择通气良好的地毯铺设过道。另外，地板是吸收大地能量的过滤器，但深色、陈旧的地板不能充分吸收大地的能量，所以应该选择铺设明亮色调的地板或地毯。

# 第十三章

# 窗户设计宜忌

住宅反映了居住者的矛盾统一观念，既希望与外界保持适度的距离，获得独立性和安全感，又希望与外界连接在一起，达到和谐的统一，因此需要一条通向大自然，通向社会人群的纽带，窗户就是这独特的纽带。窗户是最能体现一宅格局之优劣的，因此，在居家设计中，宜注意窗户设计的一些宜忌，使其方位格局与装饰布置均能合乎居家之道。

# 窗户设计之宜

窗户是住宅与外界接触的第二通道，也是人们在屋内视觉上与外界经常接触的媒介，视线状况的好坏会直接反映到人类的大脑，影响人们的心理状态。从风水学角度讲，窗户与门一样，它的位置、形状、大小决定着居家纳气的旺衰、强弱。

## 宜001 窗户宜靠南开

传统风水学比较强调住宅向南。从自然的角度来说，向东或向西的房子分别在上午和下午被强烈的阳光照射，向北的房子有北方寒冷之气，而向南却有暖和之气，因此民间有句俗语："千金难买向南居。"窗户向南亦同此理。所以窗户要尽量靠南开，比如开在东南、西南、正南，这样就可以接纳南边不寒不燥的气，对人体健康和人的命运都有较好的影响。

▲ "千金难买向南居"，窗户也应尽量向南开，这样就可以接纳南边不寒不燥的气，对人体健康和人的命运都有较好的影响。

## 宜002 住宅东南墙宜开窗

不论任何坐向的房屋，最好在东南面的墙开设窗户，这样，早上起来居室就会被阳光充满，由此自会带来好运气，且使室内干燥不生霉气。

## 宜003 宜靠窗摆放休闲椅

居家休闲时是一天最惬意、最放松的时刻。窗户光线充足，通风良好，将休闲椅摆放在此是最好不过的选择。在摆放时要注意，休闲椅的活动范围要尽量靠近窗边，这样可以使看书、看报、闲聊有一个良好的环境。

▲ 窗户光线充足，通风良好，将休闲椅摆放在此可给人最惬意的放松时刻。

## 宜004 窗户宜正对弯曲的马路

房屋的大窗如果正好正对弯曲的马路，这就是传统风水中所谓的最难得的"九曲水"。有了"九曲水"，住宅被水环抱着，寓意着运气就不会流散，还会使好运连连不断。

## 宜005 窗外宜见公园和水池

窗外有公园、球场主吉；窗外见环抱路，亦为见财吉兆；窗外见湖河或向海为明堂水，可使事业兴旺。相反，窗前空旷无水也是吉祥的，是为明堂宽阔，亦能使事业发展平稳。住宅窗前宜有半圆形池塘或溪水，圆方朝前，基地主正，是发财的格局。

▲窗外见空旷广阔的公园可使事业发展平稳，见水池为明堂水，旺事业。

## 宜006 宜开方形窗或拱形窗

窗户的形状宜设计成方形、拱形或椭圆形。方形窗、拱形窗、圆形窗给人以宁静安详的感觉，适合装设在卧室、玄关和休闲室。而方形窗尤能给人振奋肯定之感，适合开在餐厅和工作场所。

## 宜007 大窗户宜设计成组合窗

为了建筑外形的美观，设计师通常会把窗户设计得比较大，但为了避免因气散而影响宅运，建议将大窗设计成由多块玻璃组合而成的形式，其收到的装饰效果相同又不会影响宅运。

## 宜008 窗户高度宜超过人的身高

窗户的顶端高度必须超过居住者的身高，这既可增加居住者的自信和气度，确保空气的流通，同时也使居住者在眺望窗外风景时不致因弯腰弓背而感到吃力。

▲窗户的高度高过人的身高，可增加居住者的自信和气度，确保空气的流通。

## 宜009 窗户宜大小适中

窗户不宜过大，也不宜过小。住宅的窗户太大有可能导致内气外泄，窗户过小或四面不开窗的房子会显得寒碜小气、暗无天日，居住者也有可能变得气量狭窄、萎靡退缩。如果窗户过大，可悬挂百叶窗或窗帘来弥补这个缺陷，不过百叶窗比窗帘更易于吸纳外气，所以效果比窗帘好。

### 宜010 窗形、窗向宜与五行相生

现代风水学专家指出，窗的形状、方位与五行相关，运用得当有助于加强家居吸收能量和增加活力。窗户的五行形状为：金形圆、木形长、水形曲、火形尖、土形方，要有针对性地选择使用。

圆形或弧形的窗户属金型窗。开在西、西南、西北、北与东北等方位为最适用，它能使住宅的外立面产生一种凝聚力，并会在家中形成团结的力量。

直长形窗属木型窗。其最适合的方位是东方、南方与东南方，它能使住宅的外立面产生一种向上的速度感，并会在家庭中形成积极向上的氛围。

双弧形或圆形组合的窗户属水型窗。其最适合的方位是北方、东北方与东方，它能使住宅外立面产生一种浪漫的感觉，可以转化、消除不利的方位带来的寒气，为从事艺术工作的人增强灵感。

八角窗或尖形窗户属火型窗。开在住宅中心位置以及南、东北、东南、西北与西南等方位能补旺地运，激发人的斗志，让人对事业充满激情。

正方形或长方形窗属土型窗。开在住宅的南、西南、西、西北与东北等方位能使住宅的外立面产生一种安定、稳重之感，并会在家中形成平稳、踏实的氛围。

### 宜011 窗户宜向室外的方向打开

窗户的设计可决定气的流通。窗户向外开不但可使大量的气进入室内，且开窗时可使室内浊气外流，因此可加强居住者的气合，增加成就事业的运气。作为住宅的"风水眼"，要确保所有的窗都容易打开。在日常生活中，应该保持每天最少开窗一次，让新鲜空气与光线进入家中。

▲窗户应设计为向室外的开合方式，向外开的窗户可使大量的气进入室内，且开窗时可使室内浊气外流，可加强居住者的气合，增加成就事业的运气。

### 宜012 窗户开口部宜与墙角无裂缝

家装收工验收时，要注意看窗户开口部与墙角是否有斜向裂缝，裂缝是否持续延伸或扩大。假如裂缝数目少且裂缝很小，则属于正常范围，但如果裂缝持续延伸而且范围扩大，就应及时补救，以免后患无穷。

## 宜013 安装窗户时要考虑安全因素

居住在首层的人家，在窗户或阳台加装金属护栏时，有两方面的基本要求，一是要美观，二是要考虑安全因素。安全指的是在防止外部入侵的基础上，当室内发生盗贼或火灾时，能给自己的家人留下从窗口逃生的可能，不能完全封死。因为在火灾中，首层住户从窗台和阳台疏散的可能性很大。

## 宜014 安装窗户宜考虑隔音功能

随着人们生活水平的提高，对居家的私密隔音性要求也越来越高。作为与家居隔音息息相关的窗户在安置的时候要考虑到噪音污染，宜选购隔音效果比较好的装饰材料。

## 宜015 窗框的颜色宜与方位配合

窗框和墙壁漆成不同颜色，则可将外部景致明显地纳入窗中，形成一幅天然的风景画，能为居住者带来活力和创造力。但选色最好要注意，若能选择与方位配合的颜色，则对宅运便会有益。下面为八个不同方向的窗台配合色：

向正东的窗户宜用黄色、褐色；

向东南的窗户宜用黄色、褐色；

向正南的窗户宜用白色、银色；

向西南的窗户宜用蓝色、黑色；

向正西的窗户宜用绿色、青色；

向西北的窗户宜用绿色、青色；

向正北的窗户宜用红色、粉红；

向东北的窗户宜用蓝色、黑色。

## 宜016 窗台宜点缀花木和盆景

在窗台上摆放一些花木、盆景会令人赏心悦目，在风水学上也有趋吉避邪之寓意。人的视线会因停留在这些近景上，而忽略窗外的视线，而阳光和空气的数量和质量也不会受到影响。另外，还可设计一些精致的托架，使花木分为几个层次摆放。例如，窗户的上部挂一盆吊兰，中间用厚玻璃托起浅盆花草，窗台摆放盆景或其他小摆设。这些小点缀恰似点睛之笔，可使窗户生辉不少。

▲窗台摆放花木、盆景会令人赏心悦目，并能起到趋吉避邪之寓意。

## 宜017 窗户宜安装窗帘

无论是为了保护室内的隐私，还是为了遮挡阳光，或是美化居室，窗帘都是不可缺少的。一般而言，窗帘的选择应具备以下条件：阳光充足的窗户宜用质地较厚且颜色较深的窗帘；阳光不足的窗户宜用质地较薄且颜色较浅的窗帘。

**宜018** 宜按功能区选择窗帘的材料

窗帘的制作材料有棉布、印花布、无纹布、色织提花布、丝绸、锦缎、冰丝、乔其纱、尼龙、涤棉装饰布、质地较厚的丝绒、平绒、灯芯绒等。从布料的装饰效果看，客厅、餐厅可选择图案较大又具优雅特色的布料；卧室窗帘要求质厚，保证私密性及睡眠舒服安逸；书房要求透光性能好的质料，色彩宜淡雅；浴室窗帘应选择遮光好、易洗涤的PVC面料，风格力求简单流畅。

**宜019** 窗户宜宽敞明亮

空气、光线会影响居住的品质。祈求平安健康的住宅，就要保证宅内有充足的空气和光线，四面封闭无窗或窗户狭小会使室内空气阻滞、光线幽暗、室内潮湿，方位再好也难以平安、健康，所以窗户最好宽敞明亮。

▲窗户宽敞明亮，给室内带来了充足的光线和空气，使整个住宅充满明媚的阳光，能给人带来愉悦的心情及积极向上的精神面貌。

**宜020** 宜根据空间选择窗帘的图案

窗帘的图案对空间的影响很大。横向的图案可以从视觉上扩大空间的长度；垂直的长条图案可以延展空间的高度。如果房子楼层太矮，不妨利用直条纹的布帘。较小的窗户选择窗帘以图案简单、淡色、细花的为首选。小房间的花型不宜过大，而较大的房间可以适当选些大的花型。窗帘图案的选择也应与装修的风格相一致，如花鸟山水图案的窗帘典雅、古朴，而直线、三角、圆形等几何图案构成的图案则给人一种现代感。

**宜021** 宜根据外部环境选择窗帘

窗帘的选择与外部环境有很大关系。如窗户正对医院或尖锐的屋角、不吉之物等，而且相距甚近，那便应在窗户安装本制百叶帘，并且尽量以少打开为宜。窗帘的使用应有利于住宅内气息的新陈代谢。

▲窗帘宜根据居室的外部环境选择，其使用应有利于住宅内气息的新陈代谢。

## 宜022 宜依据窗户的方位选窗帘

不同方位的窗户宜根据其不同的特征选用不同的窗帘。百叶帘和垂直帘宜用于东边窗户，它们具有纱一样的质感，并能通过淡雅的色彩和柔和的光线给人产生视觉上的清爽凉意；日夜帘宜用于南窗，因为其强遮光性能遮挡来自南方的强烈光照和高温热能，还能为居室保持良好的隐秘性；而百叶帘、风琴帘、百褶帘、木帘和经过特殊处理的布艺窗帘，都是能为西边窗户将夕照扩散、隔绝紫外线的不错的选择；至于百叶帘、风琴帘、卷帘、布艺窗帘能提供均匀而明亮的光照，宜用于北方的窗户。

## 宜023 窗帘的长度、宽度宜合适

窗帘的长度一般应比窗台长30厘米，当风吹起窗帘时，房内的情景就不至于显露出来。如果使用落地窗帘，那么窗帘最好高出地面3～5厘米，如果过长，则容易弄脏；如果太短，就不好看。窗帘的宽度应比窗宽出30厘米以上，以便遮得严密。

如果窗帘有褶皱，那么窗帘的宽度至少要有两个窗宽，这样才显得好看。

## 宜024 宜定期清理窗户

在使用效果上，住宅的窗户是房间光线的主要来源。如果窗户比较杂乱、不洁，就可能导致光线不能顺畅地照入房间，也就无法利用阳光对室内进行消毒。人们常说，窗户代表人的眼睛。住宅的窗户是否干净，就代表着人的眼睛是否干净。因为中医认为眼球属火，眼白属木；在身体上，心脏属火，肝脏属木，所以眼睛的健康与否与心脏和肝脏的健康状况又是密切相关的。因而住宅窗户的干净与否，不仅直接关系着眼睛，还关系到人的心脏和肝脏。

## 宜025 大房间宜选用布窗帘

房间的面积较大，宜选用布窗帘，有助于睡眠和阻挡外界的不良影响。落地的长帘可营造一种恬静而温暖的氛围；在小房间中，最好选用容易让大量光线透过的百叶帘。

# 窗户设计之忌

作为住宅的眼睛，作为个体通往自然和社会人群的纽带，窗户关乎整个住宅的美感。在居家设计中，它的种类、形状、方位、装饰都与住宅的整体风格息息相关。因此，窗户的设计宜注意一些"忌"，否则就会造成不良的影响。

## 忌001 房间忌没有窗户

除非是贮藏室，不然房间都应该设置窗户。没有窗户的房间密闭不透风、采光差、毫无生机，于居家不利。

## 忌002 房间的窗户忌太多

窗户太多会产生很强的气流，而太强的气流不利于居住者的健康，并会损及财运，使家庭问题层出不穷。因此，要避免在同一个方向有三个或三个以上的窗户。

▲住宅的窗户太多，会产生很强的气流，气流过强损及财运，于居家不利。

## 忌003 窗户忌朝向北方

窗户和门一样，是吸纳阳光和空气进入室内的关键，也是私人生活和外界沟通的通道。家居不宜处在缺乏天然光线的环境下，这样很容易让人心情变得烦闷。北方背光，窗户开在该方位难以采光，故不适宜。

## 忌004 窗口忌正对大门

大门是气流进入的门户，吉气入宅，就不要轻易让它跑掉。但是，当住宅大门正和窗户相对，吉气就会从这边进那边出，不能停留。因此不可让窗口与门口相对，如果已经出现这样的情况，可以在这个窗户之前，开隔一个房间，用墙壁和大门分隔开。也可以在大门前设置一屏风，分隔窗口及门口。

## 忌005 窗户忌离隔壁住宅太近

窗户与隔壁的房间要保持一定距离，并且这个距离要尽量地大，这样才有利于采光，同时保护各自的私密空间，否则不利于居家安全。

## 忌006 窗户忌与附近住宅窗户太近

如果两宅的窗距离不超过十米，便可谓接近了，两窗太近，两家人的隐私更容易被窥探到。如果两宅的窗距离超过十米，在传统的风水上可谓互不相干。不过这只限客厅的窗相对，其他的窗相对则不成问题。

## 忌007 窗户忌对着大镜或铁镬

我国居住空间很狭窄，住宅窗口对着别家窗口很平常。但如果别家在窗下挂铁镬，就会对自己不利。假如对窗的人挂了铁镬，可以落下窗帘，以化解不便的尴尬。也可以在窗前种些植物，一般人认为龙骨是不错的选择，若买不到龙骨，可以购买黄金葛来代替。

## 忌008 窗户忌开在篱笆旁、大树下

窗户不宜开在大树下面或者篱笆攀藤的旁边。如果窗户开在篱笆旁、大树下，无疑是给盗贼开了方便之门。传统的风水学口诀有云："窗户立于攀藤篱笆旁、大树之下，易有淫邪盗劫。"古人相信窗户开在篱荫树下除了易惹盗贼光顾之外，还易招邪荡之事。

## 忌009 西南方忌开落地窗

西南方向的鬼门方位，不宜开落地窗。如果已经开有落地窗，最好把它改成墙壁，或者把门上的玻璃固定，然后在玻璃外侧种植矮木。

## 忌010 窗户忌对着吵闹之处

从室内窗户看到隔壁之浴室、寝室、厕所或高耸尖冲之物为不雅之事。同时因为窗户是噪音入口的地方，故此亦不宜直对消防站、救护站、学校或戏院。古语有言："高物压窗，百病业生，朱雀争鸣，婚破事破。"

## 忌011 窗外忌看见晾衣竿

倘若两宅的距离很近，两家窗户都很接近，对方在窗前插上晾衣竿，便会影响本宅家人的视野。但如果两宅之间的距离超过30米，对方插晾衣竿就不会有问题。

## 忌012 窗外忌有遮拦物

居家窗外如果有太多的铁制护栏，会让人联想到监牢囚室，产生拘束之感。另外，家庭居所的窗外最好不要有大型广告牌，这不仅遮蔽了视线，而且不利于空气的对流。

▲窗外适当的翠绿植物，可给居室带来新鲜空气，反之如果窗外出现过多的铁制护栏则不吉。

### 忌013 窗外忌有霓虹灯

晚上窗户外面的灯光照射进房间里，不吉，这种光线使人的情绪经常处于躁动和不稳定的状态中，人长期受这种光线侵扰，易患神经衰弱。

### 忌014 窗外忌有乱石

窗外如对着清新翠绿的山，会令人心旷神怡，在风水学上亦会令人身体健康、精神倍加，夫妻感情好，父母子女皆能和睦相处。但窗外山形欠佳，如怪石嶙峋，瘦山无草，或正对山溪之乱石，易导致家庭成员在情绪上产生消极、不快乐的状况。

### 忌015 窗户忌设计成"哭"字屋

房子的正面，开了两扇窗户，而两扇窗户却分隔在左右两边，并没有连接在一起，就像一对哭丧的眼睛，这就是窗户的"哭"字格局。化解的方法就是将中间阻隔的墙拆除，形成两个窗子合并的设计，或者是封闭其中的一个窗户，这样自然就破除了"哭"字格局。

### 忌016 窗户把手表面忌处理不良

窗户与建筑结构体一定都有边框相连，为了方便开启窗户，都要安装各式把手。窗户把手表面处理不良，容易引起意外擦、刮伤。因此，要选品质优良的窗框，且要注意五金把手的质量，避免无谓的伤害。

### 忌017 窗户忌缺乏安全性

为了确保住宅的安全以及居住者的健康，窗户绝对不能出现安全隐患，如有破损一定要尽快修复，有裂缝或破了的窗玻璃要尽快更换。破损的窗户无法挡风遮雨，影响居住者的生活和安全。另外，窗户破损还容易让居住者心理不适，会带来不利的情绪。

### 忌018 两面开窗忌正对

两面正对的墙壁之间同时开窗对于居家也是很不利的，因为这会造成难以藏风聚气的结果，其弊处和"前后通，人财空"的道理是一样的。

### 忌019 窗户造型忌花哨

窗户由许多不同形状、不同规格的造型组成，过于花哨，就会失去平衡，缺少稳定性且还会给人眼花缭乱的感觉。建议只选择一种形状、且规格统一的窗户为好。

▲窗户的造型多样，过于花俏就会失去平衡。

# 第十四章

# 阳台设计宜忌

自然界中，光是一切动力的源泉，阳台作为住宅最直接的采光之所，其方位格局及装饰布置与整个住宅息息相关。因此，阳台的空间安排及一切设施除了符合实用要求，在注意安全与卫生的同时，还要注意符合格局设计之道。

# 阳台设计之宜

阳台是居住者采纳自然之光，呼吸新鲜空气，进行户外锻炼、纳凉、晾衣服的场所。因此，阳台的布局设计不仅要细心，也要周到。一般而言，阳台的方位以朝向东方或东南方为佳。阳台的装饰也至关重要，不少家庭除了在阳台摆放植物外，还在那里放置各类饰物，这样既有美观的作用，又能增加生机。

## 宜001 阳台宜清爽整洁

许多人出于习惯，喜欢在阳台堆放杂物、放置洗衣机等，使阳台凌乱不堪、这会破坏阳台的环境，影响家庭的美观、舒适。阳台宜保持整洁清爽，不要堆积杂物。可以在阳台的侧墙上整齐地悬挂富有韵味的陶瓷壁挂、挂盘等装饰品；或把侧墙做成物架的形式，以供放置装饰器物；也可以在光滑素雅的侧墙面上挂置用柴、草、苇、棕、麻等材料做成的编织物。这样布置既增添了生活情趣，又使阳台洁净雅致。

▲少杂物、整洁干净的阳台体现出主人良好的涵养，同时还能带来良好的效应。

## 宜002 阳台的遮阳篷宜讲究质量

遮阳篷要接受仲夏时节阳光的照射和日常风雨的吹打，因此在选择时一定要注重其质量。它不但要有装饰作用，还必须能遮挡风雨。这种遮阳篷可用比较坚实的纺织品做，也可用竹帘、窗帘来制作。形式上应该做成可以上下卷动的或可伸缩的，以便按需要调节阳光照射的面积、部位和角度，也能使阳台一侧的房间免于强烈的照晒，从而形成室内工作、休息的舒适环境。

▲遮阳篷要讲究质量，可用较坚实的纺织品，做成可伸缩转动的。

## 宜003 阳台宜有顺畅的排水功能

阳台宜有顺畅的排水功能。因为阳台一般是对外敞开的，下雨的时候就会有大量的雨水进来，所以地面装修时要考虑水平倾斜度，保证水能流向排水孔。注意，千万不能让水对着房间流，否则就"泛滥成灾"了。

## 宜004 阳台宜朝向东方、南方

阳台宜朝向东方，正如古语有言曰"紫气东来"。所谓"紫气"，就是祥瑞之气。祥瑞之气经过阳台进入住宅之内，一家人必定吉祥平安。而且日出东方，太阳一早就能照射进阳台，屋宅变得既光亮又温暖，全家人也因此精神充沛。阳台也宜朝向南方，有道是"熏风南来"，"熏风"和暖宜人，令人陶醉，在风水学上也是极好的。

▲古人云"紫气东来"，将阳台朝向东方，可招来祥瑞之气，另一方面东向阳台可以迎接更多的晨光，可使人朝气蓬勃，充满生机。

## 宜005 阳台形状宜方正

阳台几乎是一间房子的呼吸道，是直接接触外界的自然空间，若一间屋子的阳台形状方正，摆设整齐，屋子的气流自然变得顺畅，人住在里面也会感到舒适、愉快。相反，若阳台形状歪斜，或是堆放众多杂物，整间房子就会变得窒息凝固，居住在里面的人往往会受到影响，小则容易情绪郁闷，大则攸关事业的起伏，因此买房的时候需要特别注意。

## 宜006 阳台宜有预留的插孔

阳台宜有预留的插座。如果想在阳台上休闲、读书，或者听音乐、看电视等，那么在装修时就要留好电源插座。

## 宜007 阳台装修宜强调需要的功能

阳台的改造有着悠久的历史。最早的阳台做过厨房、洗衣房。后来又出现了把阳台作为健身房、花园、茶室的设计。每一种改造方法都有它的缺憾。因此选择阳台装修要强调一种自己最需要的功能，尽可能提高它的利用率。

## 宜008 阳台宜设计成健身区

现代家居空间有限，阳台因为是露天的，空气新鲜充足，特别适合运动，因此特别适合设计成私人的健身房。可在阳台的地面铺设纯天然材料的地板或地毯，营造出一处宁静的空间。日常的时候抛开令人烦恼的工作、郁闷的心情，在阳台将整个身心放松下来，并在此摆放一台迷你音响，配上一副哑铃、一个拉力器，一边听音乐，一边做一些简单的运动，既愉悦了心情又锻炼了身体。

### 宜009 改建阳台宜注意安全

有些人为了要把室内的实用面积扩大，往往把阳台进行改建，将客厅向外推移，使阳台成为室内的一部分。这样能使客厅变得更宽大明亮，但必须注意要保证楼宇结构安全。由于阳台是突出房外的部位，承重力有限。因此，在改建时，要仔细测算，并且不要把包括大柜、沙发及假山等重物，摆放在阳台，因为这些高大沉重的物品会让阳台负荷过重，从而威胁到楼宇结构的安全。阳台改建后，把较轻的物品摆放在那里，则既不影响楼宇安全，同时还可保持阳台原来的空旷。

### 宜010 阳台宜设计成小书房

用玻璃和木材把阳台封闭成居家小书房也是一个较理想的布置。窗外的绿叶仿佛伸手可及，好像马上就会浸入居室。自然与居室就这样在阳台这个小小的空间相交融，营造出一种不错的读书与学习的气氛。为了节约空间，家装设计时可将书桌、书架和文件柜设计得小巧别致，这样既为户主提供了完善的实用功能，又不多占空间。

### 宜011 书房变阳台要注意保暖

阳台变书房，关键要注意保暖。深更半夜在阳台上看书写字，最怕的是壁寒，损害健康，因此阳台窗户一定要密封好。装修时要先检查原有的窗户，封闭不严的要加密封条，封闭性差的，最好加一层塑钢窗。有了双层玻璃窗，阳台的温度才能得到保障。

▲改建阳台时要确保楼宇的安全，因为阳台的承重能力有限，故不宜放置过重物品，改建后应保持原有的空旷。

▲安置在阳台的书房一定要密封好，才能保障书房的温度。

宜012 宜在阳台上横置晒衣竿

为了方便晾晒衣物，阳台上方挑梁吊钩上适宜横置晒衣竿，也可伸出阳台设置晒衣架。现在市场上有一种手动式升降晒衣架，使用牵引绳控制高度，既可晾挂衣物，又不影响人在阳台上活动，比较方便。

宜013 阳台上宜选择合适的家具

阳台要选择合适的家具。小巧玲珑的家具能满足阳台上的需求，又不会占太多空间，尤其是那些可以折叠和自由组合的家具，使用起来比较有弹性，不用的时候收起来，会让阳台宽敞些。木质家具可选用柚木，这样可以防止木材因膨胀或疏松而脆裂。用铝或经烤漆及防水处理的合金材质制成的家具，能承受户外的风吹日晒雨淋。此外，一个能够摇摆的躺椅或一个藤编的书报架都是阳台上颇具韵味的扮靓家具。

▲阳台应摆放大小适宜的家居，既不占用太多的空间，又能方便居家生活。

宜014 阳台宜做儿童游戏室

将阳台设计成儿童游戏室也是一个不错的想法。在阳台一侧搭一微型假山，在阳台中央置一跷跷板或装一秋千。有条件的还可配以木马童车或电动玩具等器材，孩子在此既能尽情游玩，锻炼身体，还能专注地摆弄玩具，使孩子不用父母陪伴就可嬉戏于"儿童乐园"之中，让他们在健康快乐中成长。

宜015 阳台上宜铺黑白的鹅卵石

在阳台上铺黑白的鹅卵石，是家居风水中利用空间造景的最有效的一招。如果阳台的鹅卵石与园林中最常见的荷花、翠竹相映成趣，我们理想中的世外桃源就生成了。设想在阳台上创造这么一个"微缩景观"，并与客厅墙上的中国古典仕女图相呼应，浓浓的中国情韵便充满整个居室，能让每个来此的人都感受自然生机与活力。

宜016 宜在阳台上种植花草

阳台适当地进行绿化，既能美化生活空间环境，又有助于改善室内空间的小气候。盆栽花草，能把生活点缀得更美，可将其置于阳台栏板上，但应注意安全，要加设护栏，以免花盆坠落伤人。也可设置垂直的绳索、塑料管线等，种植葡萄、爬山虎等具有攀缘性能的植物，一方面美化了阳台，另一方面又可在盛夏季节起到遮挡阳光的作用。

### 宜017 茶桌宜提升阳台的韵味

阳台作为休闲区，把游山玩水时带回来的各具特色的小饰品挂于侧墙上，再放上藤艺茶桌，都可以提升阳台的韵味。这个自然清新的环境虽然并不复杂，却为你今后的生活提供了一个单独的区域，提供了一个新的场景。

### 宜018 阳台宜摆放吉祥物

现代不少家庭都在阳台放置各类饰物，除了可以美化阳台外，也起到生旺的寓意，但一定要以利己又不伤人为原则。一般来说，有石狮、铜龟、石龟、麒麟、石龙等几种温和的吉祥物即可，不宜滥用。

▲阳台摆放吉祥物，既可美化环境又能起到生旺的寓意。

### 宜019 阳台宜摆石狮

如果阳台面对气势压过本宅的建筑物，例如大型银行、办公大楼等；或者正对阴气较重建筑物，如寺庙、道观、医院、殡仪馆、坟场等；或面对大片阴森丛林、形状丑恶的山岗等自然环境，则可以在阳台的两旁摆放一对石狮加以化解。石狮具有阳刚之气，阳台摆放石狮寓意镇宅保安宁。当摆放时，要注意将狮子头朝外。

▲石狮具有阳刚之气，在阳台摆放一对石狮子预示着镇宅保安宁，摆放时要将狮子头朝外。

### 宜020 阳台宜摆麒麟

麒麟因其重礼、守信，所以被视为仁兽。麒麟外形独特，共有四种特征：鹿头、龙身、牛尾、马蹄。中国自古有"麒麟送子"的说法，求子心切的人家，可在阳台上摆放一对麒麟，以期能早得"麟儿"。

▲麒麟是四灵兽之一，阳台摆放麒麟可以给家庭带来吉祥福气。

## 宜021 阳台环境宜利于植物生长

现在大多数的阳台都由水泥筑成，吸热能力强，其环境过于干燥，不大利于植物的生长。为了使植物更好地生长，可在阳台地面铺一层沙土或垫上两层草袋，每天给沙土上洒一次水，让其始终保持湿润的状态。炎热的夏天还可以在阳台上设置支架，挂上窗帘遮挡过强的阳光。

▲阳台铺上一层沙石，每天洒上一次水，可以保持湿润的状态，利于植物的生长。

## 宜022 阳台生旺植物宜叶大干粗

倘若屋外形势甚佳，山明水秀，山环水抱，便应尽量在阳台摆放生旺植物来增添旺气。从风水学上说，那些干粗叶大的常绿植物如巴西铁树、橡胶树、万年青、棕竹、摇钱树、发财树等均属于生旺植物，这类植物越粗壮越苍绿则越佳。而且在阳台上摆放植物，还可以美化室内环境，缓

解视觉疲劳和精神压力。此外，阳台植物还可以调节室内空间的湿度，净化室内空气，对居住者的健康极其有利。

## 宜023 宜根据方位选择阳台植物

因为阳台的朝向不同，其自然光照条件也有很大的差异，而光照条件和适宜生长的植物种类密切相关。一般来说，光照不是很充足时，只适合摆放喜阴的植物。南面阳台的光照充足，空气流通好，光照比较强烈，适宜选择耐旱和喜光的植物，最适合的是仙人掌，其次有月季、米兰、海棠、茉莉、扶桑、石榴、爬山虎、金银花等喜光植物；朝东的阳台宜种植山茶、杜鹃、文竹、君子兰等半阴植物；朝北的阳台宜种植万年青、兰花等喜阴的植物。

▲南面的阳台光线充足，空气流通也好，光照比较强烈，适宜选择耐旱和喜光的植物。

# 阳台设计之忌

　　阳台若朝向北方会使冬季寒风入室，影响人的情绪，使人容易生病；阳台若正对大门就不能藏风纳气，也不利家人健康；阳台若做成杂物间就会浪费了居室良好的空间。作为居室采光的重要场所，阳台这个小空间在方位的选择和装饰布置也有各种禁忌。把握好这些禁忌才能真正打造出具有良好环境的阳台。

### 忌001 阳台忌正对住宅大门

　　阳台不宜正对居室的大门，否则就形成了风水学上的"穿心煞"，气流穿堂而过，不利健康。从日常生活考虑，如果住宅大门与阳台相对，则每当大门敞开时，外面的人就可以一眼看到阳台，居室内的情况将一览无余，不利于保护家庭隐私。其化解的方法有：大门和阳台之间安放一个柜子；大门入口处放置鱼缸或屏风；阳台种植盆栽或爬藤类植物，将阳台与大门阻隔；长期拉上窗帘。

▲阳台正对居室的大门形成了风水学上的"穿心煞"，气流穿堂而过，不利于健康及保护居家隐私。

### 忌002 阳台忌朝向北方、西方

　　阳台若朝向北方，最大的缺点是冬季寒风入室，会影响人的情绪，若是再加上保暖设备不足，就极容易使人生病。阳台朝向西方则更不妥，这样的住宅每日均受太阳西晒，热气到夜晚仍未能消散，全家健康都会受到影响。

### 忌003 阳台忌正对厨房

　　阳台忌与厨房直通。阳台是纳气之口，如果阳台正对厨房，风就容易从阳台吹进厨房，厨房忌气流拂动，所以不宜。化解方法：做一个花架种满爬藤植物或放置盆栽，使其内外隔绝。阳台落地门的帘子尽量拉上，或是在阳台和厨房之间的动线上，以不影响居住者行动为原则，做柜子或屏风遮掩。

### 忌004 阳台忌封闭

　　阳台不宜封闭。从表面上看，封闭阳台扩大了住宅实用面积，有利于挡住尘埃和污物进入室内，甚至还能起到防盗作用。但实际上这种做法却是因小失大，风水学上是"关闭了纳气之门"，对人体健康极为不利。因为，封闭的阳台影响了采光，阳光不能直接照射房间，不利于室内杀菌。

## 忌005 镂空阳台忌"膝下虚空"

镂空阳台装修装饰成"膝下虚空"的风水，是居家装修装饰的大忌。这与落地玻璃做阳台一样，他人在户外可以轻易地看到户内人的膝部以下，这将会导致家宅的隐私全无，不利家庭。

## 忌006 阳台忌用玻璃做外墙

有些人喜欢用落地玻璃作为阳台的外墙，认为这样外景较佳，却不知这被古代风水家认为是居住风水中"膝下虚空"之局。这种格局应尽量避免。如果无法避免，宜摆放矮柜或植物来填补空间，这样既美观，又符合设计之道。

▲ 落地玻璃作为阳台的外墙应尽量避免。

## 忌007 阳台与客厅间忌有横梁

一般房屋的建筑结构，阳台与客厅之间都会有一条横梁，有些居室经改建后阳台和客厅两者会合二为一，这条横梁就会

显得突，有碍观瞻。处理的办法是用假天花填平，将横梁巧妙地遮掩起来。另外，横梁底下不宜摆放福禄寿三星等吉祥物，以免运气受损。

## 忌008 忌随意在阳台加建附加建筑

不宜在阳台随意加建附加建筑。如果你在阳台加建附加建筑体，那么需要注意以下问题：考虑本地风力的级数，建筑体的坚固度要达到当地的防风要求；附加建筑体上不宜有自由移动或者固定不牢的物体；在台风地区，在阳台装置大型的附加建筑时，应把结构体直接与阳台柱体钢筋部直接焊实。

## 忌009 阳台忌设计成储物区

居家装修装饰时不可把阳台设计成储物区，否则就是浪费了家居最好的有用空间，而且还会给居家的生活环境造成不利于人居的因素。其实阳台只要经过完美的布置就能做成一个小花园、休闲区等，成为家庭生活重要的一部分。

## 忌010 小阳台忌设置成餐厅

空间过小的阳台不宜设置成餐厅。阳台做成餐厅，在阳台上吃饭，必是居室面积小且不得已而为之，所以装修时就要尽可能在阳台上留出足够的空间，不仅满足家人用餐需要，还要考虑有亲朋好友造访而加座添人的情况。将阳台设置为餐厅要少放家具，同时设计时要防磕碰。

大师全解居家设计的宜忌法则
全面公开趋吉避凶的布局秘诀

### 忌011 忌用砖等重物填平阳台地面

阳台地面在填平时一定要慎重，绝不能用水泥砂浆或砖等厚重材料直接填平，这样会加重阳台载荷，容易发生危险。最好是不填阳台地面，如非要填平，可采用轻体泡沫砖，尽量减轻阳台载荷。

### 忌012 阳台风格忌与室内反差太大

家庭阳台装修装饰忌"室内室外两重天"，即阳台的装修装饰风格与室内反差太大。宜根据实际情况和阳台条件去装修装饰及陈设阳台环境，应排除与室内装饰不般配或显得不伦不类的装修。

▲阳台的装修装饰应根据整个住宅的环境进行设计，宜协调一致，不宜反差太大。

### 忌013 忌拆除居室和阳台间的墙

在装修阳台时一定要注意，居室和阳台之间的这道墙是绝对不能拆除的。在建筑中，这道短墙被称做"配重墙"，起支撑阳台的作用。如果将其拆除，就会严重影响阳台的安全性，甚至会造成阳台的坍塌。

### 忌014 阳台忌使用反光的材料

阳台装修装饰中在材质的选用上，应减少使用人工的、反光的材料，像瓷片、条形砖等，因为这类材料花纹单一，枯燥乏味，还有冰冷的感觉，通常与室内的材料格格不入。可以考虑选用纯天然材料，让阳台与户外的环境融为一体，例如未磨光的天然石，包括毛石板岩、火烧石等。

### 忌015 前阳台忌堆放杂物

住宅的前阳台也是大门的入口，同样是纳气的重要通道，如果大门开在侧边的墙，前阳台就成为客厅落地门窗之外的空间，地位更显著。因此，前阳台不宜堆积杂物，而要保持清爽洁净。

### 忌016 阳台忌使用笨重大家具

阳台不适宜摆放笨重的大家具，因为笨重的大家具会阻碍视线，而且考虑到阳台的承重限度，这也不利于安全。此外，由于阳台空间相对狭小，从安全原则来说放置在阳台上的家具的桌角或椅子边需圆润。如果是开放式阳台，阳台家具特别要考虑到防水和抗晒性能，以保证其使用寿命。

## 忌017 阳台晒衣服忌吊高

如在前阳台晾衣服称之为"明堂见水落泪",因为湿的衣服往上吊会滴水。在古代风水学上有"门帘落水"一说,有哭到泪流尽的意思。所以,我们在阳台晾衣时千万不能吊高。就算已经脱过水,不会滴水,那风一吹就"飘扬如手巾",也有擦眼泪的意思。所以一般在风水学上不主张在阳台把衣物吊高,要晾则可与阳台的护栏同高。

## 忌018 阳台的水忌流向房间

阳台地面装修时有必要考虑到水的流向问题,阳台上一定要有一个顺畅的下水通道,千万别让水对着自己的房间流。如果阳台的水流向自己房间,象征着居住者容易被投资机会所诱惑,但又不能考虑周全,最后易出现自己的钱财被冻结的情况。

▲阳台装修的时候要考虑到水的流向的问题,不宜让水对着自己的房间流,阳台的水流向房间,象征着容易使居住者被投机机会诱惑,使财运受阻。

## 忌019 晾衣架的承重忌超限

晾衣是阳台的最主要用途之一。尤其是在潮湿的南方,衣服不挂在阳台上晒干的话,有可能发霉。但要注意的是在购买晾衣架的时候要考虑晾衣架的承重度,晾衣架要足够坚固,其钢绳要足够牢固,在安装的时候应尽量将摇把安装在小孩子接触不到的高度,晾衣时要注意衣架的承重限制,以免超载造成意外。

## 忌020 阳台神柜忌受风吹雨打

阳台空旷而少遮挡,因此很容易受大自然变化的影响。神柜摆放在那里,宜背风向阳,要安排妥当,否则难免日晒雨淋,这对被供奉的神当然会有影响。特别是那些面向正北或西北的阳台,因冬天西北风及北风强烈,往往会把神台的香炉灰吹得四散飞扬,那便大为不妙。除了要防风之外,神柜还要注意防雨,如果神柜经常被雨水沾湿,那亦绝对不妥。即使只单独把天官供奉在阳台,亦须慎防风雨。

## 忌021 阳台的神台上方忌挂衣服

有不少家庭为了避免香烛把家里熏得烟雾弥漫,或为了让神吸纳周围的生气而把神柜摆放在阳台上。而大多家庭习惯在阳台晒晾衣服,倘若在那里摆放神柜,便很容易出现衣服高高挂在神台之上的情况。倘若在神台之上的是女性内裤,那便更会亵渎神灵,所以要把神台摆放在一边,而把晒晾衣服的衣架移至另一边,务求神台之上不会被衣服遮挡。

### 忌022 阳台的吉祥物忌伤害他人

阳台放置各类饰物，要以"利己不伤人"为原则。铜龟是具有阴柔性质的物件，擅长以柔克刚，又是逢凶化吉的象征，但使用时一定要符合风水学的"宜化不宜斗"的原则。还要注意的是不管是用铜龟还是石龟护宅，两龟的头部必须相对才能达到效果。如果摆放的方向不妥，就会对邻近的住宅不利，可能导致邻里纠纷。

### 忌023 阳台植物忌出现安全隐患

阳台是家庭种植花草的地方，盆栽植物可置于阳台栏板上，但要注意一定不能出现安全隐患。在阳台上浇水、施肥、喷药时，要考虑到邻居家的阳台，尽量不要影响邻居。向上爬和向下垂的植物长势过强时，要注意及时修剪，以免影响到邻居家的采光。摆放在阳台上的花盆应该固定好，以免坠落伤害到楼下过往的行人。要在阳台加设护栏，以免花盆坠落伤人。

### 忌024 阳台植物忌随意浇水

不宜随意给植物浇水。浇花用的水要保持清洁，水中不可乱投杂物，也不可乱掺其他溶液、废水。常见浇水失败的原因有：盆土不见干；浇半截水，也就是浇水不透，水分只湿润了盆土表层或上层，上湿而下干；冷水刺激；盆土干冻。

### 忌025 忌忽视阳台植物的害虫

盆栽植物上存在害虫，不仅会影响美观，还会造成居住者心理上的不适，并且于卫生不利。常见的植物害虫有蚜虫、介壳虫、红蜘蛛和天牛等。初发蚜虫时，可及时摘除虫叶，以达到防治蚜虫的目的，而介壳虫与红蜘蛛都可用喷药的方法防治。

### 忌026 阳台照明忌太暗或太亮

阳台照明的好坏直接关系到在阳台赏月的舒适程度，如果太暗，不利于家人活动。太亮，又会影响夜晚赏景。因此，阳台的照明光线宜柔和。

### 忌027 阳台忌面对锯齿形建筑物

现在有些欧陆风格的住宅，为了增加室内空间和采光纳风，多加有大型凸窗，所以外墙便容易成很多尖角，看起来便似一排尖锐的锯齿，如果阳台面对着这类锯齿形的建筑物，则必须用铜龟化解。

# 第十五章

# 庭院设计宜忌

如果屋宅是一个人的躯体，那么庭院就像是一个人的衣服裙带，给「人」以保护、温暖和美化作用。庭院自古以来就是我国屋宅中非常重要的部分，古人一直非常注重庭院的设计与格局。好的庭院设计善于通过巧妙组合，让其中的建筑、山、水、花、木能够自然和谐地糅合在一起，其中一山一水、一草一木都能营造出深远的意境，使人徜徉其中能够得到心灵的陶冶和美的享受。

# 庭院设计之宜

建造、设计一个庭院的首要问题，就是为其选择一个最适当的方位。合适格局对居住者的人生、事业都有很大的帮助。在布置庭院时还宜遵循一些其他的设计之道，总之，对庭院进行布置时要精巧构思，才能营造出良好的庭院景观。

## 宜001 庭院宜设在住宅最佳方位

庭院要选择一个最适当的方位，如果庭院设在合适的位置就会形成最佳环境，这对居住者的人生、事业都有很大的帮助。如果庭院建在不当的位置上，并且配有不适当的建筑设施，就会形成一个不良的环境，给生活带来不和谐的气氛。

▲设置在最合适方位的庭院能形成最佳的气场，不仅美化了环境，还能给居住者带来良好的寓意，对居住者的人生和事业都有很大的帮助。

## 宜002 庭院布局装饰宜因地制宜

如果在狭窄的庭院里用很大的石头做装饰，或是挖一口大水池，又或是种很多大树，会给人喧宾夺主的感觉。而如果在宽敞的庭院放置很多小道具作为装饰，则会给人留下繁杂琐碎、缺乏大气的不良印象，因此，要根据庭院面积的大小，因地制宜地合理设计，力求舒服、美观、大小适中、有亲切感。

▲根据庭院具体面积的大小，设置大小适当的水池和石块，有一种和谐平衡之美。

## 宜003 庭院宜与房子的大小配合

庭院虽然重要，但是也要和房子的大小配合。房子很小，而庭院却很大，就会产生不协调的感觉，出现这种情况就要根据环境再进行设计。看起来舒服、美观、有亲切感才是理想的庭院。

## 宜004 庭院假山宜设在吉方位

假山是庭院的一部分，所以布局时宜从全局考虑。假山宜设置在吉方位，以下是设置假山的四个吉方位。

西方：设假山为吉方位，如能配合树木，防止日晒则象征更加吉祥；

西北方：设假山为大吉，但是一定要配上树木才会象征家运兴隆；

北方：设假山为吉相，就算此方位地势高一点也可以，种植一些树木会使其更加美观，但树木不要太靠近房子；

东北方：设置假山为吉相。此方设置高耸、屹立的假山象征会给家宅带来稳定感，使人有不屈不挠的骨气。假山做高一点比较好，这意味着宅主财产稳定、家庭团结以及有好的继承人。

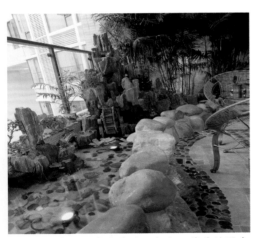

▲假山是庭院尤为重要的一部分，将其放置在吉方位为宜。

## 宜005 庭院设计宜考虑目的和用途

设计庭院的时候宜根据功能需要对其进行布局设计。一般可考虑将庭院设计成观赏型庭院、儿童游乐场、菜蔬种植区、果园、休憩处和户外娱乐区等。观赏型庭院，如日式庭院，能够使人心情平和；果园或菜园的经济利用价值极大，同时也具有良好的寓意；而建成户外的休闲娱乐区也是一个不错的选择，可以在此享受一家团圆的乐趣；建成高尔夫球场则可以锻炼人的身体，同时还能促进家人之间的关系。

## 宜006 庭院中宜设置水体

《黄帝宅经》曰："宅以泉水为血脉。"在构成庭院风水的元素中，水是最重要的元素之一。水既能滋养生命、提升活力、招引财气、启迪智慧，还有观赏价值和环保价值。水系在布局时，要以柔和的曲线朝住宅前面流淌，而不是向着其他方向流去，庭院中的水体可以按水池、水池、喷泉等多种形式设计。

▲水能滋养生命、提升活力、招引财气、启迪智慧，庭院中设有水体就像给住宅注入了血脉，能养人怡情。

## 宜007 庭院水体宜设计成圆形

水池、游泳池、喷泉等庭院水体的形状宜设计成类似于圆形的形状，这种格局能藏风纳气。若水池、游泳池、喷泉设计成圆形，四面水浅，并要向住宅建筑物的方向微微倾斜（圆方朝前），如此设计，象征着藏风聚气，增加居住者的好运气，有发偏财的引导力，还能给居住空间带来清新感和舒适感。

## 宜008 东南面水池宜为流水形

东南面的水池应为流水形，这一方位的水池不应建成死水形的。与东方一样，东南方能源充足，生机盎然，水池里的水以流水为佳，这样可以更好地吸收大自然的能量，并转为方位气为人所用。东南方的各个方位上吉凶也不尽相同，如辰方位，从风水上说算小吉，可使家庭充满和谐的气氛。如果是经商者，在此设水池，生意会不错。

## 宜009 西北面水池宜远离住宅

西北面的水池应远离住宅。西北面的水池在风水学上是吉相的，不过要注意的是，这一方位同样不能用死水池，也应建成流水形的。而且无论选此方位的哪个子方位，都宜让水池离住宅远一些。

## 宜010 庭院水池宜位于吉方位

现代家居庭院中，水池极富鲜活意义，是水体设置的首选。选址时要注意，宜将水池置于以下吉方位。

东方：这一方为最具朝气，是吉相。如果再配上流速缓慢的小河，寓意更吉利。

东南方：和东方一样，设置水池即是吉相。如增小河的话，流速也要缓慢一点。

西方：西方为兑，水池也是兑，在易学上，兑就是泽的卦。因此在西方设置水池就会带来柔和、明朗、生机益然的喜悦。设置时应注意水池不要有阳光反射，否则不吉。

西北方：也是吉相。水池要经常清洁，否则吉意会减少。石头的摆设要注意美观，才能产生稳定的情绪和活力。

▲庭院的水池应当设置在吉方位，除了东方、东南方、西方，西北方也是吉相。

## 宜011 庭院宜有活水

"问渠哪得清如许，为有源头活水来。"泳池，水池中央的喷泉，或者人工瀑布，都是家居中的活水，均有助于活跃家居气流，喷泉里如安装向上的灯光，更可强化效果。另外，瀑布或者喷泉的活水发出的声音，亲切而自然，也能对人生产生积极的影响，"润万物者莫润乎水"，流水至柔而善，可轻易流过路径上各处的障碍，而涓涓细流的汩汩之声很具抚慰性，有助于令住户渡过漫长人生路里的崎岖坎坷。

▲庭院中喷泉的活水发出的声音，亲切而自然，也能对人生产生积极的影响。

## 宜012 庭院宜种植健康植物

植物有着非常特殊的功能，是庭院最重要的装饰物之一。植物通常都具有非常旺盛的生命力，种植大量健康的植物，会创造一个清新、充满活力的环境，有助于消减现代家居中各类电器用品产生的辐射和静电。同时，植物也可通过光合作用，释放出氧气，为居所提供新鲜的空气。而许多植物因其特殊质地和功能，更具有灵性，对人类生活细心呵护，对家庭具有保护作用，亦称为住宅的守护神。

## 宜013 庭院宜适当铺设石块

石块是庭院中的点缀品，在庭院中适当铺设一些石块对增添庭院的景致有很大的作用。庭院中适当铺设山石，或是以石块或卵石铺路，这样都可以增加自然气息。

▲庭院中以石块铺路，可以增添庭院的景致，增加自然气息。

## 宜014 宜根据家人需要选庭院植物

庭院植物的种植要考虑家庭成员的需要。如上班族的两口之家，由于无暇养护花草，庭院中适宜种植树木或宿根花卉。有孩子的家庭，庭院中宜有草坪，或种植一些色彩艳丽的花草和球根花卉，营造缤纷的儿童乐园。如果家中有喜欢搞养护管理的家庭成员，就可以种植四季时令花草，将庭院营造成一个观赏性极高的花园。

▲庭院的植物宜根据家庭成员的需要来选择，家中有喜欢园艺及养护管理的人员可种植四季时令花草，将庭院造成优美的园子。

## 宜015 庭院宜种植寓意美好的花卉

中国传统名花不但有着优美的造型，还被人们赋予丰富的文化蕴涵。在庭院种植花卉，不但可以净化空气、抑制噪音、美化环境，还可以陶冶情操、修身养性。以下的花卉形态优美而富有文化意味，适宜种栽在庭院。

梅花：傲雪怒放，群芳领袖，代表情操高尚，忠贞高洁。

牡丹：花中之王，国色天香，代表富贵荣华，吉祥如意。

菊花：千姿百态，花开深秋，代表超凡脱俗，高风亮节。

兰花：花中君子，幽香清远，代表品质高洁，空谷佳人。

月季：色彩艳丽，芳香蓊郁，代表四季平安，月月火红。

杜鹃：花大色艳，五彩夺目，代表锦绣山河，前程万里。

茶花：树形美观，姿色俱佳，代表英雄之花，健康如意。

荷花：色泽清丽，翠盖佳人，代表家庭和睦，夫妻恩爱。

桂花：芬芳扑鼻，香气逼人，代表香飘万里，荣华富贵。

水仙：凌波仙子，冰清玉洁，代表金盏银台，幸福吉祥。

## 宜016 庭院影壁宜与大门相互陪衬

有的屋宅面积广阔，设有庭院。这些庭院通常宜设置玄关影壁。影壁与大门相互陪衬、相互烘托，在宅院入口处起着烘云托月、画龙点睛的作用。由于院落玄关的影壁有遮掩作用，给院内家小日常安坐聚首及家庭活动增添了私密性，这从家居角度来说亦是好事。

## 宜017 庭院影壁墙面宜有装饰

庭院玄关影壁墙面宜讲究装饰。可以利用石雕、砖雕，彩画等来装饰影壁墙面。徽州稍大一些的古建筑房屋都设有影壁。

## 宜018 庭院围墙宜与房屋保持距离

围墙与房屋保持一定距离，既能保证足够的通风采光，又利于房屋内部的空气流通和干燥，这是相当有益处的布局。

## 宜019 庭院围墙的高度宜适中

在设计的时候，庭院的围墙与住宅一定要和谐、对称。围墙的高度不宜太低或者太高，围墙太低，缺乏安全感，但如果过高也不妥。其实围墙的主要作用只是在于对界限的标志划分，真正防范小偷的设施在玄关和门户。围墙过高反而会挡住外面的视线，使偷窃的行径不易被发现。另外，从房屋外部看，围墙与住宅应该是浑然一体的。过高的围墙不仅影响美观，而且会显得主人气度不够，缺乏修养。高度适中的围墙，可以让外面的人隐约看到里面的庭院景观、房屋结构和窗户样式，更能给人留下美好的印象。

▲庭院的围墙高度适中，与住宅协调一致，既安全又美观，还能体现主人的涵养。

## 宜020 院门大小宜与住宅面积协调

庭院院门的大小宜与住宅的面积相协调。如果住宅的地基很大，而院门很小的话，就会让人觉得居者寒酸软弱；如果住宅的面积很小，而院门却很阔大的话，人们会觉得居者是个爱慕虚荣、自吹自擂的人，所以院门的大小应该与住宅面积大小保持平衡。

## 宜021 庭院植物宜定期打理

庭院至少要三个星期打理一次，如果庭院因为植物枝叶长得太茂密而显得凌乱的话，反而会破坏环境。如果无法常常整理，那看到有枯叶或残花的时候应该赶快将其剪掉或除掉，因为所有腐坏的、没有生气绿意的东西，都会释放出负面的能量，对我们的健康可能造成莫大的伤害。而且不同的植物的生长周期，需要的温度也各不相同，应根据季节变换进行相应的调整。

▲庭院的植物定期整理修剪，没有枯叶残花，看起来干净美观，可带来好环境。

一看就能明白的住宅宜忌
一用就能转运的设计妙招

# 庭院设计之忌

庭院的风水与厅房卫浴同等重要，尤其是庭院中各种水体以及花草树木，理当引起足够重视。如果庭院里的水体及花草树木布置不当，就会对庭院的使用功能以及家人的健康和生活造成不良影响。因此，布置庭院之时一定要避开一些不利于风水的做法。

### 忌001 大房子的庭院忌太小

建筑要力求和谐，这不仅是美学上的观点，同时也是基于安全上的考虑。大房子的庭院不宜太小。首先，如果房子大庭院小，整个住宅就会显得不协调，有碍美观；其次，这种格局不利于防火。如果房子很大又很密集，而庭院狭窄，这样一旦发生火灾，火势就很快蔓延，一发不可收拾。

### 忌002 庭院宅前忌设两个水池

在庭院的宅前位置安置两个水池、泳池之类的水体，或是两个看似连接实则分离的水池，这会和整座住宅形成一个"哭"字形，在风水学上是不吉利的。

### 忌003 忌庭院西面的水池面积大

西面的水池不宜大。西方，从五行来说属金生水的方位，特别适合水。但此方位不宜修筑大水池，应修小一些，使之"细水长流"。

### 忌004 庭院水体忌成"汤胸孤曜形"

喷水池、游泳池、水池不宜设计成长沟深水形，这种格局在设计上称为"汤胸孤曜形"。这种水池的设计水深不见底，对家中有小孩的家庭来说很危险。且这种形状会使水质不易清洁，容易积聚秽气，使人易患肺部的疾病，正如古书所谓的"深水痨病，代代少亡，溺水而死。"

### 忌005 小庭院忌设泳池

小庭院不宜设置游泳池。有的住所庭院不大，却有一个游泳池，这是不太合乎整体结构，这样会显得整个后宅是空的，

### 忌006 庭院中忌有河流穿越

在古代，很多城镇都有沟渠河川流经。根据阳宅堪舆学，如果将河流引进家中，属不吉之兆。因为河水免不了泛滥，会威胁住宅安全。而且，一般水流流经之地多为地势低洼之所，这些地方大多隐藏着危机。

大师全解居家设计的宜忌法则 全面公开趋吉避凶的布局秘诀

## 忌007 庭院中忌铺设过多石块

传统的风水学认为，铺设过多石块会使庭院的泥土气息消失。因为石块是阴柔的物体，充斥着潮气，从而使住户的阳气受损。烈日下暴晒后的石块会保留相当大的热量，而且吸收的热量不易散失，即使在夜间也仍然燥热异常。在冬季，石块则会吸收空气中的暖气，会使周围更加寒冷。而下雨天，石块则阻碍水分蒸发，加重住宅的阴湿之气。而在实际生活中，太多的石块也影响走路，易硌脚或扭伤。因此，石块不应铺设或摆设太多，以美观而又不影响日常生活为原则。

▲庭院中铺设的石块过多会使自然的泥土气息消失，还会使庭院中的潮气过重。

## 忌008 庭院忌有长石挡路

如果庭院的石头中混有奇异的怪石，如形状像人或像动物等，特别是如果大门有长石挡路，均会给人的心理造成阴影。从风水学的角度说，这象征着家运受阻，宜尽快移开。

## 忌009 泳池忌设在屋后

泳池不宜设在屋后。自古以来，风水学认为，负阴抱阳、背山面水是吉相。所以屋后不能有水，如果住宅的后面多了一个游泳池，就好比背水一战，是不太吉利的。

## 忌010 泳池忌设在中庭

住宅的中心应该是重要之处，是不宜被污染的。在住所的中庭修筑游泳池，是不太合适的。泳池的最佳方位是东部、东南部，但不宜接近大门，以免水汽进入屋宅使其潮湿。

▲庭院泳池的最佳方位是在住宅的东部或东南部不接近大门的位置。

## 忌011 庭院水体忌成手臂抱水盆形

喷水池、游泳池、水池的外形不能设计成形如一条手臂抱住一个水盆的形状，这种设计并不合乎科学设计理念。

### 忌012 庭院忌有倾斜树

如果庭院里有倾斜树，说明住宅所受的阳光有特定的角度，树木的生长重心总在一个固定方向，一旦时间久了树干可能不能支撑树枝，容易倒塌砸到住户。因此，一旦庭院出现倾斜的树木，宜及时采取相关措施处理。

### 忌013 庭院中忌有大树

古代人喜欢拆文解字，从字面上讲，木在围墙内为"困"字，一些树木比如说大树栽种在庭院被形容成"困"字局，如果家庭出现"困"的格局，则不吉。如果树木栽种不当就会对庭院的使用功能以及人的生活和健康造成不良影响。一般而言，庭院里不适宜栽种大树，但可以种些高度有限的小树，或种一些花草，以美化环境。

▲树木栽种不当就会对庭院的使用功能以及人的生活和健康造成不良影响。

### 忌014 庭院忌栽植松、柏、桑、梨

古语有言"桑松柳梨柏，不进府王宅"，因此，庭院或小区忌讳种植松、柏、桑、梨。因为"桑"与"丧"，"梨"与"离"同音不吉。庭院中即使是结出最好吃的桑葚，其树也不会受到主人的青睐，至于清口爽心的梨，其树也不适合栽种在前后庭院。松柏则一般是种栽在古墓坟场或道路两旁，栽种在庭院中也不吉。

### 忌015 庭院中有刺的盆栽忌靠门边

一般庭院中仙人掌等有刺的植物不宜离门太近，这种植物容易刺伤居者，必须放到远离门户的地方，否则会适得其反。

### 忌016 庭院中的树木忌立于门窗前

门窗是住宅主要的纳气之口，树木不宜立于门窗前。树木立于门窗前不利人进出，不利空气流通，还容易把阳光挡住，容易滋生蚊虫，不利于屋主健康。

### 忌017 庭院门前的通道忌随意铺设

庭院门前的通道不宜随意铺设，应注意其中的格局讲究。如宜利用树篱把庭院和门前通道划分清楚；通道两旁最好种植树木；通道不宜设有水池；通道两旁若设假山流水，高度不宜太高；通道不宜铺设太宽。

## 忌018 庭院围墙忌贴近房屋

如果房子和围墙之间的距离过于狭窄，会给人强烈的压迫感。如果因庭院空间不够，至少要在墙下方的基底处留出约20厘米的距离，这样既可以改善通风和采光效果，也能给狭小庭院里的花草留出一点小空间。

围墙

▲围墙与房子之间的距离太过狭窄可能导致人的压迫感。

## 忌019 庭院围墙忌模仿寺庙

庭院不可模仿寺庙，尤其是院墙和大门，千万不要铺琉璃瓦，垒大屋檐。从风水学上讲，寺庙的装饰、布置，其实都是一种威德，既让人有威严的感觉，又体现出了博大宽厚的德行与慈悲。如果没有那么大的威德，就肯定镇不住那样的布置、那样的格局。如果非要模仿、照搬，到头来只会折损福寿。最关键的是那样的环境和普通人身上的信息是不协调的，甚至是冲突的。所以不宜让那样的环境损害、刺激自己。

## 忌020 庭院围墙忌用石头装饰

庭院的围墙最好不要用石头来装饰。传统的说法认为，石头会聚集阴潮气，而阴潮气久积不散，会让人得病的，譬如最常见的妇女病、风湿性关节炎等。此外，阴潮气重的人，也会经常遇到一些小麻烦，总之就是不怎么顺利。有人则认为院墙不用石头的真正原因，并不是什么阴气的聚散，而是出于人和环境之间的对应关系。石头的特点就是坚硬，选择外表为石头的房子，这样的人可能就会把自己的内心包裹得比较严，防卫意识比较强，总是怕受到别人的伤害，所以到哪里都是一副冷面孔，轻易不肯和别人接近。

## 忌021 庭院围墙忌前宽后窄

庭院围墙不能形成前面宽大而后面窄尖的三角形，这会使人感到压力很大，让人心情不愉快。同时，围墙也不可前面尖锐而后面宽大。

## 忌022 庭院围墙忌一高一低

围墙宜保持平衡，不宜一高一低。围墙一高一低造成不平衡的意向，看起来会不太美观，不符合中国传统"四平八稳"的观念。而且不平衡的围墙还会对健康造成不利影响，任何病都是不平衡导致的，所以围墙一高一低对屋主的身体状况会有影响。

### 忌023 庭院门忌正对屋门

有庭院、有围墙的人家，屋门不应该正对着庭院门。风水学上讲究"曲则有情"，直来直去地正对属于不宜的布局，这意味着屋里藏不住东西。而门户在风水上被认为是人钱包的口袋，院门好像是第一层口袋，屋门就是第二层，如果两门相对，就等于两层的口袋封在一起了，钱财自然就很容易倾囊而出。

### 忌024 庭院围墙上忌开窗户

在住宅庭院的围墙上开窗户，风水学上称为"朱雀开口"，这种格局预示着不良的影响。另外，围墙不宜筑得太高，特别是不宜加装铁丝网、尖锐的碎玻璃等，否则就给人一种住在监狱里的感觉。

▲庭院的围墙上有窗户，俗称"朱雀开口"，此格局预示着不良的影响。

### 忌025 庭院忌种植有毒植物

花草树木是庭院的"活物"，栽种恰当的植物可以让庭院充满旺盛生命力，营造出一个清新、充满活力的环境。枝叶繁茂的树木，怡人的花草，可让空气中的阴离子增多，能调节人的神经系统，促进血液循环，增强人体免疫力和机体活力。但是像藿香蓟，洋绣球，杜鹃花，凤凰木等花草虽然形态上赏心悦目却含有毒素或有毒的生物碱，不能栽种，以免影响身体健康。

以下四种植物也不宜栽种在庭院，或者即使栽种在庭院中也不宜亲近。

夜来香：夜来香晚间会散播大量强烈

藿香蓟　洋绣球
杜鹃花　凤凰木

▲藿香蓟、洋绣球、杜鹃花、凤凰木、这四种植物都含有毒性或有毒生物碱，都不宜种栽，否则会影响人的身体健康。

刺激嗅觉的微粒，对高血压和心脏病患者危害很大。

松柏类花卉：松柏类花卉散发油香，会令人感到恶心。

夹竹桃：夹竹桃的花朵有毒性，花香容易使人昏睡、智力降低。

郁金香：郁金香的花有毒碱，接触过多毛发容易脱落。

## 忌026 庭院忌种植藤蔓植物

房屋的墙壁布满了藤蔓，可能是因为屋主希望藤蔓能帮忙挡住太阳光照射，使得房屋减热，所以故意用藤蔓攀上房屋墙面。但是这样做的结果是房子外墙满布藤类植物，像被包裹住一样，房子若被爬藤植物盖住，则会因为植物要抓住墙壁而在墙面凿出斑驳裂缝，导致屋内渗水、破坏屋宅，屋内也会因湿气太重而感到阴　。这些都会影响居住者的精神状况，有引发心肌梗死之类疾病的可能。

遇到这种情况，要立刻将屋外的爬藤植物去除，若发现房屋有裂痕，应尽快修补，不宜拖延。

▲房子外墙被藤类植物包裹，会影响居住环境。

## 忌027 住宅内外忌有"邪风树"

有时主人疏于清洁，顶楼、阳台、庭院等尘土累积较多，一些花草树木的种子就随着风力或鸟的传播被撒到这些尘土之中，借由这一丁点土壤就勃然生长，有的甚至附着在屋侧墙壁的细缝里。不管是长在屋顶、阳台或屋子围墙的植物，全都称为"邪风树"。虽然我们会感叹生命的顽强，但这种情况在风水上是不好的象征。

一栋房屋的墙壁、屋顶会长些杂草或树木，是因为年久失修、无心管理，只要认真把屋宅修葺一番，把邪风树去除，就能保佑家宅平安，好运滚滚来。

▲长在屋顶、阳台或屋子侧边外墙的植物，全都称为"邪风树"。

## 忌028 庭院中忌有"分家树"

如果屋宅院内树的树干从靠根部之处就分岔成两根以上的枝干，这就是"分家树"。

如果遇到这种树，应立即将此树移

除，可补种桂树、枣树、石榴等有利屋宅环境的植物，屋内亦可悬挂葫芦保家人平安。

▲屋宅内树的树干从靠根部之处就分岔成两根以上的枝干，这就是"分家树"。

## 忌029 庭院中忌有"忤逆树"

屋宅院内若有树，其枝干都朝着屋外的方向生长，这就是"忤逆树"，象征着屋宅内成员个性比较叛逆，喜欢在外漂泊，

▲屋宅内枝干都朝着屋外的方向生长的树，就是"忤逆树"。

化解之道：可将此树移除，改种万年青、橡皮树等促进家庭和睦的植物，并在屋内悬挂葫芦，使家运旺盛。

## 忌030 忌种植的树木太多，盖住屋顶

若屋宅旁边的树枝叶茂密，并遮到了屋顶，看起来就像屋子被泰山压顶般，树枝或树叶盖住屋顶，就会造成室内光线不够，容易潮湿，对家人的健康有不好的影响，精神方面可能有异常倾向

化解的最根本的办法就是修剪枝叶，使其不遮挡房屋，保证屋内光线明亮。

▲树枝叶茂密，遮到了屋顶，就会挡住居家视线。

## 忌031 庭院中植物忌"弯腰驼背"

树干弯曲如老人弯腰驼背的样子，这会让家庭成员产生不好的心理暗示和消极的情绪。

当树木弯曲时，可以用支架固定住树木，让其能向上生长。若无效，可以试着移走此树。

## 忌032 忌有植物挡住明堂

如果屋前庭院种树，枝叶茂密到将明堂挡住，导致从屋内看不到户外景色，只能看到一整片树荫。明堂阴暗，会导致屋主视力不好、眼盲，前途黯淡。

化解之道：修剪树枝，使明堂宽广，屋宅内光线充足。如果有财力，可将明堂大大休整一番，将树木去除，改种绿草和观赏花卉，这会大大改善屋宅环境。

▲屋前庭院种树，枝叶茂密到将明堂挡住，就是不宜的环境。

## 忌033 栽种庭院植物忌不合五行

植物之间以及万物之间，都存在"场"。在场的作用下，各物体的微粒子能够互相影响，互相转移变化。"铜器不存金，存金金不纯"的谚语，来自民间的经验总结。金存在铜器中，时间久了，则金不纯，而铜器却含金了。动、植物化石，也非温度、气压所致，而是岩石气场所生。人体与植物都存在粒子场。植物间的场的强弱取决于生克制化状况。完全可以用中国的五行理念调整生克制化关系。用植物的五行来布场，不仅考虑观赏性，而且具有功能性。可调整环境，调整情怀，颐养身体。如临水的园林建筑，配置"黑色"（低明度）的植物，用以调节人体的肾部，如松柏、蒲桃、旱莲等。而用于调节心脏和神经的植物，可选五行中属火的红色系列植物、花卉，如火石榴、木棉、象牙红、枫、红桑、红铁、红草、红背桂等。调节肺部的植物，可用五行中属金的白色系列的植物，即树皮白、花白或叶白的植物，如白千层、柠檬桉、九里香、白兰、络石、白睡莲、冰水花等。而调节肝部的植物，可用五行中属木的绿色系列植物，如绿牡丹、绿月季及大量的绿色林木。调节脾胃的植物，可用五行中属土的黄色系列植物，如灵霄花、黄素馨、金桂、金菊、黄钟花、黄玫瑰等。所以庭院中植物要合五行，不可随意种植。

## 忌034 庭院中忌种植多棵大树

这种房屋因为在院子里种了很多棵大树，加上树叶茂密显得阴气沉沉，客厅、卧房都被树叶给挡住光线，会造成阴潮气过重，容易造成家里的人有阴症发生。阴症就是一些奇奇怪怪的毛病，久医不愈，老是在吃药，也不见好转。还容易造成住家运势无常，常有莫名其妙的怪事发生。

如果有这种问题，建议将树木都砍掉，不然至少要修掉很多枝叶才行。

▲院子里的树过多过大，也并非好事。

## 忌035 窗前忌有树

窗外的婆娑树影和斑驳的光影会带给居住者清爽的心情，但要注意的是，树不宜太贴近窗子，否则会招致阴湿之气，不利于居住者身体健康。一般来说，窗前之树要离开2米以上。住宅与树要形成一个友好的关系。古人说："树向宅则吉，背宅则凶"。如果一棵树是在与住宅争生存的空间，那么它必定与住宅形成背离之势，

而相反，如果树与宅是友好的，则二者互相"拥护"。树为住宅遮荫挡风，对住宅的建筑质量以及居住者的健康都有帮助。

## 忌036 庭院忌阴暗潮湿

不只庭院，家中的任何位置都可能出现霉菌，客厅、厨房、卧室、浴室都不例外。本来，霉菌容易出现在阴暗或潮湿的地方，并无任何异常，霉菌也是由于清洁等问题才会产生，不加以清除会影响居住者的心情和生活。

改善的方法，最好就是尽快将发霉的地方清扫干净，粉饰一新后做好除湿防菌的工作。

▲霉菌容易出现在阴暗或潮湿的地方。

# 第十六章

## 车库设计宜忌

现代生活中，汽车已成为人们最主要的代步工具，拥有私家车已不再是梦想。随着有车族越来越多，如何保养爱车成为越来越多人的困扰。为了使爱车避免曝露在外遭受雨淋日晒，人们选择修建车库，这样会对车起到较好的保养作用。但车库却具有很强功用和利用率，因此其设计、装修、布置需要十分慎重。

# 车库设计之宜

车库建立在东北方能够为住宅招来旺气，为防意外和空气污染，车库应该保持通风透气，颜色柔和简洁的车库能够使人心情舒畅。在设置车库时应当留心这些方面，采取一些有利的布局装饰法，这样才能使自己的爱车得到良好的保养，并能避免不必要的意外。

## 宜001 车库宜设在东北方

车库最好是布置在东北方，这样有利带入八运（依"三元九运"推算，2004年甲申～2023年癸卯这二十年为"下元八运"）旺气，亦建议车库大门及旁边围墙适当镂空以便接入东北当旺旺气。

▲东北方设置车库，能够带进八运旺气，大吉，属好风水格局。

## 宜002 车库宜为长方形

从风水学上说，车库的格局最好是长方形，从节约车库面积的角度考虑，长方形也是比较经济实惠的。车库不宜有太多的尖角，尖角过多不仅浪费了空间，而且在车子进入车库时，容易因碰到尖角而损害车子。此外，长方形与大部分车型是吻合的，因此车子可以自由地进出。

▲从节约车库面积的角度考虑，长方形的车库最为经济实惠，从行车安全的角度来说，长方形车库与车型吻合，能够减少意外事故的发生。

## 宜003 车库宜有明亮的照明

车库需要明亮的照明，这样才能方便车子进出车库。尤其是在晚上使用车库时，仅仅凭借车子自身的照明是不够的，因此应该在车库中设置明亮的日光灯（最好是两盏）。在车库中设置明亮的日光灯，还能刺激昏昏欲睡的夜间驾车人的视觉神经，使其能清醒一些，从而使汽车顺利地进出车库。

### 宜004 车库的设置宜考虑汽车高度

车库的设置和选择要考虑汽车的高度。现在家庭一般使用比较实用的车型，这些车高度通常在1～2米。因此在设置或选择车库时，应该格外留心，尤其是对于那些车身高度较高的汽车来，车库的高度要足够高。

### 宜005 车库的颜色宜柔和、简洁

很多人并不会考虑对车库进行装饰，认为那是没有意义的劳动。其实不然，如果对车库进行一下简单的装饰也是大有好处的。比如就颜色而言，车库的颜色宜柔和、简洁。如果将车库的墙壁刷上简洁的白色涂料，就能使你每次进入车库都会因为看见它柔和的色彩而心情舒畅。

▲车库的门或墙壁涂上简洁的白色涂料，每次行车进出见到都会心情舒畅。

### 宜006 车库宜通风良好

车库宜保持良好的通风。车库如果没有良好的通风条件，无疑就是一个密闭的空间。万一人由于某种原因而被困在车库中，就会有生命危险，如果被困时间较长，生命的安全就越受到威胁。即使没有发生意外情况，汽车发动时所产生的尾气和汽油蒸汽，对人的身体也是有害的。如果车库的通风条件很差，这些有害的气体就会滞留在车库中，造成车库中的空气污染，最终危害到车主。因此，在设置车库的时候要注意使其通风透气。最好每天定期让车库的门敞开着，这样能最有效地更换车库中被污染的空气。如果没有足够的时间使车库的门保持敞开，可以在车库中放置一个排风扇。

▲车库的门上方设有小窗户，可使车库通风良好，这样才会舒适安全。

### 宜007 车库位置宜避开各种脏乱环境

现代的车库就相当于古代的车马、轿夫之位，代表家门荣贵，非富即豪，绝非普通百姓人家。车库有地面车库与地下车库之分。设置地面车库时应避开垃圾站、井盖、地下管道（尤其是污水管道）等。地下车库则宜避开上下厕所、垃圾站、污水站等位置以利车辆安全。如果家庭没有车库，选择临时停车位时也要选择开阔、平坦、植物茂盛处，避开下水井、垃圾站、楼尖、门挡和路口处为宜。

### 宜008 车库内车头宜朝向家宅方向

将车停入车库时，车头应尽可能朝向住宅的方向，这样象征着马首是瞻，回龙顾主。此外，从环保角度来说，汽车开动时会排出一氧化碳、亚硫酸等有害气体，车头朝向屋内，车尾朝外，也有利于有毒气体的排出，对居住者的健康有利。

▲汽车停放在车库内时，车头宜朝向自家的方向。

# 车库设计之忌

人们的生活水平越来越高，有车族也越来越多，然而却有很多人不知道，汽车也会带来很多的困扰，其停放的车库是具有很强应用特性的，因此对其装修布置设计不可忽视。装修设计车库时要避免车库环境的一些禁忌，才能避免招致不必要的麻烦。

## 忌001 车库忌不讲究方位乱置

车库具有较强的应用特征，因此切忌不讲究方位乱设置。在设置车库时宜注意：如果车库的坐向为"亥壬、癸丑、寅甲、乙辰、巳丙、丁未、申庚、辛戌"，易招交通事故，务必避开；车库不宜设在主人房或老总办公室的正下方，停车位应尽量避开住宅西方的申位。

▲车库具有较强的应用特性，设置车库时切忌不讲究方位乱设置。

## 忌002 车库忌在卧室下方

车库切不可设置于卧室下方。因为车库每天都有车辆出入，这会影响卧室底部的气流，导致磁场不稳定，对人的运势就会产生干扰，这就是风水上的"脚底穿心煞"。如果卧室下面是车库，就容易产生足下空虚之感，使人缺乏根基，难以和地气相通。这样对人的心理也有不良的影响，

▲如果卧室下面是车库，就容易产生足下空虚之感，使人缺乏根基，难以和地气相通。

在潜意识中有脚底不稳、提心吊胆的感觉。容易使人做事反反复复，效率低下或因意外而失财。同时也容易导致夫妻失和，家庭不睦等。遇到这样的情况，宜尽量另选一室作为卧室，而将此房间作为储藏室等不常用之所。不过由于主要是较低的楼层容易受到车库的影响，比如二楼直接位于车库之上，因此影响自然巨大。四楼、五楼以上，与车库相隔甚远，下面又有其他楼层阻挡，这就大可不必担忧了。

## 忌003 车库忌设在地下室

现在大型的独栋建筑或别墅都设有车库。但是应该注意的是车库不宜设在屋子的地下室，尤忌车库的通风口与屋内相通。因为汽车排出的废气对人体有害，流到屋内不利于居住者健康。

# 第十七章

# 吉祥物宜忌

中国吉祥物的历史源远流长，其种类、质地、花式繁多。吉祥物有的发音吉祥，有的形状吉祥，有的所代表的意义吉祥，按其类型分，有动物、植物、器物、神人、符图等，按其功效分，有驱邪吉祥物、吉祥长寿吉祥物、平安纳福吉祥物、招财改运吉祥物、求学升职吉祥物、富贵婚恋吉祥物、健康添丁吉祥物等。吉祥物在生活中能够发挥很大的积极作用，它能使人积极向上、精力充沛，也可给人安慰和鼓舞，从而让人获得信心和力量，往往能起到四两拨千斤的作用。吉祥物还能改善视觉、调节心理，让人精神愉悦、态度积极，对人生和未来充满希望。

# 吉祥物之宜

　　摆设吉祥物的目的很多，总体来说，就是要使人的气场向好的方向发展，使人们的生活、工作、学习更加顺利，永保身体健康、平安吉祥，家庭和睦，婚姻美满。很多人希望能够通过摆设或者随身佩戴吉祥物来转运，但是吉祥物的摆设上有着很多的讲究，因此宜对各种吉祥物的功用及适用的原则了解清楚，方能达到其应有的效果。

## 宜001 房屋缺地气宜置天机四神兽

　　一般位于高层的楼房都无法接地气。如果要解决高层楼房不接地气的风水问题，可以在居室内放置天机四神兽。四方之神指的是青龙、白虎、朱雀、玄武，源于古代二十八星宿的传说。天机四神兽是我们传统中最为悠久和灵验的四大守护之神，能够镇宅、护家、安定运气，且对主人运气的反复、失眠、神经衰弱有奇特的效果，对婚姻、事业及财运都有一定的促进作用，亦可化解房子形状的怪异，如房屋缺乏地气或者缺角等。安放时要注意，一般可在住宅的正东放青龙，正西放白虎，正南放朱雀，正北放玄武。

青龙　　　　白虎

朱雀　　　　玄武

▲青龙、白虎、朱雀、玄武，四神兽能够镇宅护家。

## 宜002 宜用桃木剑置于屋内

　　镇宅桃木剑最大的长度约98厘米，由纯桃木人工加工而成，做工精致，经过正规的开光处理，其采用传统的雕琢工艺，经手工精心雕刻、打磨而成，外形设计上独具匠心，融入传统文化与现代艺术相结合的吉祥图案。桃木剑具有收藏价值，也被人们视为馈赠亲友、居家收藏之工艺珍品。适合在大门两边挂桃木剑辟邪，可将其挂在正对大门的客厅墙壁上，或者挂在正对窗户的墙壁上。

▲桃木剑可赠予亲友。

## 宜003 房屋缺角宜置泰山石敢当

　　"石敢当"，亦名"泰山石敢当""石将军""石神"等，四川人称之为"吞口"，是我国民间常见的一种建筑风俗。通常是在家宅的大门或外墙边、街道巷口、桥道要冲、城门渡口等处立一块石碑，也有嵌进建筑物的，碑上刻有"石敢当"三个字。旧时人们认为其作用有三：一是辟邪，二是镇鬼，三是祛除不祥之气。在山东一带，还传说这块石碑有"能暮夜至人家医病"的神通，所以又称其为"石大夫"。如果房屋出现缺角的现象，使用以朱砂书写的"泰山石敢当"，即可化解。安放"泰山石敢当"时要注意，泰山石要用干净的清水清洗，让它自然晾干，并将其摆放在正对着缺角的地方，摆放的时间以早上9点以后为好。

▲泰山石敢当有着美好的寓意。

## 宜004 宜用水晶吊坠化解压梁

现在的公寓及住宅多见"梁"，挡梁的角落容易给空间带来许多问题，特别是在睡床、饭桌以及煤气炉上方的梁对安全和视线有很大的负面影响。最好的解决办法是将其从下方移开，如果实在无法移开的话，就要使用水晶吊坠来化解。因为水晶吊坠的上部是多切面水晶球，水晶能够缓和光的作用，使从梁上照下来的具有攻击性变得柔和，并使其在广阔的范围里扩散。本来水晶吊坠应该是在梁的两端各挂一个，从而在整个空间里制造出八卦的阵势，但如果条件不允许，在梁的中央挂一个水晶吊坠也可以起到一定的化解作用。

▲水晶吊坠可化解横梁压顶。

## 宜005 宜设屏风阻隔浊气

屏风有阻隔秽气、阻挡不良气场、缓解视觉疲劳之功效。安装屏风既不用大幅度改变居家格局，又可化解风水问题。如大门直冲阳台、卫浴间、炉灶或者冲床等，都宜安装屏风来化解。屏风最好是选用木质的屏风，从五行来分析，竹屏风和纸屏风都属于木质屏风。塑料和金属材质的屏风效果则比较差，尤其是金属的屏风，其本身的磁场就不稳定，而且也会干扰到人体的磁场，建议少用。

▲屏风可阻隔气流，缓解视觉疲劳。

## 宜006 宜用风水葫芦转运

风水葫芦象征转运、吉祥。古代风水学里经常在葫芦的下面铺垫上铜制的古钱或八卦，使其变成"八卦化煞转运葫芦"，预示除去所有自己厌恶的东西。它可以阻止财气化散，其"止泄耗财气"的用法是非常有名的。风水葫芦是用五行属金的铜制成的，铜有转运的作用，女性如果在葫芦中放入红水晶和水晶玉等十宝，并在房间焚香的话，就可以使自身性情更加温柔。因为据说红水晶可以带来异性缘和良缘，而水晶玉可以促使目的达成，因而有此效果。再有，在铜葫芦中放入与目的相配合的色彩的花，也是一种开运的方法。

▲风水葫芦有转运之寓意。

## 宜007 八卦平面镜宜置屋外

八卦平面镜有反射作用，可以用来遮挡由户外不良之建筑形状所产生的强光，八卦平面镜适宜放在屋外，忌放在室内正对人照射，否则会给人带来伤害。

## 宜008 青龙宜置于左边或东方

龙是中国古代传说中镇守东、南、西、北四个方位的神兽（青龙、朱雀、白虎、玄武）之一，有镇宅之功效。在中国，龙的地位极高，被奉为神物，至高无上，也是皇帝的象征。龙是东方的代表，五行中是属木的，因青色是属木的，故此有左青龙、右白虎的说法。青龙来源于二十八星宿中的东方七宿角、亢、氐、房、心、尾、箕，古人把它们想象成为龙的形象，因其位于东方，按阴阳五行给五方配色之说，东方色青，故名"青龙"。人可以轻松从龙身上获得能量，青龙、金龙、红龙等虽名为龙，但如果收藏不对即名为蛇，甚至比蛇更凶狠，会伤到人，一定要注意。青龙是东方之神，所以，在安放时，宜设在左方或东方。将青龙摆放在客厅的左边，寓意家庭平安。

▲青龙是东方之神，寓意家庭平安。

## 宜009 摆放龙饰物数量宜为1、2、9

龙饰物摆设的数量并无什么限制，一般以摆放一条、两条或九条为宜。若是九条龙，则应有一条龙在中央作为主角，否则就成群龙无首的混乱局面。倘若要用有龙的图画来装饰，最好用金色的镜框来镶画边，若是将此图挂在北方则更有锦上添花之妙。

## 宜010 宜用虎饰物镇宅

虎为百兽之王，是勇气和胆魄的象征。虎是阳兽，代表着阳刚之气，白虎也象征着秋季和西方，它寓意保佑安宁。另一方面，在家族群体里，虎又是重情重义的动物。在家庭中的大门、客厅等公共场所放置此物，具有改善父母与子女以及夫妻的关系之寓意。但是要注意的是虎是喜好孤独的动物，习惯独自行动的生活方式，因此虎是会危害人际关系的物品，在办公场所摆放不宜。

▲白虎是西方之神，寓意保佑安宁。

## 宜011 朱雀宜置于正南方

若家中口舌是非较多，则可以在正南方安放朱雀来化解，但是必须注意，摆放朱雀的高度不可高过主人的身高。（凤凰在中国，是一种代表幸福的灵物，它的原形有很多种，如锦鸡、孔雀、鹰鹫、鹄、燕子等，又有说是佛教的大鹏金翅鸟所变。神话中的凤凰有鸡的脑袋、燕子的下巴、蛇的颈、鱼的尾。凤有五个品种，是以颜色来分的：红是凤、青是鸾鸟、白是天鹅、另有黄和紫的凤凰，可称为朱雀或玄鸟。朱雀是四灵之一，它是出自星宿的，是南方七宿的总称：井、鬼、柳、星、张、翼、轸。朱为赤色，南方属火，所以它有从火里重生的特性，和西方的不死鸟一样，故又叫火凤凰。）

▲朱雀是南方之神，预示带来祥瑞之气。

## 宜012 玄武宜摆在屋宅后方或北方

古代风水学有言："左青龙、右白虎、前朱雀、后玄武。"玄武又称北方之神，所以在安放玄武时，宜设在后方或北方。（玄武是由龟和蛇组合而成的一种灵物。玄武的本意是玄冥，武和冥古音是相通的。武，是黑色的意思；冥，就是阴的意思。玄冥起初是对龟卜的形容，龟背是黑色的，龟卜就是请龟到冥间去诣问案带回来，然后以卜兆的形式显示给世人。因此，最早的玄武就是指占卜。以后，玄冥的含义不断地扩大。龟生活在江河湖海，因而玄冥就成了水神；乌龟长寿，玄冥又成了长生不老的象征；最初的冥间在北方，殷商的甲骨占卜即"其卜必北向"，所以玄冥又成了北方神。）

### 宜013 龙龟宜放在使用者的左边

龙龟是瑞兽的一种，象征吉祥，龙龟的用法比较复杂，风水学中有"要快发，斗三煞"之说，故龙龟要恰当地放置在"三煞位"或水气重的地方才有其基本寓意。龙龟最适宜摆放在左方以招吉贵。而且，青龙向来都是护持着主位的守护神兽，所以在自己的左方放上龙龟，便等于有贵人来守护着自己。

### 宜014 铜双狮宜用朱砂点睛开光

如果说老虎是百兽之王，那么狮子可谓是万兽之尊了。狮子有镇宅的寓意，它还预示着能给人带来名誉、地位和权力，很多富商和达官贵人都喜欢把狮子摆放在屋内。但是要注意的是摆放铜双狮一定要注意摆放的方位和朝向，最重要的是在摆放前要用朱砂水点睛开光，这样才会有灵气。

### 宜015 宜摆双狮镇宅

虎为百兽之王，而狮子却被喻为万兽之王，勇不可当，威震四方。故此自古以来，中国人都习惯在大门的两旁摆放一对石狮，用来镇宅。另外，狮子又象征着名誉、地位，将其摆放在屋内，也作瑞兽看。

### 宜016 狮子宜放置在西北方

家中狮子宜放置在西北方。一是因为狮子是从西域传入中国的，北方是它最熟悉、最活跃的方位，可以占得地利。二是因为乾卦居西北方，五行属金，故此狮子在西北方，便最能发挥它的寓意。

### 宜017 宜使用巴西水晶簇防辐射

巴西水晶簇最大直径约23厘米，为天然白晶簇，又称晶王，是所有水晶能量的综合体，可向四面八方放射，据现代科学研究，巴西水晶簇可随时补充能量，可自动化解负面能量，将其摆放在计算机周围，可以减少辐射。

▲巴西水晶簇可减少辐射。

## 宜018 宜使用东海水晶簇防辐射

东海水晶簇是所有水晶能量的综合体，向四面八方放射，据现代科学研究，将其摆放在计算机上或周围，可以减轻其辐射量，比巴西水晶簇的能量稍小一些，是常用电脑者最好的风水物品。

▲东海水晶簇是水晶能量综合体，可减轻电脑辐射量。

## 宜019 宜用心经镇宅

心经即刻制了佛教经文的陶板，具有镇宅及净化心灵、安神定气的作用，可以将其摆放在佛坛上，代替你向佛祖念颂心经。此物需用专门的台架放置以便竖立摆放，尽量将其放置在房屋的吉方或清净的场所。

▲心经能镇宅、净化心灵、安神定气。

## 宜020 宜置天然葫芦祛病强身

在中国传统的开运吉祥物中，葫芦具有除厄纳福、增进财运等美好寓意。因为葫芦的瓶口小、瓶身大，易入难出，行医者用之更佳。相传葫芦为神仙的法宝，有葫芦作法器者，皆能治病救人，起死回生。因此，葫芦最适合医生、体弱易病者使用。

## 宜021 宜摆放揭玉之龙求开运吉祥

龙，是中华民族最为古老的图腾，华夏子孙皆是"龙子龙孙"，自称为"龙的传人"。古人把龙分为四类：天龙代表天的更新力量，神龙能够兴云布雨，地龙掌管地上的泉水和水源，护藏龙看守着天下的宝藏。龙是我国古代传说中的神异动物，龙文化在中国文化中占据着极其重要的地位。属龙之人把龙视为自己生命中最重要的吉祥物，拿着玉的龙会给人带来好运。揭玉之龙象征着好运长伴、开运吉祥。如果想开运、改运、吉祥，可在办公室、居家空间为摆放揭玉之龙。

▲揭玉之龙象征着好运长伴、开运吉祥。

## 宜022 宜摆放玉佛增添吉祥

弥勒佛在佛教中被称为未来世佛，有着最慈悲的胸怀，最无边的法力，能帮助世人渡过苦难。弥勒佛以大肚、大笑为典型特征，有"大肚能容天下难容之事，笑天下可笑之人"之说，代表了人们向往宽容、和善、幸福的愿望。玉佛是和阗玉摆件、把件、挂件常用的传统题材，一般将其摆放在大堂或客厅等公共区域，象征吉祥、觉者、知者、觉悟真理。

## 宜023 麒麟宜置于玄关

麒麟是四灵兽之一，集龙头、鹿角、狮眼、虎背、熊腰、蛇鳞、马蹄、猪尾于一身，公为麒，母为麟。麒麟是吉祥物之首，能够消灾解难、趋吉镇宅催财升官；与龙神、凤神、龟神一起并称为四灵兽。将麒麟摆放在居家有招福、利生男丁之功效。麒麟具有"镇宅"的寓意，可以安定周围的气，被广泛应用以消解收入不稳、家庭不和、生意不佳、人际关系不好、夫妻关系不和等问题。如果将麒麟摆放在屋外，往往会受到诸多限制，但如果将其摆在玄关面向大门之处，则同样可以起到护宅的寓意。

▲麒麟是吉祥物之首，有招福、利生男丁之功效。

## 宜024 居家空间宜放置"如意吉祥"

如意是我国传统的吉祥物，有木质、玉质等不同材质，可以用做居家摆设、礼品或者收藏之用，如意是一支曲形而头部特别大的物件，取其"吉祥如意"和"祈福纳祥"的意思。如意吉祥为凤凰立于如意玉上，凤凰代表吉祥和太平。人们常常送如意给老人，表示祝他"事事如意"。有些图画上画一个大吉、一支如意，合并为"吉祥如意"，象征做什么事都能够如愿以偿。"如意吉祥"吉祥物一般摆放在居家空间，祝福人们如愿以偿。

▲如意吉祥代表吉祥太平、万事如意。

## 宜025 宜戴虎眼石手链强健身体

虎眼石情侣手链最大直径约1厘米，为天然虎眼石，虎眼石手链寓意坚定信念，积聚财富；还预示着激发人的勇气，带来信心，使人勇敢，改善胆小懦弱的个性。虎眼石手链也可加强生命力，适合体弱多病或大病初愈的人使用。戴上虎眼石手链，还预示着做事能贯彻始终，做人能坚守原则。

▲虎眼石手链可坚定信念，积聚财富。

## 宜026 "明堂聚水"宜摆吉祥象

　　大象以善于吸水而驰名。水为财，凡居家门窗见海、水池、河流等水者，均称之为"明堂聚水"；此类住宅如在家中摆放一铜大象，则大财小财均为已所纳。另外，象的体大力壮，性情温和，知恩必报，与人一样有羞耻感，曾被称为兽中德者；凡表示吉利祥瑞，都可用大象的形象来代替。大象禀性驯良，放在宅中表示吉祥如意。

▲大象放在宅中表示吉祥如意。

## 宜027 宜置"龙凤呈祥"增强祥瑞

　　"龙凤呈祥"象征高贵、华丽、祥瑞、喜庆。在中国传统的吉祥图案中，"龙凤呈祥"是很好看的一种。在画面上，龙、凤各居一半，龙是升龙，张口旋身，回首望凤；凤是翔凤，展翅翘尾，举目眺龙，周围瑞云朵朵，一派祥和之气。龙有喜水、好飞、通天、善变、灵异、征瑞、兆祸、示威等神性。凤有喜火、向阳、秉德、兆瑞、崇高、尚洁、示美、喻情等神性。神性的互补和对应，使龙和凤走到了一起：一个是众兽之君，一个是百鸟之王；一个变化飞腾而灵异，一个高雅美善而祥瑞；两者之间的美好的互助合作关系建立起来，便"龙飞凤舞""龙凤呈祥"了。龙能降雨，寓意丰收，又象征皇权；凤凰风姿绰约形象高贵，是人们心目中吉祥幸福的化身。家中放置"龙凤呈祥"的图案会带来祥瑞之气。

▲龙凤呈祥象征高贵、华丽、祥瑞、喜庆。

## 宜028 宜使用持龙珠的龙增强能量

　　龙文化在中国文化中占据着极其重要的地位。传说龙珠有神奇的力量，而持龙珠的龙法力无边，因此家中放置持龙珠的龙或者佩戴持龙珠的龙均可轻松地从龙的身上获得能量。

▲持龙珠的龙法力无边，可增强能量。

▲玉兔美丽聪颖，是属兔之人自己的吉祥物。

## 宜029 新年宜挂中国结

中国结象征喜庆、吉祥。传说中国结是由一个和尚在闲暇之余用一根绳编出一个整结，然后串上名贵的佛饰品，再安上编出"王"字的穗，流传至今。"结"字是一个表示力量、和谐和充满情感的字眼，有结合、结交、结缘、团结、结果，永结同心之意。"结"与"吉"谐音，"吉"有着丰富多彩的内容，福、禄、寿、喜、财、安、康无一不属于吉的范畴。"吉"是人类追求的永恒主题，"结"字则给人一种团圆、亲密、温馨的美感。

## 宜030 肖兔、猪、羊者宜使用玉兔

兔为瑞兽，寿命很长，民间有谚云："蛇盘兔，必定富"。玉兔是由白玉手工雕刻制成，象征美丽、温顺、祥瑞。兔子温柔乖巧，玉兔更是美丽聪颖。属相为兔的朋友，玉兔就是自己的吉物。如有玉兔在旁，则预示事事顺意、遇难呈祥。一般可在办公桌的青龙位（左上角）上摆放玉兔，或在身上佩戴玉兔吊坠。

## 宜031 久病者家中宜摆放羊饰物

羊象征健康、和平和祥瑞，有祛病减灾及增加偏财之寓意。过去，有人将羊头悬在门上，据说能避灾祸，除盗贼；羊还是子女孝顺长辈的标志，因为羊羔吃奶时是跪在母亲跟前的。古时"羊"字与"祥"字通，"吉祥"多写成"吉羊"，因此羊本身也成为吉祥物。古时又有"羊"通"阳"的说法。人们曾从文字上解释羊与阳的关系，认为羊字形阳气在上，举头若高望之状，故通阳；有的还从羊的习性上来解释羊与阳

▲羊是和平吉祥之物。

的相通之处，羊能啮草，鸡啄五谷，故悬此二物可助阳气。若家中有长期病患者或旧病难除者，可将此物摆放在床头，左右各一只，对健康必有帮助。

## 宜032 三羊开泰宜置于住宅门口

三羊开泰象征大吉大利。"三阳"依照字面来分析，可解释为三个太阳，朝阳启明，其台光荧；正阳中天，其台宣朗；夕阳辉照，其台腾射，均含勃勃生机之意。"泰"是卦名，乾上坤下，天地交而万物通也。开泰以"求财"来卜，就是大开财路。三羊开泰适合放于住宅、公司，主要寓意是聚财求财。最佳的安放位置是将其正对住宅的门口和书桌、办公桌，将羊头朝外即可。

## 宜033 老人卧室宜挂长寿桃木剑

长寿桃木剑最大直径约为88厘米，纯桃木人工加工而成。长寿桃木剑是一款专门为老人设计的桃木剑，天然桃木加上长寿花纹，有延年益寿之寓意。一般可将其挂在老人卧室，对着床位挂在墙上，可以起到强身健体的寓意，如果老人有疾病，挂长寿桃木剑有助于帮助病人恢复健康。

▲长寿桃木剑可帮助人恢复健康。

## 宜034 年长者宜使用寿比南山笔筒

寿比南山笔筒最大直径约为20厘米，天然绿檀香木景致雕件，是专为老人家设计的天然雕刻品，象征延年益寿、寿比南山。"福"与"寿"是对老年人最好的祝愿。年长的朋友们使用寿比南山笔筒，可经常得到儿女们对自己的祝福，也能为自己增寿添福。

## 宜035 求健康、吉利宜佩戴翡翠

现代科学证明，翡翠中含有特定的微量元素，经常佩戴有益于人体健康。翡翠亦是吉利的饰物，特别是老年人求身体健康，求儿孙吉祥都宜佩戴翡翠。大吉大利翡翠最大直径约为5厘米，天然缅甸翡翠，大吉大利翡翠是老人专用饰品，一般可随身佩戴，寓意儿孙吉祥、喜庆、大吉大利，自己也会健康长寿。

▲翡翠随身佩戴寓意儿孙吉祥、使自己健康长寿。

## 宜036 年长者的居室宜置寿桃

寿桃象征延年益寿、保健长寿，常被作为贺寿佳礼。传说天上王母娘娘的桃园里种的仙桃，三千年开一次花，三千年结一次果，吃一枚就可延年益寿，因此，人

一看就能明白的住宅宜忌
用就能转运的设计妙招

们称此桃为寿桃。年长者的房间摆放寿桃有添寿、增福之寓意。

### 宜037 政府人员宜用紫檀松竹笔筒

"松"象征着长寿，"竹"则是高洁的象征，松竹结合，寓意光明磊落。因此，紫檀松竹笔筒象征着正直、清廉、高洁，适合在政府机关单位工作的人员使用，将此笔筒摆在书桌或办公桌上，有平安、长寿之吉意。

### 宜038 年长男士宜使用寿星笔筒

寿星又称南极仙翁，经常以一个慈祥老翁的形象出现。在各种吉祥图案中，南极仙翁身材不高、弯背弓腰，一手拄着龙头拐杖，一手托着仙桃，慈眉悦目，笑逐颜开，白须飘逸，长过腰际，最突出的是他有一个凸长的大脑门儿。寿星为天上的神仙，不属佛、菩萨类。寿星代表着生命，人们向他献祭，祈求他赐予健康、长寿。寿星笔筒寓意增加智慧，思维敏捷，给人带来良好的工作效率和学习效果。年长的男士用此笔筒效果更佳，此物件一般可摆放书房或办公室的书桌上。

▲寿星笔筒有长寿、增加智慧之吉意。

### 宜039 宜置绿檀弥勒笔筒获好心情

绿檀弥勒笔筒为精致笔筒，象征开心、常乐，弥勒佛为和合笑佛，将其摆在书桌或办公桌上，会给人在学习和工作之余带来宽心、常乐、自得的好心情。

▲绿檀弥勒笔筒象征开心、常乐。

### 宜040 书房宜放置松鹤笔筒

松鹤笔筒象征长寿、文雅、博学。鹤给人的感觉是仙风道骨，被称为"一品鸟"，地位仅次于凤凰。鹤在中国的文化中占有很重要的地位，它跟仙道和人的精神品格有着密切的关系。据说，鹤寿无量，与龟一样被视为长寿之王，后世常以"鹤寿""鹤龄""鹤算"作为常用的祝寿之词。将此笔筒摆放在书桌或办公桌上，可以令人文思泉涌，淡泊名利。作家以及艺术创作者使用此笔筒，还有助于增强创作灵感。

### 宜041 宜置八仙过海增添吉祥长寿

八仙过海，各显神通。八仙是由民间传说中道教的八位仙人所组成的群体，他们是铁拐李、汉钟离、张果老、何仙姑、蓝采和、吕洞宾、韩湘子、曹国舅。在这八仙当中，男女老幼、富贵贫贱、文庄粗野，各种角色都有。其中，老则张果老，少则蓝采和，酒如韩湘子，将则汉钟离，书生则吕洞宾，贵则曹国舅，病则李铁拐，妇女为何仙姑。八仙均为神仙中的"散仙"，专门惩恶扬善，济世扶贫。"八仙庆寿"与"八仙过海"是最流传的八仙故事。八仙是一组最佳组合，八仙所用的物件被称为"暗八仙"，亦称"八宝"。此八宝常入于吉祥图案中，有祝颂长寿的吉祥意义。

▲八仙过海有祝颂长寿的吉祥意义。

## 宜042 宜摆如意观音保平安

观音就是观世音菩萨，是人们普遍崇拜的佛。观音从印度传入中国时为男身，后被中国人改造为女身。按照佛教的观点：佛无所谓男身还是女身，由男变女，正体现了佛无处不在的真谛。佛教认为观世音菩萨大慈大悲，以各种化身救苦救难，有求必应。观音被佛教信众认为是菩萨中是最具灵感力的菩萨，大慈大悲、救苦救难，保世人平安、万事顺心。如意观音适于摆放在客厅，可以避开一切不如意的事物。

## 宜043 护身符宜开光使用

开光，又称开光明、开眼、开明、开眼供养。也就是说新佛像、佛画完成后要置于佛殿、佛室，举行替佛开眼的仪式。在佛教中，只有经过开光后，佛像才不再是原来的木雕石塑，而是具有宗教意义上的神圣性以及法力，受到佛教徒的顶礼膜拜。随身佩戴的护身符，一定要正确开光后，才能保平安、护健康。开光护身符的最大高度约8厘米，与信用卡的大小差不多，镀金双面，寓意经佛家高僧的开光处理。此符可随身佩戴，经正确开光后，佛祖会随身守护以保平安健康。使用时可将其放置于钱包、手提包内，与银行卡同放。

▲开光护身符寓意保平安健康。

## 宜044 汽车内宜挂紫金葫芦

紫金葫芦的最大直径约为8厘米，经桃木人工加工制成，由熏黑技术处理，寓意招财、纳福，出入平安，一帆风顺，是司机朋友们的必备物品。一般可将其挂于汽车内，以保平安。

## 宜045 宜置西方三圣佛添健康聪明

西方三圣佛为佛教中的南无阿弥陀佛、南无观世音菩萨和南无大势至菩萨。南无阿弥陀佛位居三圣的中间，主要迎接有功德之人去西天极乐世界；南无观世音菩萨救苦救难；南无大势至菩萨主管教化众人积德行善，惩奸除恶。西方三圣佛都有无量的法力，贡奉者能得智慧、避劫难，一般可以将其摆放在书房和客厅。读书的儿童或者是办公室的上班族使用也会有不错的寓意。

▲西方三圣佛在佛教世界有无量的法力。

## 宜046 八卦眼球玛瑙宜置于车内

玛瑙据说是距今2000～2500年从天而降的"神仙故石"，是从我国西藏传至世界各地的。眼球玛瑙不但具有最强的防御力，还具有保护主人的寓意。从古代开始它就作为防御邪气和邪恶的神石被人们所使用。而八卦眼球玛瑙的形状像睁大了的眼球一样，象征"神、真理、睿智"，可以看通事物的本质现象。八卦眼球玛瑙里面的"太极八卦"寓意保护环境并使其安定。作为风水手法之一，将眼球玛瑙吊在自己最在意的地方，寓意防御邪气入侵。

有时，人们还使用它抚摩身体以吸走身体里的不吉之物。八卦眼球玛瑙可以像护身符一样佩戴，更适宜将其挂在车内，这寓意保平安，起到防止发生交通事故的功效。

## 宜047 招福吊坠数量宜含"3"

人们常常用吊坠来提升运气。在观叶植物、招财进宝树以及中国开运竹上吊招福吊坠都可以招来好运。吊坠的数量是有讲究的，"3"这个数字在风水学中表示"咸卦"，"咸"指阴阳相互感应并相互吸收的意思，表示万事均可顺利进行。在插有铁线的漂亮的树枝上吊31个银柳吊坠，再插入四神花瓶，就叫做"招福树31吊坠"。

▲招福吊坠寓意好运。

## 宜048 女性宜佩戴白玉佛

白玉佛由白脂玉制成，佛也就是弥勒佛，即未来之佛，能带给人们福气、祥和之气，以祈盼美好的明天。白玉佛还能够祛病消灾，保平安吉祥，使好运常伴。男戴观音女戴佛，是取其阴阳调和、两性平衡之意。女子随身佩戴白玉佛，可随身护佑；小孩佩戴白玉佛，可令其健康成长。

## 宜049 宜戴"心中有福"保平安

"心中有福"的造型是两个蝙蝠中间有一个可以转的轮，代表双福临门。小孩子随身佩戴"心中有福"最灵，可避免病、灾，保平安多福。

▲心中有福可避免病、灾，保平安多福。

## 宜050 公共空间宜置滴水观音

观音像的种类有很多种，其中滴水观音象征避灾解难，有求必应，平安吉祥、如意，滴水观音左手有宝球，右手持宝瓶，喻为"有求必应"，可洒福气于人间，可将其摆放在客厅、办公室、大堂内等公共空间。

▲滴水观音象征避灾解难，有求必应。

## 宜051 宜置风水花瓶保平安

装饰有风水四神图案的花瓶，只需用来装饰房间，就可以起到招徕幸福的作用，这不失为一种行之有效而又简单易行的风水手法。风水花瓶一般放置在家中家族成员聚集的休息场所。

▲风水花瓶可招徕幸福。

## 宜052 男性宜佩戴白玉观音

玉文化中的观音是经过几千年来劳动人民的提炼，以佛教中的观音大士与道教中的王母娘娘形象相融合，形成现在我们所见到的女身形态。白玉观音最大直径约为4厘米，由白玉雕琢而成。男子随身佩戴，可随身护佑。古时候经商、赶考的都是男子，常年出门在外，最要紧的就是平安。因此，男子多佩戴观音。观音可保平安，同时人们也希望在其保护之下，生活顺利、事业顺心、身体健康、万事如意。

大师全解居家设计的宜忌法则
全面公开趋吉避凶的布局秘诀

## 宜053 常出差人士宜戴红玉佛与观音

经常出差的朋友适宜佩戴红玉佛与观音，因其有挡灾、保平安的功效。除此之外，红玉佛和观音还有祛病的功效，身体健康状况较差的朋友也可佩戴。

▲红玉佛有挡灾、祛病的功效。

## 宜054 宜挂铜铃保平安

铜铃为圆形，形状圆润。铜铃是最常用的吉祥用品，一般适合挂在门、窗和汽车内。将铜铃挂在门的把手上，可防止家人意外碰撞、摔伤或被硬器刺伤。铜铃挂在汽车驾驶室内，象征趋吉避凶，有助于避开意外事故的发生。

▲铜铃能趋吉避凶。

## 宜055 花瓶宜放置在房屋吉位

花瓶的"瓶"与平安的"平"同音，象征平安。在家中摆放花瓶可保家人平安，聚集富贵。花瓶宜放置在房屋的吉位上，或者摆放在客厅的东北角，西北角，主要寓意为吉祥平安。

▲花瓶摆放在家中可聚集富贵，保平安。

## 宜056 宜戴玉佩护身

玉为佩饰的一种，在我国古代，佩饰主要是指悬挂在腰带上的饰品。玉佩既有一定的装饰效果，又有保平安的寓意。佩戴一款与自己生肖吉祥物相匹配的玉佩，可起到护身。一般来说鼠牛相配，虎猪相配，兔狗相配，龙鸡相配，蛇猴相配，马羊相配，如果能结合自己的贵人生肖相配则最佳，但因各人的出生年份不同，其贵人生肖也不相同。

▲玉佩可起到护身的作用。

## 宜057 大肚佛宜摆放在公共空间

大肚佛大腹便便，长耳、笑眼、姿态动人，笑意醉人。大肚能容天下难容之事，佛脸尽笑天下可笑之人，象征安乐自在。大肚佛可摆放在大堂或客厅等公共空间，促进住宅紫气东来、财源广进，可保全家富贵、平安，还可使人心情愉快，忘掉忧愁之事。

▲大肚佛可保全家平安富贵，使人心情愉快。

## 宜058 宜挂六字真言大葫芦求平安

六字真言大葫芦由桃木人工加工所制，六字真言大葫芦可为行车辟邪，保出入平安，一帆风顺，是司机朋友们的必备物品，一般只要将其挂于汽车内部即可。

## 宜059 宜用水晶球改运

水晶早在一亿年至八千万年前就已经孕育而成。水晶属二氧化硅类，石英水晶体含有对人体有益的化学元素：矽、铁、钛等。西方国家的人们早已感受到它的神秘力量。古罗马时代就开始流行运用水晶的神秘力量为人们改善风水和财气等。水晶物体所发出的七色光可以开发每个人的"七能中心"，可以改变人的运程。由于水晶的表面光滑，加之其物理性质本身都具有转动旋转的功能，配合适当的摆放地点就可以起到改变运程的功效。因此，在人的运气比较差的时候，使用水晶球能起到调节和改良运程的作用。

▲水晶球能调节和改良运程。

## 宜060 女士宜使用富贵牡丹笔筒

牡丹表示大富大贵，兼有早生贵子的含义，富贵牡丹笔筒一般可安放在办公桌或书桌上。因为牡丹透露着雍容华贵的高雅品位，适合高贵的女士使用。

▲富贵牡丹笔筒寓意大富大贵、早生贵子。

## 宜061 宜挂五帝钱开运保平安

五帝钱指的是清朝五代盛世皇帝（顺治、康熙、雍正、乾隆、嘉庆）时期所铸造的铜币，此时期的铜币在五行中属金性，具有招财开运、保平安等作用。在国势强盛时期所铸之钱，再加上几百年的使用，灵气特别旺，带在身边可消灾解难，加强财运。而将五帝钱放于家庭保险柜或抽屉内具有招聚财气之功效；随身佩戴则能增强五行金运，流年不利可改运，还能增强健康旺气，利于恢复健康。

新装修的住房、办公室、店铺等场所宜挂五帝钱，既有招财进宝之功效，又能驱赶不良气场。如果是新购买的车，挂上五帝钱，则有逢凶化吉之功效，特别是购买的二手车宜使用五帝钱。

▲五帝钱能开运、招聚财气。

## 宜062 宜用山海镇平面镜提运

镶在镜框中的山海镇平面镜，集齐了所有开运的要素，如招财进宝、福禄寿、镇宅、招贵人等。它有调整风水、平衡财运、营造人气，调和神佛、幸福人生、驱散邪气、镇家宅、平衡阴阳的功能。将它装饰在大厅、起居室、办公室等地可以提升运气，增强人际关系。

## 宜063 宜用八白玉改运

白玉象征吉祥、正气。八白玉是由八块白玉组成，所谓"八白共发"，有助于增添财运、事业运和人际关系运。当家道衰退或公司运气不济时将八白玉装饰在居家或公司的大门或入口处，有利于运气上升。如果家居不洁，将一串八白玉挂在大门后，可消除污秽，因八白玉有正气浩然之意，所以能够转化衰气。当人际关系不好或身体状况差时，宜将其常佩戴在身上。夜归人士将八白玉佩戴在身上，自会百事吉祥。许多人当运时大富大贵，失运时一落千丈。失运时的化解方法之一即在旺气位安放八白玉，但旺气位每年有变，所以要留意改变八白玉的位置。

▲八白玉可改运除污秽。

## 宜064 宜用桃木中国结招财

桃木可以提升运气，是化解不规则户型的专用吉祥物，可解决房子朝向不是正南正北，形状怪异，房屋缺角等引起的运气反复问题。桃木中国结由纯桃木制作而成，雕刻成元宝形状，其底部拴上中国结，意味着招财进宝。将桃木中国结在客厅正对着大门处放置，可增加财气。

▲桃木中国结能辟邪、招财进宝。

## 宜065 艺体生宜使用玉竹笔筒

玉竹笔筒专门针对艺术类、体育类专业的学生及从事艺体类事业的人士设计，寓意多方面发展，有助于增加知识和智慧。可将其安放于办公桌、书桌、床柜等位置。

## 宜066 宜置久久有余笔筒招财

久久有余笔筒造型精致，是助运招财笔筒，该笔筒由九只红色的金鱼组成，意义为久久有余，代表着家运昌盛，事业兴旺。久久有余笔筒适用于所有人士，其主要是放于办公桌上，能够给人带来财运，令事业发展顺利。

▲久久有余笔筒吉祥招财。

## 宜067 佛教信仰者宜使用佛手笔筒

佛手原本是一种形状奇怪的果实，其形如拳如掌，犹如张开的手指，所以俗称"佛手"。初时人们将这种果实摆放在家中作为装饰，它能发出一种香味，持久不散。吉祥图案中喜画"一盆水仙加一只佛手"，象征"学仙学佛"，现今很多的玉器都雕成这个形状，随身佩戴，借此代表"佛陀"保护。佛手笔筒为精致摆件，助运笔筒，佛手笔筒能够给人带来良好的人际关系。一般可将其安放在办公桌、书桌上，适合佛教徒、佛教信仰人士使用。

### 宜068 宜用蓝色水晶球开运、助运

蓝色水晶球为合成水晶，含有相当分量的水晶成分。蓝色水晶球为"助运之晶"，有帮助人生活、事业更上一层楼，使生意红火，家庭幸福的美好寓意。蓝色水晶球内蕴含着巨大能量，尤其是事业、家庭及有一定经济基础和实力的人士应用最佳。蓝色水晶球一般可安放在居家公共空间内或者办公桌上。

▲蓝色水晶球为"助运之晶"。

### 宜069 宜使用水胆玛瑙改运

水胆玛瑙为天然水胆玛瑙。水胆玛瑙是随身改运、助运的宝石。玛瑙内含有一定的水分，非常难得和珍贵，对于改善运程、调节运气、保平安、促进婚姻都有很好作用，也是一款非常罕见和漂亮的随身饰品。一般可随身携带或放置在公文包、手提包内，女士使用效果尤佳。

### 宜070 宜戴天竺菩提念珠保平安

天竺菩提念珠来自印度天然的天竺菩提珠子，由手工串连加工而成，经佛家高僧开光处理。佩戴时间越长，就越有灵气，长期佩戴可转运、保平安。使用时不宜藏于右手而仅用于左手，具体结合各种手印使用。

### 宜071 书房宜置白水晶球

天然白水晶球为天然白水晶制成。天然白水晶球堪称"改运之晶""水晶之王"。白水晶能使人头脑清醒，可以提高学习、工作的效率，因此书房内适宜摆放白水晶球。

▲天然白水晶球堪称"改运之晶""水晶之王"。

### 宜072 宜戴六道木念珠保平安

六道木天然念珠的珠子最大直径约25毫米，由五台山天然六道木所制，经佛家高僧开光处理。六道木念珠只有五台山才出产，每颗念珠上都有天然形成的六道印，颜色赭红，色泽深沉，花纹

别致，为佛教圣地特产，可保平安、纳福气。

▲六道木天然念珠可保平安、纳福气。

### 宜073 宜用八卦盘调节气场

八卦盘直径约为33厘米，工艺古朴，为木胎，中间为太极图。外八卦可贴锡片，用镶嵌与彩绘相结合的方法进行装饰，历经数十道工序打磨而成。具有防潮、防腐、耐高温、不变形的特点。八卦盘还具有调节气场的作用，可使家庭和睦，小孩上进，主人平安，财运亨通。

### 宜074 宜使用福袋保健康、平安

福袋的最大高度约4厘米，为信用卡的二分之一大小，经佛家高僧开光处理。福袋内装有经文、宝石、檀香粒、古钱、粗盐等，象征智慧、驱邪、招财、结缘等。福袋可随身携带，也可放置于车内或挂在床头，将其挂在床头，可保健康、平安。如果小孩使用，可令小孩健康成长。

▲福袋可保健康、平安。

### 宜075 上班族或生意人宜置招财佛

小金万珠站立招财佛最大直径约9厘米，由金万珠陶瓷精心烤制而成，经佛家高僧开光处理，有招财等寓意。上班族或公务员将其放置在办公桌上，做生意的人将其摆放在收银台上，寓意招财进宝、升职加薪、平安健康、事事如意。但摆放的时候切不可正对厨房、厕所。

▲小金万珠站立招财佛有招财等寓意。

340

## 宜076 欲添丁添福宜使用石榴

石榴原名安石榴，征多子多福。据史载，约在公元二世纪，石榴产在当时隶属于中国王朝的西域之地安国和石国(今乌兹别克的布哈拉和塔什干)。汉代张骞出使西域时，才将其引入内地。古人认为儿孙满堂为福，而石榴则有"榴开百子"的含义。从求子的角度来说，使用石榴吉祥物是理想的选择。

▲石榴可添丁添福。

## 宜077 宜置开运竹开运

开运竹又叫富贵竹，象征开运、平安。主材为百合科、龙血树属的富贵竹，可取富贵竹的茎秆为主材。将开运竹剪切成不等长的茎段，然后将这些茎段按内长外短、逐层递减的方式排列，捆扎成三、五、七层宝塔状而成开运竹。它造型玲珑，

▲开运竹带来富贵吉祥。

既富有竹韵，又充满生机，并寓有富贵吉祥的含义。上班族在文昌的位置用净水养一盆开运竹，有助于步步高升，开运竹对于升学考试者也有很好的催运作用。但要注意的是养的植物要绿叶繁茂，生命力旺盛，才会有利，否则会造成负面影响。

## 宜078 宜用五福圆盘求福

五福圆盘是由五只蝙蝠相连而成，通常被称为"五福临门"。它意味着人生的五种福（五福：长寿、富贵、康宁、好德、善终），也是所有的福都聚集到自己的门口，象征招财纳福。五福是中国人所追求的幸福境界。蝙蝠不仅具有求福的象征，而且还有其他值得期待的寓意。例如，当天花板上有横梁突出时，为了化解房梁上的压迫感，可以在房梁上吊一两个蝙蝠吊坠，注意，此时便可不用五福圆盘。

▲五福圆盘能为家庭招财纳福。

## 宜079 宜置福禄寿三星添福添寿

俗话说："人间福禄寿，天上三吉星。"三星的形象和蔼慈祥，所以使人觉得可亲可近，民间百姓都亲切地称他们为"三星老儿"，赋予他们非凡的神

性和独特的人格魅力。"福星"手抱小儿，象征有子万事足的福气；"禄星"身穿华贵朝服，手抱玉如意，象征加官晋爵，增财添禄；"寿星"手捧寿桃，面露幸福祥和的笑容，象征安康长寿。福禄寿三星象征着多福避难、吉星高照、福大财多、寿命长。将其放置在客厅，可增添福气、财运、寿元。

▲福禄寿三星可添福气、财运、寿元。

## 宜080 招财宜置小双龙

　　聚财小双龙直径约为35厘米，纯桃木所制，为聚财专用的吉祥物法器。小双龙可解决居住者付出多劳动多，而收入少、不稳定、步步难行等问题。适宜将其安放在住宅的书房，正对座位。

▲聚财小双龙能为公司招财。

## 宜081 公司聚财宜置大双龙

　　聚财大双龙直径约为38厘米，重8千克，由纯桃木所制，专为资产在一千万元以内的中产阶级专业设计。大双龙主要用于住宅、店铺、公司等场合来藏风聚气，会聚人气。人气就是财气，可致事业腾达、财源滚滚、业务节节高升。适宜将其安放在住宅或公司的大厅内，以正对大门为好。

## 宜082 宜用神龙戏水改善气场

　　神龙戏水直径110～130厘米，重35千克，由纯桃木所制，是较大的吉祥物法器。神龙戏水适用于住宅、集团公司、工厂、厂矿、商场、星级宾馆、酒店、娱乐场等大型建筑物或企业单位。神龙戏水能够通过化解戾气、会聚人气来改善气场，从而确保平安，使生意兴隆。神龙戏水为特制专供，应在专业人士的指导下安放。神龙戏水是在所有的能量气场中影响力最大的，制作开光需要一个多月，能令居家、公司、商业场所等时来运转、路路畅通。

▲神龙戏水能改善气场。

全面公开趋吉避凶的布局秘诀
大师全解居家设计的宜忌法则

342

### 宜083 宜置财帛星君招财

财帛星君是中国最常见的财神之一，大江南北各地均可供奉，因为是天上之神，必须开光才有效。可将其对着主卧室大门安放，切勿正对大门。文财神的摆放宜面向屋内，这样才可以"引财入屋"，增添家庭的财运。

▲财帛星君能增添家庭的财运。

### 宜084 餐饮行业宜置五爷

五爷是鲜为人知的是中国土地总财神，是专管餐厅、饭店、宾馆、土、木、花、果等行业的财神。从事这些行业的人士可在住宅及经营场所内摆放五爷能够财运亨通。

▲五爷可使财运亨通。

### 宜085 宜置赵公明招财

赵公明属于长江以北的中国北方多供奉的武财神，是所封正神之一，必须经过开光才有灵气。一般宜对着大门安放，请勿正对主卧室大门。

### 宜086 宜置关公招财

关公属于长江以南的南方多供奉的财神，也是港台必须供奉的财神，南方供奉特灵，开光有效。适宜对着大门安放，请勿正对主卧室大门，南北武财神勿同时安放。

### 宜087 宜戴催财貔貅催财

据古书记载，貔貅是一种猛兽，为古代五大瑞兽之一（龙、凤、龟、麒麟、貔貅），称为招财神兽。貔貅曾为华夏族的图腾，传说帮助炎黄二帝作战有功，被赐封为"天禄兽"，即天赐福禄之意。貔貅专为帝王守护财宝，也是皇室的象征，称为"帝宝"。又因貔貅专食猛兽邪灵，故又称"辟邪"，中国古代风水学者认为貔貅是转祸为祥的吉瑞之兽。貔貅身无鳞、脚无毛、神态威武，为上好的摆设吉祥物。貔貅由于外貌凶猛，有镇宅的寓意。将已开光的貔貅安放在家中，寓意家中的运势转好、好运加强、赶走邪气。除此之外，貔貅还有趋财旺财的象征，适宜随身佩戴，特别适合偏财或推销行业者选用，对收入浮动者会带来很好的效应。相对于其他招财物，貔貅助偏财之效力更大，对正财也有帮助。一般制造貔貅的材质有金属、木材、玉石几种，其中又以玉制的貔貅催财力量最强。

▲ 催财貔貅有催财功效。

## 宜088 上班族宜戴如意翡翠

翡翠在矿物学上称硬玉，为一种辉石类矿物集合体。翡翠一般呈致密块状，变斑晶到纤维状结构，在光线照射下具星点状或片状闪光，俗称翠性。如意翡翠最大直径约5厘米，为天然缅甸翡翠。如意翡翠，吉祥如意，预示着带来财气和财运，并且"元宝举手可得"。可将其随身佩戴，适于上班族佩戴。

▲ 如意翡翠可招致财运。

## 宜089 宜使用黄金球招财

黄金球实为黄水晶，硬度为七，极为稀有，以橘黄色的为上品。其能量的震动频率影响人类的太阳穴神经丛，属理智体。黄金球的最大直径约10厘米，为合成水晶，含有大量的水晶成分。黄金球意为"招财之晶"，主财富，能够招来财运，是快速招财的宝石之一。

## 宜090 神像前宜放置开光招财杯

开光招财杯最大高度约6厘米，为精致铜器。开光招财杯是佛家常用聚财法器之一，宜放财神、如来、观音神像前。放神像之前，建议餐馆、商店使用，以5只为好。

## 宜091 脑力劳动者宜使用紫色宝鼎

紫色宝鼎最大直径约24厘米，为合成水晶，有相当分量的水晶成分，紫色宝鼎意为"紫气东来"，有强大的催财作用，对事业、财运不顺者有很大的帮助。脑力劳动者如IT行业、作家、科学家及学生使用紫色宝鼎有很好的积极作用。因为本吉祥物双球成鼎，可使能量倍增，提高工作效率。

▲ 紫色宝鼎有强大的催财寓意。

## 宜092 宜戴聚宝盆手链招财

聚宝盆手链每颗最大直径约12毫米，为天然的水晶珠，聚宝盆手链能量强大，能强化个人的体能及潜能；增强胆识，加强一个人的信心及果断力，带给人勇气和积极的进取心，令人显示出权威，有助于领导人命令的贯彻与执行。另外，聚宝盆手链能强力聚财，给人带来很好的财运，是生意场上不可或缺的伙伴。

## 宜093 玄关宜置"财源广进"

"财源广进"是一款意义非常好的笔筒，有很高的文化品位，能够招徕好运，带来财运。可将其安放在玄关、办公桌、书桌、收银台、会计桌上，最适合收银台摆放。

▲财源广进最能招徕财运。

## 宜094 宜置飞马踏燕招财添福

飞马踏燕直径约28厘米，为原始纯铜制成，是一款非常精致漂亮的仿古品。飞马踏燕挖掘出来不经过深加工，保留了原始地气和磁场能量。经过正规开光，以及道家符咒文化处理。

飞马踏燕的招财能量巨大，如果办公空间、居家空间想增添财富、招徕福气，可摆放此吉祥物。

▲飞马踏燕招财能量巨大。

## 宜095 招财宜使用开光元宝

开光元宝为佛家常用聚财法器之一，宜摆放在财神、如来，观音等神像旁边。一般建议住宅、餐馆、商店、商铺使用，数量以4只或8只为好。

▲开光元宝是常用聚财法器。

## 宜096 餐饮招财宜置"见龙在田"

见龙在田直径约22厘米，为原始纯铜，挖掘出来后不经过深加工，可保留原始地气和磁场能量。

"见龙在田"为餐饮宾馆招财专用，也可放置于与田地相关的行业，如蔬菜瓜果、花草植被、木类家具等。可将其安放在卧室、书桌、老板桌以及写字台的左边。

▲见龙在田有利于餐饮招财。

宜097 书桌、办公桌宜置招财鼠

招财鼠的最大高度约13厘米，为天然汉白玉手工雕刻品、经开光道教文化特殊处理。鼠为十二生肖之首，聪明异常，并且是招财守财的专家。如果鼠用天然玉石雕刻而成，招财的效果更佳。招财鼠适合放置在书桌、办公桌上。

▲招财鼠是招财守财专家。

宜098 书桌、办公桌宜置吐钱玉蟾

吐钱玉蟾并非普通的蟾蜍，与其它四条腿的蟾蜍不同的是，它只有三只脚，另外它还会吐钱。将吐钱玉蟾摆放在住宅、商铺或公司里，能带来喜庆和财运。摆放时通常将其放置于桌上的左边，头朝内摆放。

▲吐钱玉蟾能带来喜庆和财运。

宜099 保险柜宜置纳福一桶金

纳福一桶金的最大直径约22厘米，为精致摆件，经道教开光文化特殊处理。纳福一桶金可摆放在住宅的保险柜附近，也可摆放在商业公司、宾馆、商店等盈利性企业的开门处，还可将其放于收银台、钱柜附近，可招财进宝。

▲纳福一桶金预示着招财进宝。

## 宜100 宜摆放弥勒佛招财

招财弥勒佛的神态安乐、自在、和蔼、安详地拉着装满金银财宝的布袋，送财上门。招财弥勒佛象征招财、安乐、财源滚滚、团结和睦。店铺、办公室、客厅摆放招财弥勒佛，可促进安乐、和谐、自在的家庭气氛，同时还能招财进宝。

▲招财弥勒佛送财上门。

## 宜101 招财进宝石放置前宜先清洗

招财进宝石直径约15厘米，为天然泰山石所制。天然的泰山石，辅以红色朱砂书写的"招财进宝"，在摆放前宜先用清水清洗，然后，将其放置在公司门口或负责人的办公桌上，能够为公司招财进宝，使公司负责人的地位稳如泰山。

## 宜102 宜摆放布袋和尚招财

布袋和尚似乎是难以登大雅之堂，但在民间却很看重它。历史上有一个禅宗方僧，常常背着一个大布袋到处化缘，乞求布施，人称其为布袋和尚；他死后人们又多次看到过他，于是人们认为他是弥勒佛的化身。所以在很多的地方，很多家庭

在布袋里常放些大米，不能让他空着。布袋和尚象征招财、平安。相传布袋和尚的布袋内装满了金银财宝，用以救济穷人、布施四方，所有善良的人遇到他，都能得到金银财宝。因此，在家中摆放布袋和尚，总意味着好运要临到家中。

▲布袋和尚象征招财、平安。

## 宜103 求和睦宜置紫檀象

象的性格至忠至厚，十分温驯，能够接纳所有的人。紫檀象象征招福、纳财。因此，向往和睦、具备团队精神的人摆放紫檀象寓意招来好运。紫檀象适合摆放在客厅、办公区，如果摆放在老总的办公室内，寓意其管理有方，不易出错。

▲紫檀象象征招福、纳财。

## 宜104 宜挂风水竹箫增强运势

风水竹箫象征家庭好运、生意兴隆，竹箫的关节一节比一节变得粗壮，可以带来"步步高升"的开运效果。将风水竹箫的细端向上挂在墙壁上，可以使家庭运势和生意运程更进一步。

## 宜105 保险柜宜置金蟾

金蟾象征招财、旺财、聚财、财禄满贯。此款摆件雕刻得非常细致，三条腿的蟾蜍趴在金钱币上，口中也含着金币。特别是金蟾的眼睛经朱砂开光，活灵活现，栩栩如生，仿佛金蟾有了生命力，颇具功力。"三脚金蟾"寓意财源滚滚，事事如意，其最大的功效就是招财，因此，将其摆放在保险柜、办公桌、收银台、商铺最佳，能够使生意兴隆，财源滚滚而来。

▲金蟾摆商铺使生意兴隆。

## 宜106 宜用风水罗盘扭转宅运

风水罗盘，又名罗盘、罗经、罗庚、罗经盘等，是风水专业人士在堪舆风水时用于立极与定向的测量必备工具之一。罗盘的最主要的组成部分有天池（也就是指南针）、天心十道（架于外盘上的红十字线尼龙绳）、内盘(刻绘有一圈圈黑底金字的铜板圆盘，整个圆盘可来回转动，习惯上一圈叫做一层)。对于宅运不佳的家庭，将罗盘摆放在神台后或客厅靠墙壁的中间，则有转运之效，摆放时宜按照上南下北摆放。

## 宜107 宜戴年年有余玉佩保平安

"鱼"与"余"谐音，象征着富贵。鱼跟雁一样，可作为书信的代名词。古人为秘传信息，将绢帛写信而装在鱼腹中，这样的以鱼传信称为"鱼传尺素"。唐宋时，达官显贵皆身佩以镀金制作的信符，称为"鱼符"，以明贵贱。玉有辟邪、保平安之功效，适宜个人佩戴，可保平安、富贵。而年年有余玉佩则兼有辟邪、保平安，带来富贵之功效。财务工作者、业务人员、生意人佩戴此玉佩则效果最佳。

▲年年有余玉佩可辟邪、保平安，带来富贵。

## 宜108 宜置雄鸡旺家运

鸡能驱凶，也能致吉，在语源上有以"鸡"谐音为"吉"的意思。雄鸡有五德：文、武、勇、仁、信。雄鸡头顶红冠，文也；脚踩斗距，武也；见敌能斗，勇也；找到食物能召唤其它鸡去吃，仁也；守信按时报告时辰，信也。雄鸡善斗，目能辟邪，所以常被作为辟邪的吉祥物。雄鸡能旺家运，令家庭祥和。一般可将雄鸡安置于大门入口处，或放在屋中桃花位。雄鸡的头向大门，可旺家运，使得家庭祥和，也可将其摆放在办公桌上。

### 宜109 宜置松竹梅招财

松树四季常青，象征长寿。"竹"与"祝"同音，喻祝福。"梅"与"眉"同音，暗含"喜上眉梢"之意。松竹梅象征招财，聚集人气，适宜摆放在店铺的门旁或者收银台上，以便招揽更多的人气和顾客。

▲松竹梅象征招财，聚集人气。

### 宜110 客厅宜放金鱼缸催财

金鱼缸金鱼，亦称"金鲫鱼"，属鲤科，是由鲫鱼演化而成的观赏鱼类，种类甚多。鱼的形象作为装饰纹样，早已见于原始社会的彩陶盆上。商周时期的玉佩、青铜器上亦多有鱼形。鱼与"余"同音，隐喻富裕、有余。"山主贵，

水主财"，鱼缸有很强的催财寓意，但切记一定要将其放在旺气位才行，建议客厅或办公室摆放鱼缸。

### 宜111 宜置旺财狗招财

传说阴山有天狗，状如狸，白首。秦襄公时，有天狗曾来到白鹿原的狗枷堡，凡是有贼出现，天狗就大吠护堡，整个狗枷堡因此平安无事。有一句俗语说："狗来富。"在门或入口的附近可以摆放铜制犬饰物，面朝外放置，把守门口。狗站在财宝上，前脚滚动着圆筒，比喻利滚利、一本万利。不能养狗的公寓或商业住宅的住家门口特别适宜摆放此物。这不仅象征保平安，还特别象征旺财。

▲旺财狗象征旺财保平安。

### 宜112 招财宜置五路财神

五路神又指路头神、行神。人们祈求出门时东西南北中五路皆得财，所以五路神又称路神。他们五位分别为赵玄坛赵公明、招宝天尊萧升、纳珍天尊曹宝、招财使者陈九公、利市仙官姚少司。五路财神是民间吉庆年画中常见的形象，在江南一

带供奉最盛。五路财神专施金银财宝、迎祥纳福。五路财神都把钱财往聚宝盆里放，寓意财源广进。因此，家中放置五路财神能够招来财运。

▲ 五路财神寓意财源广进。

### 宜113 经商者的办公区宜置仰鼻象

大象禀性驯良，将其放置在家中表示吉祥如意。仰鼻象象征着招财、送财、财源广进。如将大象放在室内财气最盛的地方，则全家人都会受惠，可放置于经商者的办公区或书房。

▲ 仰鼻象象征着招财、送财、财源广进。

### 宜114 公共空间宜置风水球

风水球是由大理石磨制而成的催财吉祥物。底盘（柱）装水，用水泵抽水向上喷射而冲动上面的石球，使石球长期转动，象征财源滚滚。风水球可分为微小型、小型、中小型、中型、中大型、大型、特大型等，品种和式样繁多。一般将其摆放在居室公共空间、办公空间或公共场所。

### 宜115 窗口或大门宜放古钱或元宝

铜钱是古时候使用的钱币，可作为旺财之用，现在流行使用的是五帝铜钱。元宝也代表着钱财，亦属招财之物。古钱与元宝多一对并用，一般用法有两种：一是将一对金元宝放在全屋最大的窗口上或窗台的左右角，意为把窗外之财吸纳进来；二是将其放在大门入屋斜角的角落，此处地方藏风聚气，亦是财位。

### 宜116 居家宜置风水轮

风水轮是居家风水布局必备的旺财物，风水轮的滚动会带动流水，促使空间气场的流动。水代表财，流动的水代表财源滚滚。将风水轮摆设在家中得当的位置，有时来运转、财源滚滚的寓意。

▲ 风水轮寓意转运，滚滚财源。

## 宜117 传统文化爱好者宜用摆财纳福

"白菜"与"摆财"谐音，并且形状招人喜欢。摆财纳福最大高度约15厘米，精致摆件，为水晶底座，一般为热爱传统文化的人士使用。可将其安放于书房或办公室的办公桌、书桌之上。同时文学爱好者、文化工作者、老师、文秘、财务工作者都可使用，有利于增添文化氛围和文采。

▲摆财纳福有利于增添文化氛围和文采。

## 宜118 宜置金翅鸟招财

金翅鸟是法力无边的护法神，传说龙的神通虽然很广，但是碰到金翅鸟，就神通全无，只等金翅鸟来食。招财金翅鸟的加持、聚财效果比龙族的招财瑞兽（如辟邪、天禄）更为厉害，堪称招财第一神兽。住宅、商业空间、办公场所均可摆放金翅鸟招财。

## 宜119 客厅、办公区宜放置招财象

大象是现代人家庭中很好的吉祥装饰品，可抵挡外面不吉之气。"象"谐音"祥"，象征着吉祥、平安、幸福，可抵御外来不吉之气的冲击，同时也具有招财之寓意。大象吸水最厉害，一般可摆放在门口或屋顶上。如果将大象朝着财位摆放，又正好碰见有水的话，那么水即是财，大象可为住宅吸财，是发大财的风水布局。将其摆放在客厅、办公区，特别是老总的办公室，预示着其管理有方，事业越做越大。

▲招财象象征着吉祥、平安、幸福。

## 宜120 红色与黄色穗坠宜按方位放

在风水学上使用不同颜色的穗坠能够召唤幸福，招来财运，红色和黄色穗坠就是一种简单易行的开运手法。红色是与东方相符合的颜色，将红色穗坠吊在房间东侧，可使房间的能量活化，使人身心健康；黄色是可提高西侧方位金运的基本颜色，将黄色穗坠吊在西侧寓意财产聚集，从而提升金运。

▲红色与黄色穗坠是常用的开运饰物。

### 宜121 "姜太公钓鱼"宜放置在书房

提起姜太公钓鱼，几乎男女老少都知道他的钓法与众不同，并充满了传奇色彩。人们都说他钓鱼时用的是直钩，不仅不用鱼饵，而且不放在水里，还背对着钓鱼的地方。姜太公钓鱼象征用特殊的方法来工作，最后获得成功。可将姜太公钓鱼摆放在办公室或书房里，寓意获得知己、获得成功。

### 宜122 宜置风水马调整家庭关系

十二生肖中"马"有着强健不息的气度。在风水学上并不将马分为吉兽或凶兽，因为其气数无法轻易地被掌握与控制，但是大部分的人还是将马视为封官晋爵的吉祥动物，所以对于风水马的运用就应具体问题具体分析了。马的本性豪放不羁，所以摆设风水马会让人精神振作，且能带动财运的流转，使事业更加顺利。

▲风水马预示带动财运的流转。

### 宜123 雌雄双狮宜放置在门口

狮子是百兽之王，寓意避小人、躲是

非。狮子不仅寓意防御邪气，而且拥有招财的最高象征，是用以祈愿生意兴隆的最适合的风水动物，适宜将其摆放在大门、客厅、办公室。而雌雄狮摆放在门口最为吉祥，同时摆放狮子时，狮头要朝外，并按照雄左雌右的顺序摆放，这是由阴阳五行中"左青龙男，右白虎女"的规定而来的，象征吉祥、平安、纳福。

▲雌雄双狮寓意镇宅保平安。

### 宜124 宜置达摩尊者教化向善

达摩尊者即达摩多罗，为佛教十八罗汉中的第十八位，是中国佛教禅宗的第一传人。达摩尊者象征诸恶莫取、众善奉行。在办公室的门口、大堂或住宅的客厅摆放达摩尊者，有弘扬善德、教化众人向善的寓意，让人明了"善有善果"而多积德行善。

▲达摩尊者让人多积德行善。

### 宜125 宜置欢乐佛改善人际关系

佛教认为，欢乐佛最能体察人间疾苦，所到之处都会带来欢乐与和睦。欢乐佛象征团结、友爱、和睦、向上，对公司或家庭有凝聚力，一般可摆放在住宅或公司的公共区域。

### 宜126 大钱币宜放在客厅对大门处

大钱币直径约为45厘米，由纯桃木制造，为家庭聚财专用的吉祥物法器，适宜安放在客厅正对大门处，有解决家庭收入日益减少不稳定、破财、钱财流失问题的寓意。

### 宜127 宜放置三条龙增强气场能量

由各种颜色铸成的龙，因外形小巧玲珑，故可以轻松随意地装饰在家庭和办公场所里。金色的龙、三色的龙、茶色的龙主要是为了增加气场能量，预示着能够为主人带来好运和财运。

▲三条龙可增强气场能量。

### 宜128 职场人士宜使用"金饭碗"

我们常说的"金饭碗"是形容一种稳定的工作和固定的收入。金饭碗象征招财、工作稳定、衣食无忧。"金饭碗"里盛满金元宝，寓意吉祥，适合职场人士使用，象征着保其工作稳定，收入平稳上升。

▲"金饭碗"象征工作稳定、衣食无忧。

### 宜129 招财开运宜置跑马

跑马既象征招来财气，又预示加强事业的好运，使前程似锦。经常出差公干或奔走于两地的人士，适宜选用跑马摆放在写字台或家中的财位上，取"马到成功"之意。

▲跑马可使前程似锦。

大师全解居家设计的宜忌法则
全面公开趋吉避凶的布局秘诀

### 宜130 宜使用水晶龙提升文昌运

在学习用的书桌右侧靠里的地方摆放这样一个饰物，既可增强学习时的注意力，又可提升学习能力。此水晶龙多与九层文昌塔组合使用。

### 宜131 许愿龙宜放置在房间的右侧

许愿龙一共携带有3个龙珠。它们分别是：情绪低落消沉时可以令人精神振奋的"金属龙珠"，用于特别许愿的"水晶龙珠"，提高恋爱运的"粉红水晶龙珠"。如果希望增强财运的话，就一定要使用"发金水晶"。许愿龙象征开运、招财、心想事成。在需要许愿时最好将许愿龙放置在进入房间的右侧位置，就像对待自己饲养的宠物一样温柔细致地照顾它，需要每日将一杯洁净的水放在它的身边。

▲许愿龙寓意心想事成。

### 宜132 宜使用水晶龙提升恋爱运

如果想要提高自己的恋爱运的话，建议将持有粉红水晶的水晶龙摆放在自己的房间里，它预示着你会遇到心仪的对象，并与他（她）建立起如你所期待的恋爱关系。

▲水晶龙预示着你会提升恋爱运。

### 宜133 宜摆放大鹏展翅催功名

大鹏展翅象征鹏程万里、名利双收，同时也象征一飞冲天、一鸣惊人。大鹏展翅一般可摆放在办公桌和书桌上，有催功名、旺学业、利名声的寓意。

▲大鹏展翅寓意催功名、旺学业、利名声。

### 宜134 学生求学业宜戴知了

知了最大直径约4厘米，为白玉精致项链，经道教开光文化特殊处理。"知了"象征"知晓"，适宜学生随身佩戴，多为父母向上学孩子请的，也是唯一一款专门帮助学生提升学业的随身吉祥物。

▲知了有帮助学生提升学业的寓意。

## 宜135 宜置九龙笔筒求升职

九龙笔筒最大高度约16厘米，为玉石底座精致摆件，助运笔筒，经道教开光文化特殊处理。九龙笔筒宜安放在办公桌或者书桌上。

## 宜136 宜置节节高笔筒求升职

节节高笔筒最大高度约16厘米，为精致摆件，助运笔筒，经道教开光文化特殊处理。

节节高笔筒适用于以升职为主要工作目的，或者希望能有升职机会的人群使用。专业设计为"连升三级"，并且是"双福临门"，适合升职政府公务员

▲节节高笔筒有升职的寓意。

使用。安放在办公桌或者书桌上，所有的"非老板"工作人员都可以使用。

## 宜137 上班族、学生宜用腾龙一角

腾龙一角最宜刚刚创业的人和将要考学、晋升的人士使用，象征出人头地、大展宏图、独占鳌头，适合上班人士、学生使用。

## 宜138 十八罗汉宜置于书房

十八罗汉神态各异，各自都有不凡的来历，一般用于求福、祈福，象征吃苦耐劳、终成正果。十八罗汉适宜放置于书房，若放置于客厅做装饰用，则比较漂亮美观。

▲十八罗汉象征吃苦耐劳、终成正果。

## 宜139 宜置"一路荣华"求富贵

芙蓉花亦称木芙蓉，蓉与荣同音，花与华古时通用，鹭为白鹭，与路同音。本吉祥物一朵芙蓉与鹭一起，意为"一路荣华"。"一路荣华"象征永远荣华、富贵，适合摆放在办公场所或经营店铺内。"一路荣华"寓意行人此去将交上好运，荣华富贵享之不尽。

## 宜140 宜摆放鲤鱼跳龙门催功名

明代李时珍的《本草纲目》里记载："鲤为诸鱼之长。形状可爱，能神变，常飞跃江湖"。因此，鲤鱼跳龙门，常作为古时平民通过科举而高升的比喻，被视为幸运的象征。跳龙门寓意事业有成和梦想的实现，"鱼"还有吉庆有余、年年有余的蕴涵。其可摆放在学生、想当官者、想晋升的人的书房或办公桌，有利学业、催功名之寓意。

▲鲤鱼跳龙门有利学业、催功名之寓意。

## 宜141 紫檀骆驼宜置于左边

紫檀骆驼象征精力充沛，不怕困难、拼搏向上、走向成功。紫檀骆驼最宜处在创业阶段的企业和学生使用，一般可摆放在书房、学生卧室、办公室内。在摆放时也要注意，要摆放在左边，左边在传统风水学中属于喜庆吉祥位置。

## 宜142 流通类职业者宜置一帆风顺

一帆风顺最大高度约19厘米，为精致摆件，经道教开光文化特殊处理，适宜安放在办公桌或者书桌、接待室、会议室等处，比较美观大方，尤其适用于交通运输及航海航空等部门和行业，适宜以流通为主要目的的职业。专业人士强力推荐流通类职业者放置于书房或公司的会议室、接待室内。

▲一帆风顺适宜以流通为主要目的的职业。

## 宜143 宜置文昌塔加强文昌运

文昌塔可增添学习氛围，提高学习和工作效率。一般摆放在办公室区域或书桌上，象征意义：步步高升、聪明智慧。所谓文昌是指支配文人命运的方位，叫做"文曲星"的星宿，自家大门的方位不同，文曲星的方位也就不同，这个方位就叫"文昌方位"。文昌塔的能量可以给做计划、创造等研究工作的人给予强力支持，所以建议想成为董事长、总经理、创业家以及从事技术开发、文学、艺术等创造性工作的人们使用文昌塔；另外接受种种考试的学生们为了提高考试成绩，也可将其放在自己的书桌上和水晶龙一起使用，效果会更加明显。

▲文昌塔可使人步步高升、聪明智慧。

## 宜144 宜置苏武牧羊提升意志力

苏武奉汉武帝之命出使匈奴被扣，坚贞不屈，曾被放逐到冰天雪地的北海。但因其坚持不懈的精神而受到世人的尊敬。苏武牧羊宜放置于办公室或商业场所内，象征坚贞不屈，可以提升办事人员的意志力，坚持不懈，获得成功。

▲苏武牧羊可提升人的意志力。

## 宜145 求功名宜置官上加官

官上加官的形状为一只打鸣的公鸡。公鸡因其不凡的身世和高贵的美德而倍受人们重视，是吉祥之物。公鸡鸣叫表示"功名"，雄鸡鸡冠高耸、火红，表示显贵。因此，将一只有漂亮鸡冠的雄鸡作为赠礼，可祝贺对方能够获得官职，用来表示"官上加官"。

## 宜146 求升职宜置鲁班尺

鲁班尺，亦作"鲁般尺"，为建造房屋时所使用的测量工具，类似现在工匠所用的曲尺。鲁班尺相传为春秋鲁国公鲁班所作，后经风水界加入八个字，以丈量屋宅吉凶，并称之为"门公尺"。其八个字分别是"财""病""离""义""官""劫""害""本"。在每一个字底下，又区分为四个小字，来区分其吉凶的意义。鲁班尺有助升职之寓意。

## 宜147 宜摆放水晶柱开发智力

水晶柱可凝聚空间能量，使之集中于一点以加强思维，亦可作为文昌塔的一

▲水晶柱有着美好的寓意。

种来使用。如果将其摆放在书房中常见到的地方，寓意加强主人的读书缘；将其摆放在办公室的四角，寓意人做事头脑灵活；若将其放在床头，寓意加强在睡眠前的阅读兴趣；将之放在儿童房，喻意增强小朋友的记忆力。

## 宜148 步步高升宜摆放在书房

持水晶的龙站在玉和铜钱上，代表"高"，旁边摆放三颗花生，代表"升"。步步高升一般摆放在办公室或书房，寓意升职加薪、步步高升、生意兴隆。

▲ 步步高升使升职加薪、生意兴隆。

## 宜149 百鸟朝凤宜摆放在公共区域

"凤"是指凤凰，古代传说中的鸟王。百鸟朝凤是一个祥和盛世的美好境界，令人向往，在古时候喻指君主圣明而天下依附，后也比喻德高望重、众望所归者。"百鸟朝凤"后来常被用于刺绣、挂画、菜名中。百鸟朝凤一般摆放在家庭的公共区域，有化解家庭矛盾、促进家庭和睦的寓意。

▲ 百鸟朝凤有化解家庭矛盾，促进家庭和睦的寓意。

## 宜150 宜置吉祥猴催官运

古时人们普遍认为猴为吉祥物。由于"猴"与"侯"谐音，在许多图画中，猴的形象有着"封侯"的意思。如一只猴子爬在枫树上挂印，取"封侯挂印"之意；一只猴子骑在马背上，取"马上封侯"之意；两只猴子坐在一棵松树上，或一只猴子骑在另一只猴的背上，取"辈辈封侯"之意。吉祥猴象征吉祥、高升，将吉祥猴摆在适当的位置，寓意吉祥和运气。

▲ 吉祥猴象征吉祥、高升。

### 宜151 卧龙砚台宜置于书房

卧龙砚台象征聪明、智慧，表示龙腾虎跃，下笔如行云流水。将卧龙砚台摆放在书房，可激发人的上进心和灵感，使人才思敏捷，智慧倍增。

### 宜152 维持夫妻感情宜置龙凤镜

青铜八卦龙凤镜直径约30厘米，纯桃木所制，为夫妻感情专用的吉祥物系列法器。龙凤镜有维持夫妻感情，使之和好如初，防止家庭感情出现危机、婚外情等寓意，适合放于主卧室床头。

### 宜153 求姻缘宜置久久百合笔筒

久久百合笔筒最大直径约18厘米，为精致摆件，助运笔筒，经道教开光文化特殊处理。久久百合笔筒针对夫妻感情设计，有和好如初、百年好合之意，笔筒内放置两人的合影照片，效果更佳。可将其安放于办公桌、书桌、床柜上。一般推荐女士送男士，安放男士办公桌使用为佳。

▲久久百合笔筒有和好如初、百年好合之意。

### 宜154 巩固爱情宜戴砗磲龙凤配

砗磲龙凤配的最大直径约4厘米，为天然砗磲精致项链，经道教开光文化特殊处理。砗磲被佛教认为是世界上最洁白的贝壳，同时也被认为是世界上最坚硬的贝壳，象征爱情的纯洁和牢靠，永固感情，是难得的珍贵贝壳之一。砗磲龙凤配宜男女分开佩戴，是专为情侣夫妻设计的吉祥物，护佑情意永久相亲相爱，可随身佩戴。对情侣、夫妻非常适合，最好女方送男方。

### 宜155 如意玉瓶宜置于客厅、卧室

如意玉瓶最大高度约25厘米，为汗白玉瓶体、桃木底座、精致摆件，经道教开光文化特殊处理。如意玉瓶家庭使用为好，寓意合家欢乐，情意融融，主要是协助夫妻感情使用。在卧室床头摆放如意玉瓶，会增进夫妻感情，在客厅摆放如意玉瓶，寓意家庭和睦，吉祥如意。

▲如意玉瓶可使合家欢乐，情意融融。

## 宜156 表达爱意宜赠心连心

心连心最大直径约3厘米，为天然玉精致项链，经道教开光文化特殊处理。心连心是一款情侣扣，心连心，心中有心，也是表达爱意和真心相连的标志，可随身佩戴，适于情侣佩戴，推荐赠送给对方。

▲心连心是表达爱意和真心相连的标志。

## 宜157 新婚者宜置花好月圆

花好月圆最大直径约30厘米，为桃木底座精致摆件，经道教开光文化特殊处理。花好月圆代表夫妻甜甜美美、团团圆圆，最适合新婚者摆放在新房。可安放于书桌、客桌、梳妆台等处。

## 宜158 卧室宜置粉红宝鼎

粉红宝鼎最大直径约为24厘米，为合成水晶，含有相当分量的水晶成分，经道教开光文化特殊处理。粉红宝鼎主要是放于卧室桃花位，作催桃花之用，并且能够改善人际关系。单身青年男女或者感情、婚姻不顺利者都可以摆放。

## 宜159 宜戴芙蓉玉手镯美容

芙蓉玉手镯最大直径约12厘米，为粉红色天然芙蓉玉，经道教开光文化特殊处理。芙蓉玉手镯适于女子佩戴，天然成分中有美容保颜之功效，美观大方，世代相传，越戴越灵。可随身佩戴，少年女子使用效果极佳。

▲芙蓉玉手镯有美容保颜之功效。

## 宜160 宜置天然粉水晶球增爱情运

天然粉水晶球最大的直径约9厘米，为粉色天然水晶，经道教开光文化特殊处理。水晶球为"爱情之晶"、"异性缘之石"。粉色是姻缘色，主爱情，也称爱情石。粉水晶极具爱的神力，象征着能改善爱情运气，促进婚姻美满。婚姻不顺者、单身者、无恋人者都可摆放天然粉水晶球。

## 宜161 宜戴金发晶手链招偏财

金发晶手链每颗最大直径约10毫米，天然金发晶水晶，经道教开光文化特殊处理。金发晶手链适于偏财运的人士佩戴，主要适于从事娱乐、休闲等工作机动性较大、工作时间较自由的非坐班人员；现代科学研究证实，特别适合夜间工作并出入各种杂气、病气场所的人士使用，对胃、肠、肝、胆、皮肤都有益。

## 宜162 事业型情侣宜戴绿幽灵手链

绿幽灵情侣手链每颗最大直径约10毫米，为天然绿幽灵水晶，经道教开光文化特殊处理。事业型情侣或夫妻佩戴绿幽灵手链最佳，夫妻同时佩戴同一种晶体会使得寓意倍增，夫妻同心同德、天长地久，还可扩展事业，主招正财，即因辛勤努力而累积的财富。对于个人事业，不论是攻或守，皆有极大帮助，财富自然积聚起来。

▲绿幽灵情侣手链可使夫妻同心同德、天长地久。

## 宜163 宜戴红纹石手链提升气质

红纹石手链每颗最大直径约9毫米，为天然红纹石，经道教开光文化特殊处理。红纹石手链象征坚强的爱情，可激发人的深层内在美，提升个人气质，突显动人美貌，令爱情甜蜜、家庭幸福、

美满，适合于已有对象的人佩戴，可增加其信心。另外，红纹石手链对心肺、免疫淋巴系统、胸腺功能都有一定帮助。

## 宜164 宜戴月光石手链减肥

月光石手链最大直径约9毫米，为天然月光石，经道教开光文化特殊处理。月光石手链可减肥瘦身，使人青春靓丽，相应人体七轮中的顶轮，可使人心灵平静，和谐纯洁。据科学验证，其具有集中精神、提高注意力的功效，可将体内之病气从脚底排出，使人头脑清醒，精神爽朗，并可攻破不良的气流，净化全身，使人体恢复健康，促进减肥瘦身。

▲月光石手链可破不良的气流，净化全身。

## 宜165 客厅宜摆放花开富贵

牡丹乃花中皇后，极有富贵之相，是富贵的象征。凤凰则寓意着吉祥和太平。花开富贵象征富贵、吉祥、万事如意、水到渠成。花开富贵适宜摆在客厅，可显得主人的气度不凡、家庭吉祥如意，也可摆放在办公室、商业空间等公共空间。

## 宜166 想要富贵吉祥宜置人生富贵

人生富贵外形为精雕的人参，线条流畅、栩栩如生；顶部雕刻的一颗颗樱桃显得晶莹剔透、鲜艳饱满、圆润自然；一棵雍容华贵的牡丹层次分明，花瓣鲜艳，如同真的一般，令人爱慕不已。一只只精美的玉如意好似生根发芽般，一直伸到了作品的背面，连下面是几颗小巧的花生也显得恰到好处。"人参"谐音"人生"，旁边花开表示富贵，喻示人生富贵。牡丹乃花中皇后，是富贵的象征。这些东西结合在一起，真是富贵非常。

▲人生富贵喻示人生富贵非凡。

## 宜167 宜戴粉玉髓手链美容养颜

粉玉髓女士专用手链，最大直径每颗约10毫米，天然玉髓，经开光道教文化特殊处理。粉玉髓堪称"女士之宝"，是每个漂亮女人不可缺少的美容养颜之宝石。粉玉象征温柔的恋情、浪漫的相遇和爱的觉醒，爱情时刻保持动力，处于恋爱幸福之中。

## 宜168 宜戴紫黄晶手链调和关系

紫黄晶女士手链每颗最大直径约10毫米，为天然紫黄晶，经道教开光文化特殊处理。紫黄晶手链是最佳的调和石，颜色高贵，代表浪漫、姻缘。手链结合了浪漫的紫色宇宙光与富贵吉祥的金黄色财运光，最适合调和婆媳、夫妻、朋友、同事、上下级之间的摩擦。

▲紫黄晶手链代表浪漫、姻缘。

## 宜169 新婚宜置鸳鸯

从古到今，鸳鸯都是爱情美满的象征。鸳鸯象征恩爱、幸福、美满。鸳鸯是形影不离的，雄左雌右，此鸟传说若然丧偶，配偶者终身不再匹配。所以古人称其为匹鸟。鸳鸯一般摆放在主卧室、新婚洞房里，象征着增进感情、令夫妻恩爱，很多人都送鸳鸯吉祥物给新婚夫妇。

▲鸳鸯象征恩爱、幸福、美满。

## 宜170 宜置和合二仙促进合作

和合二仙的外形为一仙手持一枝荷花，一仙手捧一只竹盒。"荷盒"即为合作的意思。和合二仙寓意促进婚姻，增强夫妻感情，还寓意工作、事业上的合作更加顺利、愉快。和合二仙可摆放在主卧室，也可摆放在办公室。

▲和合二仙象征促进婚姻，增强夫妻感情。

## 宜171 卧室宜置紫檀鸾凤

鸾凤为传说中的仙鸟，日日相伴、永不分开，如有一方死亡，另一方也会殉情；但一定要找到对方的尸身才会殉情，否则会一直苦苦等候，寻找下去。紫檀鸾凤置于卧室、新房最佳，可促进夫妻和合、白头偕老、忠贞不渝，代表爱情的忠贞、纯洁。

▲紫檀鸾凤代表爱情的忠贞、纯洁。

## 宜172 宜置天长地久助姻缘

据说鸳鸯白天成对游弋，夜晚雌雄翼相合、颈相交，若其偶死，则永不再配。莲实、莲子，比喻连生贵子。天长地久一般可摆放在主卧室、洞房，可增进夫妻感情。

▲天长地久可增进夫妻感情。

## 宜173 卧房、书房宜置龙凤笔筒

龙凤皆为中国古代最为吉祥的象征，有"龙凤呈祥"之美称。龙凤笔筒适合摆放在卧室和书房，最适合向往和平、美好、对爱情忠贞不渝的夫妻选用。

## 宜174 女性领导者士宜置牡丹

牡丹高贵，适合女性领导者使用，有一人之下，万人之上的高贵气势。一般可摆放在客厅、书房和办公室里，象征富贵、出人头地。

## 宜175 情侣、夫妻宜佩戴龙凤佩

龙凤佩最大直径约4厘米，为天然玉石精致项链，经道教开光文化特殊处理。龙凤佩宜男女分开佩戴，是为情侣或夫妻设计的随身佩戴的吉祥物。寓意爱情永恒，恩爱如初。

### 宜176 肖鼠者宜用龙、猴、牛吉祥物

生肖为鼠的人，他的三合及六合瑞物为龙、猴、牛，所以在佩戴方面，宜选用以这三种动物造型为主的吉祥物。

▲鼠

### 宜177 肖牛者宜戴蛇、鸡、鼠吉祥物

生肖属牛的人，他的三合及六合瑞物为蛇、鸡及老鼠，所以在佩戴方面，宜选用以这三种动物造型为主的吉祥物。

▲牛

### 宜178 肖虎者宜戴马、狗、猪吉祥物

生肖属虎的人，他的三合及六合瑞物为马、狗及猪，所以在佩戴方面，宜选用以这三种动物造型为主的吉祥物。

▲虎

### 宜179 肖兔者宜戴猪、狗、羊吉祥物

生肖属兔的人，他的三合及六合瑞物为猪、羊及狗，所以在佩戴方面，宜选用以这三种动物造型为主的吉祥物。

▲兔

一看就能明白的住宅宜忌
用就能转运的设计妙招

## 宜180 肖龙者宜戴鼠、猴、牛吉祥物

生肖属龙的人，他的三合及六合瑞物为鼠、猴、牛，所以在佩戴方面，宜选用以这三种动物造型为主的吉祥物。

▲龙

## 宜181 肖蛇者宜戴鸡、牛吉祥物

生肖属蛇的人，适合的佩戴，是他们的生肖贵人。他的三合及六合瑞物为鸡、牛，所以在佩戴方面，宜选用以这三种动物造型为主的吉祥物。

▲蛇

## 宜182 肖马者宜戴虎、狗、羊吉祥物

生肖属马的人，他的三合及六合瑞物为虎、狗、羊。所以在佩戴方面，五轮金牌抑或玉佩，都以这几种动物造型为主，是他们的生肖贵人。

▲马

## 宜183 肖羊者宜戴兔、马、猪吉祥物

生肖属羊的人，他的三合及六合瑞物为兔、马、猪是他们的生肖贵人，所以在佩戴方面，宜选用以这三种动物造型为主的吉祥物。

▲羊

## 宜184 肖猴者宜戴鼠、龙、蛇吉祥物

生肖属猴的人，他的三合及六合瑞物为鼠、龙及蛇，所以在佩戴方面，宜选用以这三种动物造型为主的吉祥物。

▲ 猴

## 宜185 肖鸡者宜戴蛇、龙、牛吉祥物

生肖属鸡的人，他的三合及六合瑞物为蛇、牛、龙，所以在佩戴方面，宜选用以这三种动物造型为主的吉祥物。

▲ 鸡

## 宜186 肖狗者宜戴虎、马、兔吉祥物

生肖属狗的人，他的三合及六合瑞物为老虎、马及兔，所以在佩戴方面，宜选用以这三种动物造型为主的吉祥物。

▲ 狗

## 宜187 肖猪者宜戴兔、虎、羊吉祥物

生肖属猪的人，他的三合及六合瑞物为兔、羊及老虎，所以在佩戴方面，宜选用以这三种动物造型为主的吉祥物。

▲ 猪

# 吉祥物之忌

　　人们放置吉祥物，都是为了达到美观、吉祥、旺财等作用。如果对吉祥物的功用及禁忌不熟悉，随意使用的话，不但难以招来好运，还会给人带来不好的影响。吉祥物的摆放有诸多禁忌，一般将其摆放在室内，其距离人活动的场所愈近，效果愈佳。

### 忌001 天机四神兽忌独个摆放

　　四神兽最忌单个摆放，一般是四个一套，须同时摆放在四个方位。只有四个全部摆放才能够相互平衡制约，起到增吉的作用。

▲天机四神兽应四个全部摆放。

### 忌002 桃木剑忌挂在金属物品下方

　　桃木剑属于纯木制品，在五行生克中，金克木，因此桃木剑不可与金属类物品齐放，更不可放置于金属类物品的正上方或正下方。另外，桃木剑不可放置于婴幼儿卧室，也不宜摆放在床头。

### 忌003 兽头忌置用餐、休息场所

　　兽头不可以放置于卧室、厨房、客厅、餐厅等空间。因为兽头属于猛兽，如果将其放于人们用餐、休息之地，则会给家人带来不好的联想，容易影响心情。另外，摆放兽头的时候注意其下方不能有金属类物品。

▲兽头不宜置于卧室、厨房等。

### 忌004 台式镜忌摆放过高

　　台式镜的摆放高度不可超过主人身高，台式镜摆放太高则会起不到预期的作用。另外镜子必须有承托物做支撑，不可悬空摆放，将其放置于桌面或阳台均可。

## 忌005 泰山石敢当忌被架空

泰山石宜摆放在地面上以接收地气，而不宜被架空。有的人喜欢将泰山石放在一张大供桌上以示尊敬，但是石头下面若被架空，则不能接地气，这是必须避免的。另外，"泰山石敢当"几个字一般要朝外，同时不宜正对着卧室和厨房门，以免带来不良的影响。

▲ 泰山石敢当不宜被架空。

## 忌006 八字忌水者忌用水晶七星阵

纯天然的水晶七星阵能量巨大，但八字命理中忌水者不宜使用。因为水晶在五行中属水，如果八字忌水者使用，会给自身带来不利的运势，如果要用水晶七星阵建议在周易专家的指导下使用。

## 忌007 八卦凸镜忌置门前

八卦凸镜不可放置在门前。大门是家人经常出入的地方，常受到气场的直冲。八卦凸镜放置在门前会经常照着家人给人带来不利的影响。

## 忌008 八卦凹镜忌对着污秽地悬挂

八卦凹镜在使用上要注意不可以对着污秽之地，因为这些凹凸八卦镜都有聚气或散气的作用，尤其是凹镜的作用主要是聚气，其应该要聚吸一些吉祥之气。如果对着污秽之气则会吸纳秽气，会产生不利的影响。

▲ 八卦凹镜不可对着污秽之地。

## 忌009 狮子牌忌挂在卧室

狮子牌最好不要挂在卧室。挂于卧室尤其是正对床头的话就会带来很不好的影响，这样容易使屋主精神不集中，从而影响人们的健康。

▲ 狮子牌不宜挂在卧室。

一看就能明白的住宅宜忌 一用就能转运的设计妙招

全面公开趋吉避凶的布局秘诀

大师全解居家设计的宜忌法则

368

## 忌010 水晶吊坠忌正对床头

水晶吊坠被人们认为可以带来好运，但在使用上也要注意，不可以正对床头，否则，容易带来不好的影响。

## 忌011 铜锣忌常挂家中

悬挂铜锣必然经常有锣声。而经常听到锣声则会形成噪声，所以铜锣不宜经常挂于家中，可将其收藏在隐秘之处。

## 忌012 镜球忌置于桌面

有人喜欢在镜球下面给加上一个底座，将其放置在桌面上，以示尊重。其实最好还是将镜球悬吊起来，这样才能够起到较好的作用。

## 忌013 狮头吊坠忌挂正东、东南方

开运吉祥物狮子头比较忌讳正东方和东南方，要避免挂在这两个方位，以免带来不良影响。

▲ 开运吉祥物狮子头忌讳正东方和东南方。

## 忌014 屏风忌设置过高

屏风的高度不可太高，最好不要超过一般人站立时的高度，以能遮挡人的视线且不高过人的身高为宜。太高的屏风重心不稳，反而容易给人以压迫感，在无形中会造成使用者的心理负担。

## 忌015 平安瓶下方忌放金属物

平安瓶为纯桃木制品，五行属木。一般来说平安瓶在摆放时，其下方不可有金属类物品，以免形成金克木的格局，使得平安瓶起不到相应的作用。最好将其放置于厨房，因厨房属火，而"木生火"，这样可有吉祥平安的健康寓意。

## 忌016 铜葫芦忌置凶位

葫芦是吉祥物中的常见之物，在使用上根据其质地的不同，具体用法也不一样。葫芦有木制品、铜制品、水晶制品等等，从而得出的用法各异。一般的铜葫芦适合放在东南、正东、正北、正南各方向，但是这几个方位又要根据其具体位置安放，一般来说，应选择在左手边安放。

▲ 铜葫芦一般在左手边安放。

## 忌017 阴阳八卦吊坠忌挂婴儿房

带有阴阳八卦的饰物一般不可放于三岁以内的婴儿卧室，或者婴儿推车内。因为婴儿太小，其所受到的负面影响也会比较大。

## 忌018 镇宅双狮忌单独使用

室内摆放狮子一定要成对，一雌一雄这样搭配成双才好。请注意一定要分清雌雄，并且左右不可倒置。倘若其中有一只破裂，便应立刻更换一对全新的狮子；如果只更换一只狮子，将剩余的一只留在原处，便会失去其美好寓意。

## 忌019 龙饰物忌摆放在干旱的地方

龙遇水则生，倘若将其摆放在干旱的地方，则会有"龙游浅水遭虾戏"之虑。故此若不是将其放在屋内有水之处，便要将其向着屋外的河流或大海。所以若家中有龙形的装饰品，宜摆放在有水之处，比如鱼缸的左右两旁，这样甚为适宜。

▲龙饰物宜摆放在有水之处。

## 忌020 龙忌对着卧室摆放

龙是吉祥的动物，摆放在家中有美好的寓意，但因其甚为威猛，故此不宜对着卧室摆放。特别是那些张牙舞爪或有红色眼睛的龙，绝对不适宜对着儿童房或是睡床，因为这样会令小孩在心理上受惊，因而会影响孩子的健康。

▲龙不宜对着卧室摆放。

## 忌021 麒麟的头忌向屋内摆放

用麒麟催财，可放一对于财位；放时头向门外或窗外，有提升住宅财运的寓意。但如果将麒麟头向着屋内，则其作用会降低。

▲麒麟能催财化煞。

### 忌022 朱雀忌单独摆放

　　由于朱雀为四神兽之一，最好是四神兽成套使用，除了正南方，其他方位都不宜单独摆放。

▲朱雀不宜单独摆放。

### 忌023 八卦平面镜忌挂得太多

　　八卦平面镜不宜挂得太多，一个方位只能挂一个，整个居室不能超过三个，否则会给家人带来不利的影响。

### 忌024 玄武忌单独使用

　　玄武为四神兽之一，建议四神兽成套使用。除了正北方可以单独摆放玄武，其他方位都不适合安放，宜谨慎使用。

▲玄武除了正北方外都不可单独摆放。

### 忌025 龙龟头忌朝卧房

　　龙龟有招贵人之寓意，应头向外摆放，切勿向着卧房放置。生肖为狗、兔、龙者与龟不合，不宜在家养龟或者放置龟类摆件。

▲龙龟不可头向着卧房放置。

### 忌026 狮头忌朝向屋内

　　狮子属于猛兽，因此狮子的头部要朝向屋外，切勿向着屋内。凡是狮子，不管是石狮还是铜狮均是头部向外。倘若是狮头向着屋内，那便非但不能有吉祥寓意，还很有可能带来不良影响。

▲狮子的头部要朝向屋外。

## 忌027 肖狗、兔、龙者忌摆放铜龟

铜龟摆放家中有安居的寓意，但是要注意的是有几种属相放龟并不合适，如肖狗、兔、龙者。这三个生肖属相的屋主都不宜在家养龟或者放置龟类摆件。

## 忌028 钟馗忌放置在卧室

钟馗属于驱邪之神物，在用法上讲究比较多。在使用上要注意不可将其摆放在卧室，也不可正对卧室门挂放，最好在专业人士的指导下安放。

▲寿桃不宜放在儿童房。

## 忌031 观音忌放置在污秽之地

不管是如意观音还是滴水观音都不可常放于卫生间等污秽之地，放置之处也要及时清理，保持良好的卫生，以免亵渎神物。

▲钟馗是驱鬼逐邪之神物。

## 忌029 八仙过海忌放置在右边

八仙属于祥瑞之物，寓意为给人带来祥瑞福气。建议将八仙过海摆放在左边，因为左边属于喜庆吉祥的位置。

## 忌030 儿童房忌放寿桃

寿桃不宜放置在儿童房中。因为儿童天真无邪，将寿桃放在儿童房，没有任何意义。将寿桃放置在儿童房可能让孩子的

▲观音不可放在污秽之地。

## 忌032 基督徒忌用绿檀弥勒笔筒

绿檀弥勒笔筒一般摆放在左边，因左边属于喜庆吉祥位置。基督教信徒应尽量避免摆放与佛、菩萨有关的工艺品。

解读住宅宜忌

## 忌033 肖狗、兔者忌摆放揭玉之龙

根据不同生肖的属性冲克，生肖为狗和兔的人，不适合摆放龙类制品，否则会带来不良的运势。

## 忌034 肖龙、鸡、鼠者忌使用玉兔

根据属相的相生相冲，属龙、鸡、鼠者与兔相冲，所以属相为龙、鸡、鼠者不可使用玉兔。

## 忌035 学生忌戴虎眼石手链

虎眼石手链可促进异性缘，是催桃花的手链。此手链不适合学生使用，容易导致其分心，精神不集中，学习成绩下降等不利影响。

## 忌036 玉佛忌放置在污秽之地

玉佛为清洁之物，不可常放于厕所等污秽之地。特别是有些开过光的玉佛，不可以携带洗澡或沐浴，否则会亵渎圣物。

▲玉佛象征吉祥、觉者、知者、觉悟真理。

## 忌037 如意吉祥忌摆放方位不当

"如意吉祥"的摆放方位切忌与其材质的属性相冲。一般木制品的"如意吉祥"不要摆放在房间的西方、西北方位；金属类的不要摆放在正东、东南；玉的如意不要摆放在正北方、正东方、东南方。现代"如意吉祥"的多为玉制，用其他的材料制成的如意很少。

## 忌038 卧室忌放置心经

心经这类佛教圣物比较忌讳的是放在卧室，因为佛像、佛经等佛用品一般都不可以放于卧室，若是将其放置卧室则易使其遭受亵渎。

## 忌039 金属材质的象忌置在正南方

在象的质地方面，金属类材料制成的象不宜安放在正南方。木类象则比较常见，可以将其设置在正北、正东、东南方，又因为象属水，水木相生，有招财的寓意。

▲金属材质的象不宜安放在正南方。

## 忌040 肖狗、兔者忌使用龙饰物

从生肖的属性相生相克的关系来看，生肖属狗、属兔者不宜使用龙饰物，其他的一些生肖都可以使用。由于龙怕西方，所以尽量不要把龙摆放在卧室的西方。

▲生肖属狗、属兔者不宜使用龙饰物。

## 忌041 搬新房忌用旧的中国结

中国结在使用时有个较重要的忌讳，如果搬了新家新房，则不宜在新房使用旧的中国结。因为旧的中国结会带来旧的气场，所以原来用过的中国结最好是不用，换用新的为宜。

▲中国结象征喜庆、吉祥。

## 忌042 龙凤呈祥忌放置在右方

龙凤呈祥在摆放上要注意，古人即有"左青龙右白虎"之说，故不宜将其放置在右边。客厅、卧室、书桌的右边也不适宜放置，而左边是最理想的放置方位。

## 忌043 肖鼠、狗、牛者忌摆三羊开泰

"三羊"的意思即招来吉利之谓，可以带来好运。从生肖学来分析，属鼠、狗和牛的人不适合摆放羊的摆件。除了这几个属相外，其他的都可以摆放，所以肖鼠、狗、牛者不宜摆放三羊开泰，而与羊最佳相合的是猪和兔。

## 忌044 肖鼠、牛者忌摆放羊

属鼠与属牛者不适合摆放羊的摆件，除了这几个属相外，其他的都可以摆放。与羊的最佳组合是属猪和属兔的。

▲属鼠与属牛者不宜摆放羊的摆件。

# 忌045 寿比南山笔筒忌置于金属桌

寿比南山笔筒为绿檀香木景致摆件，从五行上来说是属于木。根据五行生克，金克木，所以该笔筒一般不建议摆放在金属桌面或金属器具内，最好将其放置于普通的木制书桌上。

▲寿比南山笔筒有增寿添福之功效。

# 忌046 长寿桃木剑忌正对人的头部

桃木剑被视为安宅的吉祥物，但是切忌将剑正对人的头部摆放，也不宜挂在床的正上方，因为剑属于利器，正对人的头部或挂在床的上方都会造成不利的气场。另外，根据五行生克原理，天然雕刻的桃木剑不要放到金属器具里保存，以免造成"金克木"之局，还要注意，剑身不要挂得超过人头高。

# 忌047 翡翠忌近污秽场所

经过开光的翡翠是吉祥之物，平时存放宜远离污秽场所。不带的时候不宜挂在卫生间里，应将其存放在木制盒内，妥善收藏好。

# 忌048 紫檀松竹笔筒忌置于右边

紫檀松竹笔筒属于祥瑞之物，一般可将紫檀松竹笔筒摆放在左边，因左边属于喜庆吉祥的位置。右边属于虎位，是比较凶的，建议不要放在右边，以免引起不良的冲煞。

▲紫檀松竹笔筒有平安、长寿之吉意。

# 忌049 小孩子忌使用松鹤笔筒

松鹤笔筒不适合孩子使用，一般不宜摆放在孩子学习的书桌上。因为小孩子充满朝气，应该具有积极活泼的心态，若是小孩子使用松鹤笔筒，给人感觉过于老气。

▲松鹤笔筒象征长寿、文雅、博学。

大师全解居家设计的宜忌法则 全面公开趋吉避凶的布局秘诀

## 忌050 护身符忌放置于污秽之地

一般认为，护身符不可浸水，也不可以放于卫浴间等污秽之地。在不佩戴的时候要放在有阳光的地方，不宜放进抽屉等没有阳光的地方。

## 忌051 招福吊坠忌挂在金属物品上

根据五行生克，金克木，所以木质的招福吊坠不可挂在铁门铁窗铁挂钩上。将招福吊坠挂在植物上或木制品家具上为佳。

## 忌052 紫金葫芦忌与金属挂件同用

紫金葫芦在使用时要注意，不可与其他金属类的挂饰同时使用。因为五行属性中金克木，而紫金葫芦是木制品，如果与金属类挂件同时使用，会受其克制，被视为不吉利。

▲紫金葫芦有保平安之寓意。

## 忌053 "心中有福"忌放于污秽之地

"心中有福"为吉祥之物，不可常放于厕所等污秽之地，有些还不可以携带洗澡或沐浴，以免亵渎神物。

## 忌054 西方三圣佛忌摆放过低

西方三圣佛在摆放的高度上，至少要超过人的头顶。不可将其摆放得太低，以高过主人的身高为好。

## 忌055 八卦眼球玛瑙颜色忌与八字相克

普通的玛瑙在使用上没有太多的禁忌，但能量比较大的八卦眼球玛瑙在选择颜色上要注意与主人的八字相配合，如选择的颜色与使用者八字的颜色相克，则不宜使用。

▲八卦眼球玛瑙有、保家人平安之寓意。

## 忌056 铜铃忌放置在门口或卧室

虽然铜铃能够为居家带来吉祥，但是其在有些位置是不适合摆放的，一般来说，铜铃忌置于门口或卧室，否则会带来不良的影响。

▲铜铃为居家带来吉祥。

### 忌057 女士忌使用白玉观音

"男戴观音女戴佛"，是取其阴阳调和、两性平衡之意。如果使用不当，不但发挥不了效果，而且还会带来不利因素。

▲白玉观音适合男士佩戴。

### 忌058 忌所戴玉佩与自己属相相冲

在选择、佩戴玉佩饰物时要注意，不可以随意佩戴生肖。生肖要按照六合来分，根据鼠牛相配，虎猪相配，兔狗

### 忌059 厕所忌挂桃木中国结

桃木中国结不适合挂在厕所的墙上，也不适合正对厕所门挂放。另外，桃木类的中国结经过开光挂在一个固定位置后，就不要轻易去移动。

### 忌060 学生忌使用久久有余笔筒

久久有余笔筒不适合放置在小孩或学生的学习桌上，如果学生使用该笔筒容易使其精力分散，注意力不集中。

### 忌061 山海镇平面镜忌向污秽之地

山海镇属于吉祥之物，在使用时不可以正对厕所或厨房等污秽之地，最好是正对大门，这样才能够带来好运。

▲山海镇有开运之寓意。

### 忌062 八白玉忌与使用者八字相冲

八白玉的正确摆放要根据一定原则来做，一般情况下要在专业人士的具体指导下依据自身的八字及生肖属性来选用八白玉，不可与八字相冲。

▲八白玉宜依据自身的八字及生肖属性来选用。

相配，龙鸡相配，蛇猴相配，马羊相配的原则相配，而不宜乱配。

## 忌063 六字真言葫芦忌与金属同用

六字真言大葫芦的主要作用表现在"护禄"上。不要将其和刀剑类金属品同时摆放，另外也不宜将其放于金属器具内。

▲六字真言大葫芦有保出入平安之寓意。

## 忌064 大肚佛忌摆放太低

大肚佛在摆放的高度上不可摆放太低，一般以高过主人的身高，超过人的头顶为宜。

▲大肚佛不可摆放太低。

## 忌065 水晶球颜色忌与八字相冲

水晶在使用上约束比较多，主要是要结合个人的八字来分析，看佩戴者适合什么颜色的水晶。要注意的是不宜佩戴与自身八字相冲的颜色的水晶，因为这样的话水晶的效果就不能发挥出来。一般来说使用各种水晶都没有坏的作用，只是如果使用不当就起不到作用。

## 忌066 男士忌使用富贵牡丹笔筒

因为牡丹的品质及文化意蕴都是与女性有关，故男士不大适合使用富贵牡丹笔筒，如果男士在书房的书桌或办公桌上摆放富贵牡丹笔筒，给人奇怪的感觉。

## 忌067 五帝钱忌挂于木火方

因为五帝钱五行属金，而金克木、火克金；所以五帝钱在悬挂时要注意尽量别挂在正东，东南，正南等方位。因为这些方位在五行上属于木火类，与金属都有冲突，如要在这些方位悬挂五帝钱最好要有专业人士的指导。

▲使用五帝钱最好要有专业人士的指导。

## 忌068 佛手笔筒忌放置在右边

宗教信仰类笔筒，如佛手笔筒，在摆放上主要是看方位。右边为白虎位，佛手笔筒不适宜放在右边。

▲佛手笔筒有能给人带来良好的人际关系的寓意。

## 忌069 蓝色水晶球忌放置在西方

蓝色水晶球在安放上要注意方位问题，一般将其放置在东方、东南方会非常有利，最好不要将其摆放在家庭的西边或西北方。

## 忌070 水胆玛瑙忌暴露于外

水胆玛瑙是非常难得的珍贵吉祥物，它喜阴不喜阳，因此尽量不要将其暴露在外面，应该将其放在包里、盒子里收藏好。

▲水胆玛瑙是改运、助运的宝石。

## 忌071 玉竹笔筒忌置于金属桌面

玉竹笔筒不适合放于金属桌面上或金属器具内。因金克木，而竹筒属木，将笔筒置于金属桌面上就不能发挥其作用。

▲玉竹笔筒不应置于金属桌面。

## 忌072 忌用右手拿天然念珠

念珠的禁忌主要反映在使用和摆放上，在使用时不可用右手拿，平时在不用的时候也要恭敬一些，以免亵渎神物。使用时也不宜戴在右手，只能戴在左手上。

## 忌073 忌用右手拿天竺菩提念珠

天竺菩提念珠也不宜用右手拿，因为右手要做各种结手印。同样，对于天竺菩提念珠，平时如果不用的时候也要恭敬一些，以免亵渎神物。

▲天竺菩提念珠象征转运、辟邪、保平安。

## 忌074 肖鼠者忌使用福袋

福袋的使用禁忌主要表现在生肖上，因福袋与鼠相克，所以属鼠者不宜使用。

## 忌075 八卦盘忌放置于卧室

八卦盘是基本吉祥物之一，虽然作用很大，但还是要在专业人士的指导下安放。一般来说，八卦盘宜置于公共区域或屋外，不宜悬挂于卧室或正对着床，否则会产生不好的气场。

▲八卦盘具有调节气场的作用。

## 忌076 家中忌有枯萎的富贵竹

富贵竹不管是在家里，还是在公司摆放，都非常吉祥，但是如果是已经枯萎或死掉的富贵竹就不要摆放，要及时扔掉，否则会带来不良的影响。

▲枯萎的富贵竹宜扔掉。

## 忌077 石榴忌接近金属物品

石榴五行属木，金克木，所以石榴在摆放时注意不要安放在金属类桌面或器具内，而放于木制桌面上最佳。

## 忌078 福禄寿三星忌低于人的头顶

福禄寿三星也属于天神，在摆放时要高过人的头顶，不可低于人的头顶。

▲福禄寿三星摆放时不可低于人头。

## 忌079 五福圆盘蝙蝠的头忌朝房外

在蝙蝠的摆放上应该注意，蝙蝠的头一定要朝向自己家，而不宜头朝向房外，也就是说蝙蝠是往自己家里飞，而不是从自己家飞到外边去，这样才能招福吉祥。

## 忌080 聚财小双龙忌随意置放

一般来说聚财小双龙要放于总负责人的办公室，或公司大门口正对大门，才能有招财的寓意，放于其他部门均无招财、改运的寓意。

祖山　龙脉　少祖山　龙脉　城址　案山

### 忌081 神龙戏水忌任意摆放

神龙戏水只适合放于公司或酒店的大门口，正对大门，其他地方均不利于摆放。

### 忌082 赵公明忌与文财神一起摆放

赵公明适宜放于门口，不适合放于客厅，也不可正对卧室，更不可与文财神和观音佛像一起摆放。

▲赵公明是武财神。

### 忌083 五爷忌正对门安放

五爷不适合正对门安放，一般放于客厅供奉比较合适，五爷的摆放高度要高于一般人的身高，五爷宜与专配香炉一起供奉。

▲五爷是中国土地总财神。

### 忌084 文财神忌对着卫浴间或鱼缸

文财神不宜正对厕所或鱼缸，否则给人的感觉为引财入屋后，又会见财化水。

### 忌085 聚财大双龙忌随意置放

聚财大双龙跟聚财小双龙一样，一般放于总负责人的办公室内，或置于公司大门口正对大门，放于其他部门均不能起到作用。

▲聚财大双龙宜放于总负责人的办公室。

### 忌086 从事水产业者忌用紫色宝鼎

紫色宝鼎宜根据使用者的八字和五行来分析，并有选择性地摆放。要注意水产行业、海鲜类行业不适合放置此吉祥物。

### 忌087 关公忌正对卧室

关公宜放于门口，不适合放于客厅，也不可正对卧室摆放，不可与文财神以及观音佛像一起。

### 忌088 招财佛附近忌放置武财神

招财佛象征平安如意，招财进宝。切不可与关公、赵公明等主生杀的财神放置在一起，否则会引起不良的摆放效果。

## 忌089 貔貅忌三只同放

一般来讲放置貔貅以成双最好，单个也可以，但比较忌讳在同一个地方放置三只貔貅。

▲貔貅最好成双。

## 忌090 学生忌戴如意翡翠

一般来说，在读书期间的学生，不适合使用如意翡翠等招财类摆件和饰物。

## 忌091 学生忌使用黄金球

学生要以学习为主，而黄金球是招财的吉祥物，处于读书期的学生，不适合使用黄金球，以免分散注意力，影响学习成绩。

▲黄金球是招财的吉祥物。

## 忌092 居家空间忌放置开光招财杯

开光招财杯适合商业空间使用，招财效果甚佳；但如果居家空间使用，效果则并不理想，反而会带来不好的效果。

▲开光招财杯适合商业空间使用。

## 忌093 居家空间忌使用开光元宝

有一些人在家里摆放开光元宝，效果并不太好，有时反而会带来不好的影响，因此家里不太合适摆放此物。

## 忌094 学生忌戴聚宝盆手链

一般来说，处于读书期的学生，不适合使用聚宝盆手链类的招财饰品。

▲聚宝盆手链被认为是聚财的吉祥物。

大师全解居家设计的宜忌法则
全面公开趋吉避凶的布局秘诀

### 忌095 肖羊、兔、马者忌置招财鼠

在十二生肖里，羊、兔、马与鼠相冲，因此生肖为羊、兔、马的人不适合摆放招财鼠。

▲生肖为羊、兔、马的人不宜放置招财鼠。

### 忌096 私密空间忌摆放招财进宝石

卧室、儿童房、书房不适合摆放招财进宝石，因为招财吉祥物一般摆放在商业空间或者居家公共空间，私密空间不宜摆放，否则会带来不好的影响。

▲招财进宝石可招财进宝。

### 忌097 学生书房忌放置"财源广进"

正处于读书阶段的学生应当将精神全部集中在学习上，心态不宜太过浮躁。学生书房不宜放置"财源广进"等跟招财相关的吉祥物，否则容易使其精神不集中，使其心思浮躁，不利于学习。

### 忌098 肖狗、兔者忌使用见龙在田

"见龙在田"的使用禁忌主要体现在生肖上，生肖为狗、兔的人与龙不合，建议不要摆放"见龙在田"。

### 忌099 吐钱玉蟾的头忌朝向门外

商铺摆放蟾蜍，要头朝向铺内，头不宜朝向铺门，也不宜朝向窗户。如果玉蟾的头朝向屋外或者朝向窗户，则象征着其所吐之钱皆流向屋外，造成钱财外流的感觉。

▲吐钱玉蟾不宜头朝向屋外。

## 忌100 忌使用做工粗糙的飞马踏燕

飞马踏燕的仿古品在做工上会有很大出入，做工粗糙、质量不好的飞马踏燕最好不要使用。否则，不但不能招财，反而会影响财运。

## 忌101 布袋和尚忌摆放过低

布袋和尚在摆放的高度上要超过人的头顶，不可摆放得太低，以高过主人的身高为好。

## 忌102 弥勒佛忌摆放过低

弥勒佛在摆放的高度上要超过人的头顶，不可摆放得太低，以高过主人的身高为好。

▲ 弥勒佛不宜摆放过低。

## 忌103 紫檀象忌与刀剑放在一起

"象"与"祥"谐音，在摆放象时不要和刀枪剑等带有凶煞之气的金属物品一同摆放，紫檀象也不适合与武财神一齐摆放。

## 忌104 学生忌放置纳福一桶金

在学生卧室和书房内摆放纳福一桶金，这样不但没有任何效果，甚至还会带来不好的运势。

## 忌105 红色家具上忌挂玉佩

因为玉与红色五行相克，所以一般不建议将玉挂在红色的家具上，否则会令玉失去功能，无法起作用。

## 忌106 风水竹箫忌靠近金属物品

因竹箫在五行上属木，而金克木，所以在摆放时要注意不要将风水竹箫接近金属类物品或者放进白色容器内，最好将其放在红色陶瓷容器内。

▲ 竹箫象征家庭好运、生意兴隆。

## 忌107 白色水晶球忌放置在右边

白色水晶球适宜摆放在吉祥的位置，应将其摆放在房屋的吉方位上，或者放在居室的左边，因左边为青龙方，主喜庆。相反，不宜将其放置于右边白虎方，否则容易带来不好的影响。

### 忌108 风水罗盘忌放置在磁体旁

罗盘在使用上应注意，不可以将其与磁铁、磁体等放在一起，也不可将其放在电视机、电脑等有磁场的电器旁边，否则会破坏罗盘的精确度和准确性。

▲风水罗盘有转运之寓意。

### 忌109 肖鸡龙牛羊者忌摆放狗类饰物

根据五行生克原理，在十二生肖中，属鸡、龙、牛、羊的四生肖者都不适合放置狗类饰品。

### 忌110 肖狗、兔者忌使用雄鸡

从生肖的禁忌来说，属狗、兔的人不适合摆放雄鸡，因属相相冲。

▲雄鸡象征旺家运，家庭祥和。

### 忌111 仰鼻象忌与刀剑类物品同放

象为良善之物，忌与刀剑等物放在一起。尤其是仰鼻象不可与刀、剑、枪等武器类物品一起摆放。

▲仰鼻象不可与刀、剑、枪一起摆放。

### 忌112 松竹梅忌靠近金属物品

松竹梅最好贴近陶瓷类物品，而不适合将其放在金属类物品上，并且不适合放于红色桌面上。

### 忌113 五路财神忌过低

建议在摆放五路财神时要高过人的头顶，并且不可以与观音、武财神等一起摆放，否则会影响效果，还会产生不好的影响。

### 忌114 金翅鸟的头忌朝内

摆放金翅鸟时应注意头朝外、不可朝内，否则象征将家里的钱财跑到外面。一般将其摆放在门口，放于门口正中间，但是不应使其正对门口，而应该斜放，这样给人容易招偏财的联想。

## 忌115 招财象忌与武器同置

招财象不可与刀、枪等武器类物品一起摆放，否则会引起不良的效果，也会使其失去应有的功效。

▲招财象不宜与利器一同摆放。

## 忌116 姜太公钓鱼忌放置在右边

建议将姜太公钓鱼笔筒摆放在左边，因为左边属于喜庆吉祥的位置。右边是为白虎方，不利，故不宜将其放在右边。

▲姜太公钓鱼笔筒象征遇到知己获得成功。

## 忌117 肖牛、鼠者忌放置风水马

生肖属牛、属鼠者不适合摆放马类摆件和雕刻品。

## 忌118 儿童房忌放置招财猪仔

招财猪仔不适合放于孩子休息学习的卧室，也不适合放在公司财务室。

## 忌119 红黄穗坠忌与白色物品同置

红色和黄色穗坠不可与白色物品放在一起，也不适合摆放在正西、西北方向，否则起不到应有的作用。

## 忌120 欢乐佛忌摆放位置过低

欢乐佛在摆放的高度上，不可摆放得太低，至少要超过人的头顶，以高过主人的身高为好。

▲欢乐佛象征团结、友爱、和睦、向上。

## 忌121 摆财纳福忌置于金属桌面上

摆财纳福不适合放于金属类桌面上，也不可与刀剑武器类工艺品同时摆放，否则容易产生不良的冲克。

### 忌122 达摩尊者忌摆放位置过低

达摩尊者在摆放的高度上，不可摆放得太低，至少要超过人的头顶，以高过主人身高为宜。

▲达摩尊者不宜摆放过低。

### 忌123 大钱币忌放置在厕所和厨房

一般来说大钱币不适宜直接挂在厕所和厨房中，否则会使其失去功效。

▲大钱币为家庭聚财专用的吉祥物。

### 忌124 肖马、牛、鼠者忌摆放跑马

根据生肖的属相生克原理，属马、牛、鼠的人不可摆放跑马。

### 忌125 肖狗、兔者忌置持水晶的龙

根据生肖的冲克，属狗、兔者与龙相克，所以这两个生肖不适合摆放龙类制品，也不适合摆放带有龙图片的装饰品。

### 忌126 金饭碗忌放置在右边

"金饭碗"摆放在左边，左边属于喜庆吉祥位置，所以应摆放在左边，不要将其放在右边。

### 忌127 卧室及书房忌摆放雌雄狮

狮子有超强的防御能力，雌雄一对的狮子一般摆放在入口，可抵御任何邪气，防止入侵，但一般来讲，狮子不宜摆在卧室和书房内。因为狮子是凶猛的，宜在外不宜在内。

### 忌128 属狗者忌使用龙饰品

金色的龙、三色的龙、茶色的龙可令人轻松地从龙身上获得能量，但属狗者不可使用。

## 忌129 肖龙、狗、兔者忌置腾龙一角

腾龙一角一般可摆放在书桌、办公桌上，有催功名，旺学业，利名声的寓意。但是属龙、狗、兔三生肖者不适合摆放龙的饰品，也不适合放置带有龙图片的装饰品。

▲腾龙一角有催功名，旺学业，利名声的寓意。

## 忌130 大鹏展翅忌置于右边

建议将大鹏展翅摆放在左边。因左边属于喜庆吉祥的位置，而右边是比较凶的，不要放在右边，以免引起不良的效果。

▲大鹏展翅不宜放在右边。

## 忌131 年长者忌使用鲤鱼跳龙门

鲤鱼跳龙门为利学业、催功名的吉祥物。年长者最好是安享晚年，不要再为功名所累，如果整天对着鲤鱼跳龙门这类吉祥物，会产生心理上的压力，使人整天闷闷不乐。

▲鲤鱼跳龙门象征着利学业、催功名。

## 忌132 九龙笔筒忌置于公共区域

邮局、银行、收银台等公共区域不宜选用九龙笔筒。如果使用的人太多，龙的吉祥效应无法发挥。

▲九龙笔筒有助于升职的美好寓意。

## 忌133 知了忌三个一起使用

在进行知了的搭配时，应该注意知了的数量。将一个或两个知了摆在一起都可以，但是要注意不要同时摆放三个知了，同时摆放三个则效果不佳。

## 忌134 一帆风顺忌置于右边

建议将一帆风顺摆放在左边，左边属于喜庆吉祥位置，右边是比较凶的，因此不要放在右边。

## 忌135 节节高笔筒忌置于右边

一般建议将节节高笔筒摆放在左边，左边属于喜庆吉祥的位置，右边是比较凶的，不要放在右边。

## 忌136 年长者忌使用紫檀骆驼

骆驼背上有山峰，似笔架，背藏养分和水分，可以多天不吃不喝，精力充沛，能经受艰苦环境的考验。专业人士建议年长者不要使用紫檀骆驼，因为骆驼会令老人感到心力疲惫。

▲紫檀骆驼象征精力充沛，最终走向成功。

## 忌137 文昌塔忌置于右边

古代中国的道教寺院在建九层文昌塔前都要先选定好文昌方位，而诸多的文人墨客都要在塔里学习研究、著书立撰。文昌方位是精神集中的地方，是专为做学问而设立的方位。如果实在难以将书房设在文昌方位的话，可以在自己的桌子上放一座风水文昌塔。但是建议将文昌塔摆放在左边，左边属于喜庆吉祥位置，右边是比较凶的，不要放在右边。

▲文昌塔不宜摆放在右边。

## 忌138 肖狗、兔者忌置官上加官

虽然官上加官象征升官和功名，但从生肖的属性生克来看，肖狗、兔者与鸡相克，所以这两个生肖不适合摆放官上加官。

▲官上加官象征升官和功名。

## 忌139 苏武牧羊忌置于右边

建议将苏武牧羊摆放在左边，因左边属于喜庆吉祥的位置。右边是比较凶的，不要放在右边。

## 忌140 肖猪、虎、蛇者忌置猴饰品

从生肖的属性生克来看，生肖为猪、虎、蛇的人与猴相冲，所以这三个生肖不适合摆放猴饰品。

## 忌141 肖狗、兔、鸡者忌戴百鸟朝凤

百鸟朝凤这款吉祥物需要注意的是，在生肖搭配上，属狗、属兔、属鸡生肖者摆放佩戴皆不利，其余各生肖都比较合适。

## 忌142 一路荣华忌与金属放在一起

一路荣华最好与陶瓷、木制品放在一起，不适合与金属类物品放在一起，并且不适合与红色物品一起使用。

▲一路荣华象征永远荣华、富贵。

## 忌143 属狗者忌用卧龙砚台

在十二生肖中，因肖狗者与龙是相冲的，因此属狗的人士不适宜使用卧龙砚台。

## 忌144 鲁班尺忌置阴暗之地

鲁班尺不要在阴暗的地方摆放或保存，会招致阴湿之气的侵扰，致使效用全无。

▲鲁班尺有助升职。

## 忌145 步步高升忌置于右边

建议将步步高升摆放在左边。左边属于喜庆吉祥的位置，右边是比较凶的，不要将步步高升放在右边。

▲步步高升不宜摆放在右边。

解读住宅宜忌

一看就能明白的住宅宜忌用就能转运的设计妙招

389

## 忌146 十八罗汉忌置于卧室

一般不建议在卧室内摆放十八罗汉，因其摆放在卧室的效果不太好，对佛也不恭敬。

## 忌147 龙凤镜忌置于污秽之地

青铜八卦龙凤镜只适合挂于主卧室，挂于其他地方则不太好，尤其不宜挂于厕所等污秽之地。

▲青铜八卦龙凤镜不宜挂于污秽之地。

## 忌148 花好月圆忌置于右边

建议将花好月圆摆放在左边，左边属于喜庆吉祥位置。右边是比较凶的，不要放在右边，以免引起不好的效果。

▲花好月圆象征甜甜美美、团团圆圆。

## 忌149 学生忌使用久久百合笔筒

求姻缘是成年人的事，学生的职责就是读书、学习，使用此款笔筒不利学习。专业人士建议将久久百合笔筒摆放在左边，不要放在右边，以免引起不好的影响。

## 忌150 桃花斩忌置于容器内

桃花斩最好是挂在墙上，不要放进容器内，也不宜太靠近金属类物品，否则会影响其作用的发挥。

## 忌151 如意玉瓶忌置于办公空间

如意玉瓶是专门为家庭设计的维系家庭和睦、夫妻感情的专用吉祥物，不宜摆放在办公空间；商业空间也不宜摆放。

## 忌152 砗磲龙凤配忌男女反戴

在佩戴吉祥物时讲究男戴龙，女戴凤，千万不要戴错了，否则毫无效用，甚至会引起不良效果。

▲龙凤配不宜戴错。

## 忌153 芙蓉玉手镯忌戴在右手

芙蓉玉手镯适合戴左手，不适合戴右手，因为右边白虎方，不宜戴手镯。

## 忌154 已婚者忌用天然粉水晶球

天然粉水晶球忌讳已经结婚者和有固定情侣者使用，不适合将其摆放在桃花位。一般可将其摆放在进门或者床的左边，有改善人际关系有的寓意。

▲天然粉水晶球不宜摆放在桃花位。

## 忌155 学生忌戴金发晶手链

金发晶手链有招偏财、催桃花的寓意，不适合学生佩戴，容易导致分心、精神不集中、学习成绩下降。

▲金发晶手链有招偏财、催桃花的寓意。

## 忌156 学生忌戴心连心

心连心不适合学生孩子佩戴，只适合情侣、夫妻佩戴，学生佩戴会使其精力不集中，学习成绩下降。

## 忌157 紫黄晶手链忌戴在右手

紫黄晶手链有令人脑筋灵活、增强创意、加强财运的寓意。但要注意黄晶手链适合戴左手，不适合戴右手。

## 忌158 孩子忌戴绿幽灵手链

绿幽灵手链象征促进异性缘，有催桃花、催财运的寓意，不适合孩子佩戴。

## 忌159 学生忌用粉红宝鼎

粉红宝鼎有强力的催桃花效果，双球成鼎，能量倍增，极具爱情能量，能够为个人带来很好的异性缘，并且对于女士的美容养颜有很好作用，是一款专门为催桃花设计的吉祥物。正因为如此，学生不宜使用，以免出现早恋现象。

▲粉红宝鼎个人带来异性缘。

大师全解居家设计的宜忌法则
全面公开趋吉避凶的布局秘诀

### 忌160 学生忌戴红纹石手链

红纹石手链被认为能护肝养颜，拥有最精纯的粉红能量，还象征增进异性缘，为催桃花的手链，不适合学生佩戴，容易导致分心、精神不集中、学习成绩下降。

▲红纹石手链能护肝养颜。

### 忌161 未成年人忌戴月光石手链

未成年人处在长身体的时期，不宜戴月光石手链。

### 忌162 粉玉髓手链忌戴右手

粉玉髓手链适合戴左手，不适合戴右手，因右边为白虎方，最好戴在左手。

▲粉玉髓手链象征令爱情时刻保持动力。

### 忌163 鸳鸯忌单个摆放

雌雄鸳鸯是形影不离的，一般出现在吉祥图画或饰品里，多成对出现的，忌单个独立摆放。

### 忌164 人生富贵忌靠近金属物品

人生富贵最好与陶瓷类、木质类物品一起摆放，不适合将其与金属物品同放，并且不适合放在红色容器内。

### 忌165 肖狗、兔者忌置金鸡

根据生肖的相生相克，肖狗、兔者与鸡属相相克，所以这两个生肖不宜置鸡的吉祥物。

### 忌166 花开富贵忌与金属物品同用

花开富贵为木质品，在五行生克中，木与金是相克的，所以不宜将其摆放在金属物品旁边；更不宜放在金属桌面上，否则起不到作用，甚至会带来不利的影响。

▲花开富贵不宜放在金属桌面上。

## 忌167 肖鼠者忌使用马吉祥物

生肖属鼠的人，他的相冲凶物为马，所以不宜使用、佩戴这种动物造形的吉祥物。

▲鼠

## 忌168 肖牛者忌戴羊吉祥物

生肖属牛的人，他的相冲凶物为羊，所以不宜使用、佩戴这种动物造形的吉祥物。

▲牛

## 忌169 肖虎者忌戴猴吉祥物

生肖属虎的人，他的相冲凶物为猴，所以不宜使用、佩戴这种动物造形的吉祥物。

## 忌170 肖兔者忌戴鸡吉祥物

生肖属兔的人，他的相冲凶物为鸡，所以不宜使用、佩戴这种动物造形的吉祥物。

▲兔

## 忌171 肖龙者忌戴狗吉祥物

生肖属龙的人，他的相冲凶物为狗，所以不宜使用、佩戴这种动物造形的吉祥物。

▲龙

## 忌172 肖蛇者忌戴猪吉祥物

生肖属蛇的人，他的相冲凶物为猪，所以不宜使用、佩戴这种动物造形的吉祥物。

### 忌173 肖马者忌戴鼠吉祥物

生肖属马的人，他的相冲凶物为老鼠，所以不宜使用、佩戴这种动物造形的吉祥物。

▲马

### 忌174 肖羊者忌戴牛吉祥物

生肖属羊的人，他的相冲凶物为牛，所以不宜使用、佩戴这种动物造形的吉祥物。

### 忌175 肖猴者忌戴虎吉祥物

生肖属猴的人，他的相冲凶物为老虎，所以不宜使用、佩戴这种动物造形的吉祥物。

### 忌176 肖鸡者忌戴兔吉祥物

生肖属鸡的人，他的相冲凶物为兔子，所以不宜使用、佩戴这种动物造形的吉祥物。

▲鸡

### 忌177 肖狗者忌戴龙吉祥物

生肖属狗的人，他的相冲凶物为龙，所以不宜使用、佩戴这种动物造形的吉祥物。

▲狗

### 忌178 肖猪者忌戴蛇吉祥物

生肖属猪的人，他的相冲凶物为蛇，所以不宜使用、佩戴这种动物造形的吉祥物。

# 附 录

这部分内容是对"居家风水宜忌"的一个补充。"风水名词注解"是为了帮助我们更轻松地获取本书中的知识，"居家吉方位图解"是一个非常重要的内容，从整本书中总结出来并以图文示之作一个强调，"风水宜忌小故事"则是以故事的形式，让居家风水宜忌生活化，让我们在生活中学会运用本书的知识。

# 附录一：居家吉方位图解

怎样的方位才是居家的吉方位？在置业购房时，我们应该怎样避免不利的房子结构和不利于自身的方位？以下从门吉方位开始，用图解的方式向大家展示居家各方位的布局好坏。

## 01.大门吉方位

污水排水管不宜通过门前（如图1）。

污水管

图1

四角线　正中线　四角线

四角线　正中线　四角线

不宜把门扉设在四角线和正中线上（如图2）。

图2

大庭石

不宜以大型庭石挡住门前通路（如图3）。

图3

大型门楼，应视为另搭盖建筑物（如图4）。

图4

门前通路两旁设假山流水，高度不宜太高（如图5）。

图5

建地比马路高时，大门应设在建地等高的位置（如图6）。

图6

**正门与窗户成一直线**

打开正门立即可看到房子内部窗户的隔间（如图7），会使气从正门流入后，在未充满整个房子时就立即流走，这和从正门可以看到厨房门的情况相同。这种隔间常见于出租屋和套房。从正门到窗户之间距离越近，这种倾向就越强。

改进之法：在正门对面的窗户或厨房门附近的天花板悬挂水晶球或摆观叶植物（如图8）。借助这个方法，可分散从正门直行而来的气，使之扩散至整个房子中。

图7　　　　　图8

# 02.房门吉方位

### 门不开在墙壁那一侧

如图1所示，门向着房间内侧开，是一般的设计原则。如果门开在墙相反的一侧时，如图2，围绕着居住者的气场，就会受到压缩。

从常识上来考虑，门这种开法，墙和房门之间会显得狭窄，令人觉得拘束。而且，即使打开门也无法看到整个房间，让

人明生不安感，再加上房间中的照明设备被门遮住，使入口变得昏暗。

改进之法：改装门。如果做不到这一点时，可如图3所示，在内侧的墙上安装镜子。借此可以解除入口的拘束感，避免对气场的压迫。

### 门的旋转法则

间的门也是小的气口。如果按照门的开法来摆设家具的话，会使能量更有效地充满室内。

具体而言，如图4所示，房间的门是向右开时，可由房间的右边起，按照家具的大小顺序向左排列。相反，如图5所示，房间的门是向左开时，可由房间的左边起，按照家具的大小顺序向右排起。这种法则称为"旋转的法则"，最适用于客厅或起居室等比较大的房间。

图1　　　　　图2

镜子

图3

图4　　　　　图5

**门与门的接合有明显的偏离**

隔着走道的两个门，其接合情况如图6所示时，由于门的偏离，致使相向房间之间的能量关系遭到中断，两个房间的气无法相互流通，对居住者的身体不利。

改善的对策是像图7那样，各自在门口对面的墙壁上挂镜子，或贴上自然景观的照片、海报，以创造出象征性的空间。这样做，两个房间就可以产生一种气的交流关系。

图6　　　　图7

**门和门的接合有微妙的偏离**

隔着通道相向的两道门，其关系可以影响居住者的健康情况。

如图8所示，门与门之间接合情况良好，是没有问题的设计，但仔细一看却有微妙偏离的情况，如图9。这种也是应该避免的。

图8　　　图9　　　图10

改进之法：在门框与眼睛同高的位置上（如图10），贴上颜色鲜艳的装饰性邮票或小的照片、装饰品，使其能经常吸引居住者的注意。不过，尽管进行了这样的处置，在这个角的延长线上（对面的房间）也尽量不可摆置床、桌子、沙发等。

# 03.玄关吉方位

**玄关可以看到起居室的隔间**

如图1所示，这是玄关和房间的位置关系中最为理想的隔间。一回到家时，如果起居室出现在眼前，内心就会觉得无比的轻松和放心。而且，懒懒地坐在沙发上，一边看电视，一边和家人和乐融融地闲聊，可以解除工作上的紧张和压力。由于家里是安适休息的场所，所以这种隔间对于工作疲累返家的上班族而言，最为理想。

图1

**玄关可以看到书房的隔间**

如图2所示，这种隔间会提高居住者的向学心、求知欲和工作上的干劲。即使在家中也不会糊里糊涂地过日子，而会将时间花在看书或全心投入于工作中，可以说这是适合家中有小孩准备状考的隔间布局。

房子的隔间所创造出来的无意识条件，甚至会影响到我们的生活方式和健康状态，从现代心理学的观点来看，也具有智慧。

图2

**门口鞋柜不宜超过墙面的1 / 3**

如要在大门内外放置鞋柜，其高度只能占墙面的1/3，如图3。皆因墙壁之最上为"天"，中为"人"，下为"地"。鞋子带来灰尘及污秽，故只宜置于"地"之部位。否则，门口玄关部位，污秽不堪，属不吉。

图3

以进之法：移走或更换较低鞋柜。若高鞋柜是固定的无法移走，则柜内的鞋子只可置于低层，高层只可放置其他干净物品。鞋柜应放在门内而非门外。

### 玄关可以看到厨房的隔间

如图4，住在从玄关可看到厨房的房子或公寓里的人，有一回到家，上衣也不脱立即走向厨房的倾向。打开冰箱往内瞧，寻找东西吃是回家后第一个动作。

平常在家时，也常在厨房或餐厅内度过。

改进之法：在厨房门口加屏风或窗帘，如图5。

图4　　　　　图5

### 玄关可以看到卧室的隔间

如图6，或许一般人会认为，这是和玄关可以看到起居室的隔间一样，是能令人心情放松的理想隔间。但是，这种隔间因为太过强调轻松的一面，所以让人一回到家就会感到疲劳，而立即需要休息和睡眠。

改进之法：可在卧室的门上装面镜子来调整(如图7)。

图6

图7

**玄关可以看到厕所的隔间**

如图8，住在打开玄关门就可看到厕所的房子或公寓里的人，回家后第一件事就是想上厕所。因为当一进玄关最先看到的是厕所门时，就会在潜意识中唤起人的尿意。

改进之法：可在厕所的门上安装一面

可以照到全身的镜子，借此创造出视觉空间感来化解（如图9）。

图8          图9

## 04.客厅吉方位

为了使家中访客增多，应把客厅设在东南方位（如图1）。

图1

使用频率较少的客厅，设在东北方位较理想（如图2）。

图2

西南方位的客厅不适合用来招待客人（如图3）。

图3

倘若把客厅的一半当作储藏室使用，吉相将减半（如图4）。

图4

客厅的窗户应多摆设盆景较为理想（如图5）。

图5

如果将走廊和大厅的延长部分当作客厅使用时，其天花板不可用通透式的（如图6）。

大厅或大厅部分的走廊

图6

天花板的中间有凹处，吉相会减半（如图7）。

图7

客厅的天花板不宜太低（如图8）。

图8

客厅宜方正实用，开扬大气，布局合理，动静分区，作息互不干扰（如图9）。

图9

一看就能明白的住宅宜忌
一用就能转运的设计妙招

客厅的卜方不宜设计成车库（如图10）。

图10

客厅、餐厅主次分明，自然过渡，其乐融融。飘窗、双阳台纳景观于眼底（如图11）。

图11

客厅坐北朝南，视野开阔，呈君临之态，可尽览自然风光（如图12）。

图12

**客厅镜子不正对大门**

镜子不宜正对大门，（如图13）镜子亦不可太大。

改进之法：将镜子移位。若镜子固定嵌在壁上，无法立刻取走，则可贴上海报或壁纸遮掩。

图13

**客厅勿隐于屋后**

客厅正确的规划应该是一入大门即可到达。若需先经卧室或厨房才能进到客厅，不宜（如图14）。

改进之法：重新规则，客厅应位于入门显要之处。

图14

### 客厅沙发莫背大门

客厅是住宅的门面，一般公寓住家也兼起居室用。所以，客厅对内为家人休闲聚会之处，对外更具备了接待客人的功能。

客厅内的主要家具有二，一为沙发家具，二为电视及音响等。其摆放以沙发向门为准，如图15；不可背门，如图16。

背门客厅的改进之法：将沙发、电视机移动到正确位置。若背门时，加屏风或设玄关阻隔，如图17。

图15

图16          图17

# 05.餐厅吉方位

### 餐厅宜在正南方

餐厅自身的方向最好设在正南方，如此一来，在充足日照之下，才有利于家人健康，如图1。

图1

一看就能明白的住宅宜忌用就能转运的设计妙招

**餐厅不宜设在通道**

客厅与餐厅之间都有个通道，餐厅不宜设在通道上，如图2。

改进之法：改移餐厅位置，如图3。

图2

图3

**餐厅和厨房避免距离过远**

餐厅和厨房的位置最好设于邻近，避免距离过远，因为距离远会耗费过多的置餐时间，如图4。

改进之法：重新调整餐厅位置（如图5），将客厅与餐厅位置对调。

图4

图5

## 餐桌不可正对大门

大门是纳气的地方，气流较强，所以餐桌不可正对大门，如图6。若真的无法避免，可利用屏风挡住，以免视觉过于通透，如图7。

图6

图7

## 冰箱宜朝北

若在餐厅内摆放冰箱的话，则冰箱的方位以朝北为佳，不宜朝南，如图8。

图8

## 餐厅格局要方正

餐厅和其他房间一样，格局要方正，不可有缺角或凸出的角落。长方形或正方形的格局最佳，也最容易装潢，如图9。

图9

一看就能明白的住宅宜忌
用就能转运的设计妙招

## 06.卧房吉方位

卧房隔墙并排时，床位不能排成"十"字形（如图1）。

图1

以钢筋水泥做成的房子，应选择通风良好的房间当作卧房（如图2）。

图2

主人的性情较暴躁，应睡在西北方位的卧室（如图3）。

西北方位 卧房

图3

卧房天花板太低，对健康有害（如图4）。

图4

床铺面向北方，较为理想（如图5）。

图5

卧房的天花板过分花哨，对性格易产生不良影响（如图6）。

图6

性情较为强悍的主妇，不妨睡在西南方位的卧房（如图7）。

卧房

西南方位

图7

## 07.儿童房吉方位

位于南方位的儿童房，门扉上方应加设气窗（如图1）。

气窗

图1

儿童房的吉相方位是东方（如图2）。

儿童房间 东

图2

为了表达使子女学业成绩进步的寓意，最好让他朝东睡觉（如图3）。

东

图3

儿童房的桌子最好面对墙壁（如图4）。

图4

儿童房的下方不宜设置车库（如图5）。

图5

儿童房内的窗户若被树木遮盖的话，会对室内的采光有影响（如图6）。

图6

儿童房天花板的颜色最好采用素色（如图7）。

图7

# 08.书房吉方位

平常不常用的书房应设在东北方位（如图1）。

东北

书房

图1

书房中的正中线与四角线上，不能放置暖炉器具（如图2）。

四角线　正中线　四角线

四角线

正中线

图2

书房不宜设在车库上方（如图3）。

书房

车库

图3

书房的位置应远离马路为宜（如图4）。

马路

书房

图4

书房内的书桌面对门口为吉（如图5）。

书桌　出入口

图5

## 09.厨房吉方位

流理台不宜设在北方（如图1）。

北

流理台

图1

流理台下方的污水槽位置应多加注意（如图2）。

图2

厨房内不宜放置容易腐败的东西（如图3）。

图3

流理台不能设在厨房的正中线与四角线上（如图4）。

四角线　正中线　四角线

流理台

正中线

图4

四角线　正中线　四角线

地板下的储藏柜不宜太大（如图5）。

图5

流理台不宜设在西方位（如图6）。

西　流理台

图6

## 10.卫浴间吉方位

玄关上方不能设置卫浴间（如图1）。

卫浴间

玄关

图1

卫浴间外面不宜设有池塘（如图2）。

图2

浴缸禁设在正中线或四角线上（如图3）。

图3

卫浴间不能设在房屋中心（如图4）。

在二楼设卫浴间时，应与一楼的位置相同（如图5）。

图4　　　　　　图5

卫浴间排水管的接头处不可设在四角线或正中线上（如图6）。

图6

位于北方的卫浴间，若把化粪池设在北方位不好（如图7）。

图7

卫浴间的排水管不宜通过玄关前（如图8）。

图8

# 11.过道吉方位

图1

过道不宜将房屋分隔成两半（如图1）。

图2

避免过道逐渐升高的格局（如图2）。

图3

镂空过道应有扶手(如图3)。

图4

过道不宜铺设榻榻米(如图4)。

1.2米

图5

过道的宽度最好在1.2米为宜（如图5）。

橱柜

图6

过宽的过道，最好能摆设一些橱柜（如图6）。

图7

过道长度以房屋深度的2/3以下较理想（如图7）。

照明灯

图8

昏暗的过道应加设照明灯（如图8）。

过道的宽度倘若超过1.2米，就视为房屋的延长（如图9）。

主房屋

过道

另搭盖建筑物

图9

房屋中心有过道，而过道的屋顶是通透式时，视为不吉（如图10）。

透天屋顶的通道

图10

## 12.楼梯吉方位

设在中央的楼梯

楼梯不能设在房屋中央（如图1）。

图1

扶手

家中有老人时，楼梯应设扶手（如图2）。

图2

宽度

起步板

楼梯的阶梯不宜太高。（如图3）

图3

只要楼梯方位安全，即使楼梯下方有厕所也无妨。（如图4）

厕所

图4

不宜把财位设在楼梯下方（如图5）。

图5

北

北方位不宜设楼梯（如图6）。

图6

## 13.阳台吉方位

**阳台加盖部分不宜安床**

这是一般公寓常见的改建方式。将阳台纳入卧室之内，使之变大。如图1的卧房，斜线部分即打出去的原有阳台。

此时注意，斜线部分不可安床，只可放橱柜或椅子等。床位应在原来的卧房内。

改进之法：如前述，在原有阳台部分不安即可。

图1

### 阳台与大门不可成一直线

有些住宅会出现打开大门即可看到阳台门的情况，如图2。这种情况与开门即见窗差不多。

改进之法：在直线上放置屏风或橱柜隔断（如图3）。

图2　　　　图3

### 阳台不可全部改建成室内

住家不能没有后门，"门宜常开，户宜常关"，所谓户，乃指家里的后门，作为临时进出及紧急之用。

住家中，后户不得高大过于前门。前门宜置两扇，后户则只可置一扇。目前的大厦或公寓住宅，厨房通到后阳台的门即可论为后门（如图4）。

图4

## 14.庭院吉方位

庭院门前的通道不宜设水池（如图1）。

图1

不宜以大型庭石挡住门前庭院的通道（如图2）。

图2

解读住宅宜忌

大师全解居家设计的宜忌法则
全面公开趋吉避凶的布局秘诀

庭院门前通道两旁设假山流水，高度不宜太高（如图3)。

假山

图3

庭院门前的通道不宜铺设太宽(如图4)。

庭院通道

图4

庭院门前通道两旁最好种植树木（如图5)。

树篱笆

图5

利用树篱把庭院和门前通道划分清楚（如图6)。

图6

解读住宅宜忌

一看就能明白的住宅宜忌
一用就能转运的设计妙招

# 附录二：吉祥屋宅实例展示

什么样的屋宅是吉祥旺财的好风水？什么样的房间让你住起来身心舒畅？我们要见识一下能为家人带来吉祥之气的好风水屋宅，一眼就找到适合自己的宜居之所。

## 吉【例一】明堂宽广

大门正前方能看到的地方即为明堂。明堂宽广是指房屋正面的平坦之处，包括骑楼、道路、停车场、草地等视野广阔，前景无限。明堂宽广代表居住者的事业顺利，有机会大展鸿图。

◎将水种植物和插花放在明堂前的大门旁，有催财的作用。

◎门前有空旷的草地或活动场所是接气聚气的好环境，令住宅人气兴旺，运气增强。

◎明堂前的装饰多样，水景宜保持清洁，花草应注意经常打理，这样才能引来好运之气。

◎整个中庭作为房屋的明堂，不仅宽广明亮，而且蓄气充足，是极优的格局。

# 吉 【例二】明堂聚水

在住宅的门前稍远处有喷水池、游泳池，或自然水池，形状方或正圆，称为"明堂聚水"。明堂前的水不宜过近或者过远，水过近则潮气容易侵袭房屋的根基，水过远则无法聚集福气。明堂聚水不仅有明堂宽广的好处，还寓意能庇佑子孙，提升居住者的家庭运势。

◎水在传统的风水中代表"财"，明堂聚水就代表着财聚到家中。

◎活水才能带来好运，庭院中的喷水池和鱼池应维持在流动的状态。

◎明堂前的水，水面形状应规则，线条宜柔和。在平静的水面周围设置灯光，不仅衬托出植物的美丽形态，还能倒映双倍的财气。

# 吉 【例三】道路环抱 ⎯⎯⎯⎯⎯⎯⎯⎯⎯⎯⎯⎯⎯⎯○

　　道路环抱也叫内弓、金星环抱、外气内聚、内聚有情，是说房屋面临的道路呈弧线的弯曲状，将房屋圈住，好像抱着一般。这种优良的路势有藏风聚气、汇聚能量的效果。

◎房屋前的多条道路汇聚，并通往同一方向，内侧的道路将房屋圈住，有聚气的作用。

◎房屋前的围墙和路一起形成环抱的格局，使居住在一起的家人有向心力。

◎道路平顺地环抱住楼房，居住在其中的人很有安全感。

◎道路环抱弯曲的角度与事业运也有十分密切的关系。弧度越大越好。

# 吉 【例四】玉带环腰

　　玉带环腰与道路环抱有类似的地方，都是被马路环抱，像被拥抱着一样。不过玉带环腰所面临的道路比房屋的位置稍高，将房子圈住，常见于现代建筑。玉带环腰对高出的住户有利，对与道路水平的楼层而言，却是不利。

◎玉带环腰式的格局，有汇聚能量、凸显贵气的功用。

◎玉带环腰的道路有时是高架，有时是比地面高出些许的道路。

# 吉 【例五】荡胸水

　　荡胸水是指住宅前有片宽广的水域，水面直映眼帘，仿佛从远方直扑胸前。最常见到的荡胸水就是在大湖泊、河流交会处或河海交会之地。传统的风水理论中有"九龙会注荡胸湖，居京三品侍明主"的说法，寓意荡胸水的水域附近会出高官。

◎聚集在房前的水域能让人感觉心胸宽广。

◎荡胸水为湖泊和河流交汇形成的宽广水域，流动的水会给周围的建筑带来财气。

# 吉【例六】环抱水

传统风水中有"钟灵毓秀，山环水抱"的说法，意指房屋周边的河流或者水塘，本身呈弯曲的状态，流动的水流将房屋环抱住，同道路环抱的原理相同，此格局藏风聚气，有聚财的效果，利于行商、投资。

◎半圆形的水路就像一条弓带，环抱下的住宅财源不绝、富贵长久。

◎环抱水在河流转弯的地方最聚气，因此能量也最强。

◎环抱水的格局优良，但同时也要注意水位的高低和安全问题。

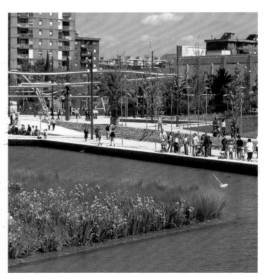

◎旺盛的水气也代表着旺盛的财气。路与水的环抱都能增进气的改善。

# 吉 【例七】九曲回转水

　　九曲水在传统的风水中的含义是"九曲朝堂，封侯拜相"，这种格局又称为"九曲回转水"。所谓的"九曲朝堂"，就是指水流或马路在目光所及之处，有三道大转弯。居住在九曲回转水的附近，有利于事业运和财运。

◎一条河流要有弯曲才会有生气，河川若完全是直流，就没有生气。

◎人造水景也有相同的聚财寓意，关键是保持水的活力。

◎弓带水的位置是财气聚集且不容易散去的地方，适宜在此居住、做生意。但应注意不要将房屋建在离水过近的地方，以免遭湿气入侵。

吉 【例八】襟带水 ○──────────────────────────────○

　　襟带水是指两条河汇流处呈现"Y"字形，就像是一个人打领带的样子，襟带水无论是两山夹一水或两水夹一山，都寓意着会出俊秀的文人与有能力的武官，是个文武皆富贵的地理格局。

◎山形不好时，水的流向和形态是最重要的，可以决定住宅前气的聚集。

◎河流交汇处的"Y"字形，寓意文武双全、动静皆宜。

吉 【例九】笔形屋 ○──────────────────────────────○

　　笔形屋多出现在现代的建筑环境中，指的是距离自己较远的建筑，高大地竖立在东南方或者文昌星飞临的位置上，远方高大的建筑物不能隔得太近，且不能被其他建筑遮挡。

◎笔形屋在古代出现的几率很小，在远处竖立的大楼寓意着文笔和才思。

◎在住宅的东南方或者是文昌星飞临的方位的笔形屋，可旺文昌。

# 吉 【例十】聚宝盆屋

前方后圆的建筑，又被称为"聚宝盆"。住了这种房子，寓意为屋主很会赚钱、存钱，也能留下很多钱财给子孙，财富会一代接一代地累积。一般的庙宇都会盖成"聚宝盆"，屋子前面看起来很方正，后面的墙则略成圆弧。

◎前方后圆的"聚宝盆"，有聚财的效果。

◎聚宝盆的建筑还适宜各种商业场所，有利于积累人气。

# 吉 【例十一】官帽屋

"官帽屋"两边低中央高，形如宋代的官帽。建筑物的前方稍微低一两层，后面则高起，这也是官帽屋，因为外形就像明代官帽的样子。住官帽屋，寓意着事业会稳定，前途能有发展，可享高位与重名。

◎"官帽屋"两边低中央高，外形如宋代的官帽。

◎官帽屋的外形十分威严，有助于居住者的仕途官运。

# 【例十二】土星格局

土星格局是房屋前方及周边的道路呈"冂"字形，将房屋三边环绕。这种土星格局有利于积聚能量、旺财旺运，是发达、富贵之局。

◎这些楼的三边得到道路环抱是标准的土星格局。

◎三边环绕的房子，前窄后宽的造型，也符合土星格局的要求，最适宜经商。

# 【例十三】天财屋

"天财"指的是上天给予的财富。这也就是说，住这种房子会财源滚滚，一生不愁吃穿。至于"前圆后方"是指建筑外墙呈现圆筒状，里面的隔间则是方方正正的。天财屋不是建筑的部分外墙有半圆的小突起，而是建筑物的前方立面整个鼓出成为半圆形。天财屋适宜居住，谁来住都能兴旺。所以，房子盖成外圆内方的形状最为理想。

◎天财屋收气纳财，外墙呈筒状，造型美观，适宜居住。

◎天财屋的外墙圆润广阔，里面的格局方方正正。

# 吉 【例十四】水绕堂垣

　　房子四周做一条水沟来围绕，就叫做"水绕堂垣，子秀孙贤"。这会让儿孙较有分寸，因为气界水则止，水会把气聚在屋里，藏风聚气，所以这栋房子的风水会很好。这样的房子，住的人寓意着子孙会团结，家风牢固。

◎水绕堂垣的水会把气聚在屋里，使家风牢固。住在这样房子中，寓意着子孙会比较团结。

◎水绕堂垣的水应保持流动，并多注意清理，这样才能引来好运之气。

# 吉 【例十五】金形屋

　　"金形屋"指的就是建筑体很方正的房屋。这样的房屋因为地基属金形，因此平面方正，隔间很方便，室内动线顺畅，也不会浪费空间，寓意着住在里面的人循规蹈矩，因而人丁兴旺，也因为居住者处世合乎规矩，所以能赢得大家的夸赞。

◎金形屋的建筑体很方正，代表着房屋的设计者和居住者都十分循规蹈矩。

◎金形屋平面方正，隔间很方便，室内动线顺畅，也不会浪费空间。

解读住宅宜忌

大师全解居家设计的宜忌法则
全面公开趋吉避凶的布局秘诀

424

## 吉【例十六】左右卫护

"左右卫护"是指三栋房子并排，如果以中间的房子当主体来看，左右各有一栋房子可以当卫护。

左边是青龙方代表男性，右边是白虎方代表女性，左右皆有卫护代表中间的房子对家中的男性跟女性都有运势上的帮助，适合一般住家采用。

这是因为住宅内部左右青龙白虎方并没有直接面对外界，宅内的气场得以保存，不会因为温度不降或风势将宅内气场能量带走，所以相对有利于家中的成员。

## 吉【例十七】金罩天罗

风水学上的"天罗"就是我们所说的天花板，如果天罗上有金光闪闪的装饰，预示着家境容易趋于富裕。

除此之外，因为阳属明、阴属暗，借由宝石闪闪发亮的阳气，也可以提升整体家运。水晶灯微妙的折射作用能使宝石光芒相互辉映，使明堂也有光亮的前景，更是提升财运的好办法。

◎天花板是客厅的灵魂所在，能让明堂显现出光亮的前景。

◎水晶灯饰还能散发能量场，增强家运。

◎天花板金光闪闪的装饰，有助于提升财运。

# 吉 【例十八】天窗大开

现代住宅使得人们常常忘记家中有天窗，打开天窗能使阳光普照屋内，令一些灰暗的阴气消失，潮湿的晦气被照耀之后也会消散不见，家人的健康、家中的运势也会因此而提升。

◎天窗可以换气通风，阳光通过天窗洒满客厅，可以祛除晦气。

◎打开天窗可以将厨房的废气置换出去，让人心情愉悦。

# 吉 【例十九】明灯常点

如果住宅中的走道光线很暗，除了湿气重之外，更容易藏污纳垢。为了避免此现象，要明灯常点。

◎明灯常点可以提高房间亮度，还可以除晦气。

◎走道和玄观的明灯还可以招来财气。不过也要注意，明灯不宜过亮。

# 吉【例二十】净化明堂

在大门以内、客厅以外的空间为中明堂，许多人因为居家空间不足而将鞋柜放置到此处，但要记住鞋柜的高度不可高于手把，否则鞋柜的臭气将充满明堂，除了出入不便外，也会破坏家中运势。

◉鞋柜的高度宜低，不可高于手把，否则鞋柜的臭气将充满明堂。

◉明堂前设置储物空间，将杂物收纳整齐，也可有效净化明堂。

# 吉【例二十一】旺财佛首

各种不同的佛像分别具有不同的意义，如果家中的天井比较灰暗，或是家中楼梯形成煞气造成破财的格局，就可以在天井的下方安置开运佛首，借由阳光直射、慈悲的佛像保佑逼出煞气，转祸为福。

◉被煞气侵扰时，可将佛首放置在家中，保家宅平安、财运亨通。

◉佛像除了能定宅消灾，还有一定的装饰美化效果。

全面公开趋吉避凶的布局秘诀
大师全解居家设计的宜忌法则

# 吉 【例二十二】制煞留财

　　住宅中不管是大门或房门，只要开门后即正对楼梯的，都可称之为"牵鼻水"。这样的设计寓意着使居住者产生生理上的病痛，也是一种破财的格局。此时可以利用隔间来做修正，例如将出入口改为九十度的转换以改变气场。

◎将直跑的楼梯改为九十度弯折，可以改变气场。

◎楼梯的角度对改善"牵鼻水"有益。

◎楼梯的设置影响着居住者的财运和健康运。

◎屏风和楼梯扶手结合，可聚集财气，美化玄关。

# 吉【例二十三】屏风纳气

　　家居风水中最忌讳穿堂风，因为大门直接面对大窗或者是落地窗，无法在客厅内藏风纳气。风来风往会让居住在此的人容易生病，房屋无法聚气纳财。

　　遇到这种情况时，可以遮蔽其中一面窗或将其阻隔，或者改成可以保留气场的设计，也借此增加一个财位，提升家中整体的财运。

◎在大门设置屏风可以保留气场。

◎在窗前设置屏风，可以将对流的气聚在明堂。

◎屏风还可以在视觉上予以遮挡，避免大门与窗户正对。

◎屏风的设置可以提升家中整体的财运。

# 【例二十四】仁智之局

在家居风水中，每个书房都必须部下"仁智之局"。除了要注意确定文昌位外，仁智之局也有助于居住者的事业和学业发展。"仁智"即"仁者乐山，智者乐水"。书房的使用者必须后有靠山前有水，其中乐山是指书桌的座位应背后有靠，背后靠墙，既有安全感，又不易背后受扰，因为人耳能听八方，但眼只观六路，背后有靠，即谓有靠山，但凡能够成功出人头地的人士，除了自我的努力、智慧、机遇外，万万不可没有靠山。背后有靠，寓意着读书考试、与人交往均能得贵人相助、宠爱，打工一族则更可得上级赏识提携。

◎书桌的座位后背应以不靠窗、不靠门等虚空为要，除了风水上的讲究之外，也缘于办公桌背后有人来去走动，则坐不安稳，难以集中注意力。

◎在书房的案头前方可以摆上富贵竹之类的水种植物，支数以单支为佳，达到生机盎然、赏心悦目的效果，利于启迪智慧。

◎书桌前面空间开阔，面对的明堂宽广明朗，这些都有利于书桌的使用者开拓思维。

◎书房面积不够大时，可选面窗而坐，以窗外空间为明堂，还能够观赏外部景观以养眼。

# 附录三：居家布局自我检测

　　一座布局好的房子，它能散发出正面的能量，这些正面的能量有一种有建设性、有收益性的周边效应。反之，不好的房子会散发出萧索之气，在选择屋宅或者对屋宅进行改造时，要注意屋宅周围的环境，将负面能量控制在一个可控范围内，才有利于获得较为舒适的家居生活。本章表格中的"▲"代表各个检测点的负面指数，"▲"越多，代表对居住者的负面影响越大，应予以重视，尽快修整。

## 测 屋宅所在地的山势检测

　　要找个好地方作住宅基地，首先就要观察山势。山势蜿蜒曲折或奔腾走窜，或横亘穿梭，或向背有情，或起或伏，或走或顿，或亲和或险峻，都是所要观察的。

　　事实上，所谓"好地方"就是山势转到了平原，并在这个地方形成了节点，这个节点叫"穴"，相当于人的穴位。最好这个地形还有砂环抱，即左右之青龙砂、白虎砂、前方之朱雀砂构成前案，玄武后方有龙脉。此外，还要水来缠绕，好比人靠着坐，两边的扶手就是砂，周围的山把它围绕在一起，这个里面的形局风水上就叫做"罗城"。罗城越周密，越藏风，那么这个地方就越有生气。如果没有周围的山围合在一起，气就聚不起来，那么这个范围内形局就无法起到聚财的作用了，就没有生命力。山势过峡，行龙到头会出现一个小山包，这个小山包在传统的风水学上叫做"穴星"，这里可能就会结有穴位，也就是人们所说的"龙穴"，常用此作为墓地，以期富贵。古往今来有很多关于大地

◎由山势转到平原所形成的节点，便是"穴"。

◎罗城越周密、越藏风，这个地方就越有生气。

龙穴的故事，就与这个小穴点有关，它是千里来龙延伸舒发到头的生气凝结点，亦可看作是生气舒发的"穴位"或"孔窍"。

## 测 屋宅所在地的风势检测

最理想的居住环境应有柔和的轻风徐徐吹来。倘若发觉房屋附近风大，十分急劲，即属不利，就算此房屋真有旺气凝聚，也会被疾风吹散。风水学最重视"藏风聚气"，风势强劲的地方肯定不会是旺地。

风过大固然不妙，但如果风势过缓，空气不流通，也不算是吉利之地。

另外，住宅如果建在风口附近，很容易得风疾偏瘫之类的疾病，风水学上称此种情况为"凹风冲射"。而不通风则会使植物生长不良，人体呼出的废气过多，空气不易得到净化，对健康极为不利。

## 测 屋宅的阳光及空气检测

阳宅风水最讲究阳光、空气，选择房屋不但要空气清爽，而且还要阳光充足。若是房屋阳光不足，往往阴气过重，不宜居住。

阳光对空气中的湿度、温度有一定的改善作用。住在过于阴冷潮湿的地方，时间久了，人就会生病。另外，阳光中的紫外线还有杀菌的功效，对于抑制细菌生长是有好处的。

由于我国所处地理位置的原因，大多数房屋坐北朝南，有利于采光和抵制来自西北方的寒流。但是，阳光过于强烈的房间会使人烦躁，又不利于休息，建议采用开小窗或用窗帘等来改善光照，以获得阴阳平衡。

## 测 屋宅周围的地形地势检测

地形地势是房子的根本所在，所以房子一旦建立在不良的地形地势上，就失去了平衡感以及安全感，就算有再优秀的室内设计布局，都敌不过地形地势的败坏，就好比在风雨中的一叶孤舟，遇到不断袭来的汹涌波涛，始终无法平稳地航行。

解读住宅宜忌

432

| 不良的地势 | 负面指数 | 影　响 | 重点提示或建议 | 自我评分栏 |
|---|---|---|---|---|
| 山谷下或是山溪由后往前流经的地势 | ▼▼▼▼ | 充满了河水冲刷及泥石流的危险，安全状况堪忧 | 越接近山谷或山溪者，其负面影响越大，宜尽早搬家为妙 | |
| 三角形的基地，住宅也将会呈现三角形 | ▼▼▼▼ | 三角形代表火，也代表了急躁、情绪不稳定等，古称"败田笔"或"火星拖尾" | 在三角形尖端筑起的房屋，其负面杀伤力最大 | |
| 宅后为悬崖或急降坡的地势 | ▼▼▼ | 宅后应该有靠，象征安全及舒适；反之，则代表了危险及突发的风险 | 面山背海的住宅，称坐空朝满，若合元运者，照样可以获得名利 | |
| 前高后低的地势 | ▼▼ | 暗示运气逐渐走下坡 | 斜度越大，其负面影响越深 | |
| 左右两边倾斜角度太大的地势 | ▼▼ | 代表失去平衡、不相称，不符合"四平八稳"的要求 | 倾斜角度在15度以内尚可接受，20度则有些勉强，超过25度则不可接受 | |
| 住宅的一边是死巷 | ▼▼ | 代表了闭塞及被封锁，在防火方面也多了一层顾虑 | 死巷越长，其负面影响越大 | |
| 住宅四周的道路窄小，不开阔 | ▼▼ | 道路窄小代表流量小，水为财，求财不易 | 若逢地形低陷的区域，效果更差 | |
| 三角形的基地，但建筑物盖得方正 | ▼▼ | 只剩四成的负面影响力 | 宜种植树木补平，让视觉上感觉基地较为方正 | |
| 四周高而中间低陷的地势 | ▼▼ | 代表了闭塞不开阔，人际关系低落 | 高低落差越大者，其负面影响越深 | |
| 宅前有高山 | ▼▼ | 有阻挡前途的意思 | 山越高越近，其负面影响越大 | |
| 凹凸不平的地基 | ▼▼ | 像海浪的高低起伏，运气有如浪里行舟 | 落差越大者，其负面影响越大 | |

| 优良的地势 | 影 响 | 重点提示及建议 |
|---|---|---|
| 建地方正、四平八稳 | 代表稳健、平和、运势稳步发展 | 与周边环境越协调者越佳 |
| 前面稍低而后面稍高 | 自己居上位则占上风，故有"前低后高出英豪"的说法 | 其坡度宜缓不宜急，急则成卷帘水，凶 |
| 背山面水 | 后面有靠山，前面有水，必定是前低后高，而且"山管人丁水管财"，若合"元运"，必定人财两旺，故有"宅后有靠，前面有照"的说法 | 背山面水者，景观虽美，若无专业人士鉴定布局，亦可能虽为吉地也无法派上用场 |
| 左边或右边山势绵延，往内环抱 | 有如太师椅，左右两边有扶手，代表了有朋友及贵人助力，故有"左右有抱"的说法 | 左右两边山势均等者，龙环虎抱，是为吉地 |
| 住宅四周的道路四通八达 | 代表水路流畅，机会多，水也代表了财 | 车速不宜太快，同时注意道路不要斜飞、走窜或成"困"字形 |

## 测 屋宅周围的水景及道路检测

买房最重要的大环境，除了"靠山"之外，"水势"也是促成好运势的基础，千万不可忽视。古人认为，"山管人丁、水管财"，所以有"水为财"的说法。水乃流动之物，

◎优良的水景应位置适宜、水质澄清，可保财富稳定。

◎风水中，有小路蜿蜒穿过花园，可以带来吉祥的上升能量。

无常规无常形，秀丽的水代表了聪明伶俐，春水引人遐思，代表"桃花"。屋宅附近的湖泊、河流、瀑布、水沟、池塘及道路都能对屋宅形成一定的影响。

在现在风水学里面，路也是水的一种，路的形势、路的走势都可对住宅带来不可忽视的影响。"水势"代表财运，能运用"水势"的人，就能掌握赚钱的契机，多半能在短期内聚集财富。一般来讲，"水势"有"真水"与"假水"之分，"真水"指的是真正的水流，例如河流、湖泊、海洋、池塘等，"假水"则是指马路、车道、走廊等，因人车来回走动，而产生的"气流"。

## 不良的水景及道路评分表

| 不良的水景及道路 | 负面指数 | 影　响 | 重点提示或建议 | 自我评分栏 |
|---|---|---|---|---|
| 湖泊、河流、池塘、水沟混浊，水质差，甚至因废物堆积而产生臭味者 | ▼▼▼ | 水本代表财，若经污染则代表散财 | 宜安装百叶窗遮挡，以眼不见为净，并多放鲜花除臭 | |
| 湖泊、池塘太过紧邻住宅，阳光照射时会使水光折射入宅者 | ▼▼ | 导致精神恍惚 | 有强光由水面折射入宅内天花板时，宜在窗户设置挡光窗帘遮挡为妙 | |
| 住宅基地呈三角形，左右两旁有路，或河流在住宅的一端合二为一者 | ▼▼ | 乃"剪刀水路"，不利 | 金店、汽车修理店等不忌，住宅则不佳 | |
| 住宅左右两边有水流或道路，由屋后向屋前，并同时往外流者 | ▼▼ | 乃"无情水"，不利团结 | 住宅左边有水流由屋后往屋前流，并且向左、向外流出者，即水流方向必须同一边，才符合此种败局 | |
| 犯路冲者 | ▼▼ | 冲者，动也，主不安 | 路冲之住宅，若为五金店、汽车修理店或烧腊店尚可，住家不宜 | |
| 河流、水沟最怕水位过低而露出石头 | ▼ | 乃"露白"之象，主财不聚。 | 宜安装百叶窗遮挡为妙 | |
| 河流、水沟最怕流动过急，或因冲击石头而产生过大的水声 | ▼ | 水声潺潺，多主不安 | 宜加强窗户的隔音设备 | |

（接上页）

| 不良的水景及道路 | 负面指数 | 影 响 | 重点提示或建议 | 自我评分栏 |
|---|---|---|---|---|
| 瀑布水从住宅正前方急奔而来，或在住宅正后方急奔而下者 | ▼▼▼▼ | 前者名为"扑面水"，后者名为"淋头水"，皆为不利，绝不可取 | 路冲之住宅，若为五金店、汽车修理店或烧腊店尚可，住家不宜 | |
| 河流、溪水由住宅后方而来，并经住宅下方向前方直泻者 | ▼▼▼▼ | 乃"财"流失之格局，绝不可取 | 水流流动的速度越快者越差，早日搬家为妙 | |
| 住宅前面有弓形的河流或道路，而转弯处之外侧凸点正对住宅者 | ▼▼▼ | 此乃"反弓水"，"财"有被拐走的现象 | 河流或道路的弯角越尖锐者，其负面影响力越大 | |
| 住宅前面紧邻高速路，而且人行道或缓冲区太窄太短者 | ▼▼ | 名为"割脚"，代表财气快速流失 | 平均车速超过90千米每小时者，才符合此败局 | |

优良的水景及道路评分表

| 优良的水景及道路 | 影 响 | 重点提示及建议 |
|---|---|---|
| 湖泊、河流、池塘、水沟的水质宜澄清、洁净 | 主聚财 | 必须配合"元运"，方为有效 |
| 湖泊、河流、池塘、水沟的水宜缓慢流动 | 主财富稳定 | 同上 |
| 湖泊、河流、池塘、水沟宜与住宅保持适当的距离，既可欣赏水景，又无泛滥之忧 | 代表财富有余 | 同上 |
| 住宅前面有弯形的河流或道路，而转弯内侧凹处包住住宅，有如护城河，名为"玉带环腰"，属吉相 | 代表绵延不断的财气环绕在四周 | 河流必须符合上述三点原则，而道路的车速不宜太快，以平均车速不超过60千米每小时为佳 |
| 建在山顶上的住宅，其道路或溪水的路径，若能左右两边来回循环多次方抵达平地者大吉 | 主聚财 | 每次来回必须经过住宅正前方（明堂） |

# 测 屋宅所在地的社区环境检测 ────────────────○

现代都市地少人多，一些规划不良的社区环境脏乱不堪，如果遇到一些特殊的行业，例如殡仪馆、垃圾站，甚至缺乏环保观念的工厂，令人心理上产生一些不舒服的感觉。但是每个人的心理反应程度不一，有的人特别忌讳病气及死气，所以最怕房子邻近殡仪馆、墓地或者医院；有些人特别容易紧张，如果住家附近有医院、消防局，以及警察局，常常会听到警号的响声，对于原本就患有神经衰弱症的人，病情很容易恶化；又例如本来就有点洁癖的人，如果他居住的房

◎社区的环境代表了社区的整体环境，对居住在其中的个体也有很大的影响。

子靠近垃圾场或者垃圾收集站，这一定会让他感到非常厌恶。所以，不良社区环境所产生的负面效应，应该以个人心理所产生的厌恶程度为准则。

凡事讲究天、地、人三才合一，如果在人的心理上产生不好的感受，而与负面的不良环境气场产生恶性循环的话，人在这种环境中住久了运气就会开始走下坡，所以必须就个人的心理状态以及习惯来避开一些不良的社区环境。

## 不良的社区环境评分表

| 不良的社区环境 | 负面指数 | 影 响 | 重点提示或建议 | 自我评分栏 |
|---|---|---|---|---|
| 紧邻墓地、殡仪馆 | ▼▼▼ | 殡仪馆属阴且阴气很重，距离太近会导致阴气入侵 | 规划之墓地，甚或乱葬岗以及设备过于简陋的殡仪馆，其负面影响更大 | |
| 紧邻垃圾收集场 | ▼▼▼ | 污秽之地，除卫生方面有顾虑之外，也不雅观 | 垃圾收集场的管理越差，卫生条件越差，其负面影响越大 | |
| 社区内满布不良行业 | ▼ | 象征计划易生枝节，难做明智选择 | 若逢弯背路或"丫"字路者更差 | |

（接上页）

| 不良的社区环境 | 负面指数 | 影　响 | 重点提示或建议 | 自我评分栏 |
|---|---|---|---|---|
| 紧邻屠宰场 | ▼▼▼ | 杀戮之地，充满杀气及怨气，当然会影响气场的和谐 | 不合法的地下屠宰场，其负面影响更大 | |
| 紧邻工厂，尤其是化工厂 | ▼▼ | 易产生环境污染、噪音及刺激嗅觉的气味，有损健康 | 工厂的环保条件越差者，其负面影响越大 | |
| 紧邻公车站、铁道 | ▼▼ | 气及噪音严重，有害健康，妨碍安宁 | 楼层越低者，其负面感应越大；楼层越高者，负面感应较小 | |
| 紧邻医院，医院大门与家门遥遥相对 | ▼▼ | "病气"相连，不佳，易感染疾病 | 与医院为邻，医院地势较低而自宅较高者较无碍，因为气往下沉，不易对上方造成污染；若在自宅门前或阳台视觉上看不见医院，其影响力亦较轻微 | |
| 社区环境脏乱不堪，或多废置住宅 | ▼▼ | 衰败之气及阴气充斥，贵人不临 | 若正对自家住宅者，其负面影响最大 | |
| 社区住宅及道路不协调，错综复杂 | ▼▼ | 人脑筋不清晰，易做出错误判断 | 越邻近自家住宅，其负面影响越大 | |

优良的社区环境评分表

| 优良的社区环境 | 影　响 | 重点提示及建议 |
|---|---|---|
| 单纯的住宅区、商业区或商住复合区 | 代表了良好的生活步调、规范及效益 | 住宅四周环境必须平稳，不带任何负面的风水影响才好 |
| 社区环保佳，流动人口素质皆有一定水准 | 代表了稳健的社会关系及人际关系间的良性互动 | 同上 |

# 测 屋宅所在地的土质检测

自然界的一切花草树木都依靠土壤生存，土壤的优劣决定着各种生物的成长。土壤贫瘠，则草木枯黄，显出荒凉的景象；土壤肥沃，则草木茂盛，五谷丰登。人类也不例外，住在荒凉土地上的人，因气候干燥，经常情绪不稳、易动怒；住在肥沃土地上的人，因为生活相对丰富，也更加平和，懂得享受生活。所以，土地的好坏影响着每一个区域的气场，也影响着土地上房屋的建造，更影响着生活在这块土地上的人。

◎质地坚硬，具有自然光泽的土质最好。

## 不良的土质评分表

| 不良的土质 | 负面指数 | 影　响 | 重点提示或建议 | 自我评分栏 |
|---|---|---|---|---|
| 草木不生的土地 | ▼▼▼▼ | 无生气之地，不利居住 | 通常有重金属或矿物质等，不利植被的生长发育，宜迁 | |
| 石砾多而土壤少的土地 | ▼▼▼ | 缺少生气，石乃干燥之物，多则无益 | 燥气过旺，宜择吉地迁之或多种植被 | |
| 土松弛，时常崩塌的土地 | ▼▼▼▼ | 易发生意外事故 | 宜择吉地 | |
| 晴天也潮湿的土地 | ▼▼▼ | 阴湿过重的地基，易引起健康、财运上的损耗 | 保持宅内的通风 | |
| 时常灰尘满天的土地 | ▼▼▼ | 容易引发呼吸道疾病 | 不宜居住，宜迁之 | |
| 能够挖出蓝黑色土壤的土地，或是棕黑色看似烧过的土地，抑或是带白色而且干燥的土地 | ▼▼▼▼ | 不宜发展 | 不宜人居住 | |

## 优良的土质评分表

| 优良的土质 | 影 响 | 重点提示及建议 |
|---|---|---|
| 质地坚硬，具有自然光泽的土质 | "阳土"或吉祥土，吉，主宅运昌盛 | 为最佳的土质 |
| 土质虽不很坚硬，但是会自然润湿的土地 | 亦是吉土，同上 | 亦会繁荣 |
| 土质不松的土地 | 一般，宅运平稳 | 适合居住 |
| 虽然是砂地，但是有润湿性、草木繁茂的土地 | 有生命气息，吉相 | 适合居住 |
| 土黄色微湿而结实的土地 | 吉相，若带有红、黄、蓝、白、黑五色，称为"五色土"，主人丁兴旺 | 是最有生气的土地。倘若还稍带白色，则此种土地在住宅风水上称为"填"，填的土气旺盛，适合居住 |
| 土色黄黑而有光泽的地方 | 吉相，具有生命气息，主兴旺 | 为吉利之地，适合万物生长 |
| 紫色的土壤且土质光润之地 | 主兴隆、发达 | 吉祥土地 |

## 测 屋宅外部公共设施检测

　　万事万物皆有内外主客之分，住宅内部的动线设计，还有我们所选择的家具等，都可以由我们来规划设计。而外在的客观环境，比如住宅的外在环境以及公共设施，如屋外有高架桥、高压电通过的巨形电塔等等，这些外在的公共设施很容易造成屋宅外部的冲煞，这些都是不能够改变的；还有一些在公共场所放置的物品，例如废弃的电器、杂物等，不仅容易引起脏、乱、差现象的发生，还容易引起各种煞气，给居住者带来不好的影响。如果外在的客观环境实在太差，那么放弃方为上策。在外在的公社设施中，以天桥、变压器和周围大楼的影响最为明显，应好好观测检查。

◎优良的公共设施，会给居住者带来积极的能量。

解读住宅宜忌

全面公开趋吉避凶的布局秘诀法则

大师全解居家设计的宜忌秘诀

440

## 不良的公共设施评分表

| 不良的公共设施 | 负面指数 | 影　响 | 重点提示或建议 | 自我评分栏 |
|---|---|---|---|---|
| 高架桥的转弯处刚好在住宅的正前方或正右方者 | ▼▼▼▼ | 安全上多顾虑 | 楼层高度与高架桥高度相同者最差；低于高架桥者，愈近愈差；高于高架桥者，愈高其负面影响愈小，超过3层以上者，其负面影响不大 | |
| 高架桥的转弯处刚好在住宅的正前方或正后方者 | ▼▼ | 噪音、废气污染多，有损精神 | 同上 | |
| 住宅前后被两栋比住宅大许多的建筑物夹住者 | ▼▼▼ | 此乃困顿之象，不利发展 | 宅前建筑物比宅后建筑物巨大者，前途被挡，其负面影响更大 | |
| 住宅左右两旁被两栋比住宅大许多的建筑物夹住者 | ▼▼▼ | 乃困顿之象，同上，受小人、兄弟朋友挤压 | 紧邻住宅右边的建筑物比左边建筑物大者，其负面影响更大 | |
| 住宅的正面与邻宅的背面过于接近，而且正对排油烟管者 | ▼▼ | 乃困顿之象 | 绝不可让排油烟管正对卧房或客房，若是如此，必须改选他房为卧房，或安装百叶窗使之透光但不见景，把负面效应降低为妙 | |
| 高压电箱与住宅的高度相同，邻近卧房者 | ▼▼▼ | 尤其不利 | 更换卧房，远离高压电箱，以减轻其负面影响 | |
| 住宅一楼大门或公共大门出口处正对车库大门，尤其对方车库大门大过自家大门者 | ▼▼▼ | 不利 | 若自家地势较高，自家车库门大过对方者，不忌 | |
| 住宅一楼大门或公共大门出口处狭窄、脏乱或长期放置大量废弃物 | ▼▼▼ | 乃困局，不利 | 最忌废弃的轮胎、电器或工业垃圾 | |
| 住宅一楼大门或公共大门出口处长期阴暗，阳光不能直接照射 | ▼▼▼ | 聚"阴气" | 若空间狭窄或长期放置大量不必要物品者，其负面影响更大 | |

# 测 屋宅形格结构检测

世间万事万物有因必有果，有诸于内必形之于外，所以透过一间屋宅的形格结构，以及外墙所呈现的特征，就可以正确解读该房子的格局特质。只有清楚地认识到屋宅的不良外貌，才能趋吉避凶，找到能助人运势的屋宅。

◎房屋的造型应以端庄稳重、美观大方、大小适中为吉。

441

## 不良的形格结构评分表

| 不良的形格结构 | 负面指数 | 影　响 | 重点提示或建议 | 自我评分栏 |
|---|---|---|---|---|
| 前段较高而后段较矮的住宅 | ▼▼▼▼ | 虎头蛇尾，后继无力 | 高矮相差越大者，其负面影响越深 | |
| "U"字形的住宅左右两旁的连体建筑物往中央靠拢得太近 | ▼▼ | 发展备受局限，无大格局气魄 | 身体状况不佳者慎选 | |
| 太宽且纵深浅的住宅 | ▼▼▼ | 难以聚气，即正面能量不易累积，谓之"气散"，则事难成 | 若大门与宅向平行，其负面影响更深 | |
| 三角形的住宅，外形状似斧头，在尖端处更差 | ▼▼ | 会使人精神紧张，焦躁，不宜作住宅 | 尖端处只适合当储藏室，卧房或办公室皆不宜 | |
| 反"U"字形的住宅，有如双手反绑在后 | ▼▼ | 孤军奋斗之格局 | 作为办公室或住宅皆不宜 | |
| 缺角比例过大的住宅 | ▼▼ | 角是很大的缺陷 | 缺角比例越大，其负面影响越大 | |

| 不良的形格结构 | 负面指数 | 影　响 | 重点提示或建议 | 自我评分栏 |
|---|---|---|---|---|
| 外型过于奇特怪异的住宅 | ▼▼▼▼ | 此相流于偏激，失去了中庸之道，绝非久留之地 | 此相的住宅，且犯五行相克者，其负面影响更大 | |
| 太高的住宅，且四面受风者 | ▼▼▼▼ | 突出则锋芒过露，孤立无援，容易曲高和寡，不宜做住宅 | 临海者或四周空旷更差 | |
| 太矮小的住宅 | ▼▼▼ | 受压抑，不受重视 | 面有高楼者，其负面影响更大 | |
| 住宅外墙攀满树根状植物者 | ▼▼ | 乃阴气入侵的现象，有诸多不利 | 其浓密程度与负面影响力成正比 | |
| 住宅外墙剥落、崩裂、污秽及钢筋外露者 | ▼▼ | 退败之象，不宜久住 | 损毁程度与负面影响成正比，若损毁的部位属该宅吉方的话，则破坏力更强 | |

## 优良的形格结构评分表

| 优良的形格结构 | 影　响 | 重点提示及建议 |
|---|---|---|
| 线条图案简洁、大方、四平八稳 | 代表平安、祥和之气 | 建材必须优良，方可增添其吉祥效应 |
| 外墙颜色与住宅的五行搭配得当 | 代表一股生生不息的良性循环力量，与住宅相配协调，可起到锦上添花的效用 | 颜色不宜多于两种，太多太杂反而生克无序，不吉 |
| 公共大门或住宅一楼大门门前有足够的空间采光，明亮开朗 | 代表前途远大，具有充分的发展空间与机会 | 必须没有任何负面的地形，方为合格 |

# 卧室的布局检测

　　卧室是人休息和睡眠的地方，在传统的风水文化中，卧室风水是居家风水的第一大要素，其对居住者的影响不容忽视。卧室风水的好坏主要关系着家庭和睦、财运官运等家庭幸福因素。卧室布局得法，则气能生动，夫妻生活和谐甜蜜，享乐又健康；布局失当，则犯煞犯忌，对家庭生活造成不利影响。因此，居住者在布置卧室时，根据卧室自身的条件，化解煞气，进行最吉利的格局设计。

　　卧室检测要点：卧室坐落的位置、朝向、大小、通风、采光、色彩、家具装饰等。

◎马有生旺的作用，将跃马或四脚着地的塑马摆放在旺位，能收到捷足先登、马到成功之效。

◎形状方正平直的卧室，内部的气流通畅平顺。居住者在其中休息生活时，也能收到良好的运气。

◎床正上方的天花板不宜装有吊灯，装修设计以明快简洁为佳。

◎梳妆台是女性卧室中的必备家具，要注意梳妆台的镜子的摆放位置。

厨房代表着一家人的食禄、财帛及健康状况，并且把许多本不相容的器具集合在一起，所以其风水布局一定要仔细考量。比如说厨房中需要水来清洗食物、需要灶火烹饪，很容易出现水火相冲的局面，产生不利于家运、健康的煞气。出现此种情况，要及时化解，才能纳福招财，保家人平安。

厨房检测要点：厨房的位置、形状、大小，炉具的选择，灶台和炉具的吉位等。

◎厨房同其他空间一样，宜方正，尖形或三角形的厨房都不利家人健康。

◎如果厨房兼有餐厅功能，就应该创造一个整洁、优雅、能刺激食欲的环境。

◎浅淡而明亮的色彩，能使狭小的厨房显得宽敞。

◎厨房应尽量远离大门，开放式或者半开放式的厨房尤其应该注意。

# 卫浴的布局检测 ○——————————————————○

现代住房由于面积的限制，通常把厕所和浴室设在一起以节省空间。两者功能不同，影响的运势也不同，因此在布置卫浴风水时，要考虑周全，以免犯煞。

浴室是居住者需要赤身裸体的地方，而水又有桃花之意，所以在风水学中，浴室象征着性生活。浴室采光不好，不通风，可能会影响性生活和谐，使夫妻之间感情变淡。

整个卫浴间五行属水，水主财，若能在布置上趋吉避凶，对提升居住者的财气有益。

卫浴检测要点：卫浴的位置、盥洗台的摆放、马桶的摆放、通风与排水等。

◎浴缸的形状以长方形或圆形为宜，三角形或其他不规则形状对使用者不利。

◎座便器正对卫浴间大门时，既不雅观也容易退财。

◎浴室宜干净清爽，地板清洁干燥，照明、通风俱佳。

◎由于卫浴间湿气大、冷暖温差也大，应选择耐湿性的观赏绿色植物，如垂榕、黄金葛等。

# 测 客厅的布局检测

相对于卧室、书房等功能区来讲，客厅是住宅中所有功能区域的衔接点，是不可或缺的组成部分。从风水学的角度来看，客厅的布局不仅是为了凸显居住者的品位和涵养，还应起到趋吉避凶、聚气生财的作用。而客厅中突出的横梁、窗外飞冲而来的煞气，都会给居住者带去不好的运势，所以改善客厅布局，化煞为吉，刻不容缓！

客厅检测要点：客厅的方位、大小、天花、窗户、梁柱、墙壁尖角、家具选择等。

解读住宅宜忌

大师全解居家设计的宜忌法则
全面公开趋吉避凶的布局秘诀

446

◎东南向客厅主色宜用黄色。

◎客厅的天花应尽量开阔清爽，尖角和复杂的设计容易给居住者带来视觉和心理上的压迫。

◎客厅是聚集旺气的地方，要求稳定。若客厅设在通道的动线内，容易使家人聚会或客人来访受到干扰，影响住宅主人的事业和人际关系。

◎镜子是家居风水中重要的物品，能改变和加速气能的流动，反射出加倍的能量。在客厅摆设镜子，只要方位恰当，便能为家居带来好运。

# 测 书房的布局检测

书房在屋宅总体格局中属于工作区域，但是和普通的办公室相比，更具有私密性，功能也更丰富。书房兼有工作和生活的双重性，让居住者在学习思考、运筹帷幄之余还能享有轻松的生活气氛，有助于劳逸结合。

由于现在住房条件的限制，有的家庭的书房只是起居空间或卧室的一个角落，以写字台及书架等家具简单构成，这也就决定了书房风水和起居室风水的相互影响，如果布置不当，则可能出现不利于学业、事业的煞气。

书房检测要点：书房的位置、方位、窗口、光线、书桌的摆放等。

◎书桌背后没有靠山时，容易使在此学习工作的人分心。

◎书房大门正对书桌，容易对在书桌前学习工作的人造成影响。

◎各个区间的交界处人来人往、气流混杂，不适宜做书房。

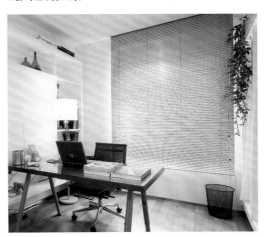

◎书房内的藤类植物容易使房间潮湿，使人的思路变得紊乱。

解读住宅宜忌

一看就能明白的住宅宜忌 一用就能转运的设计妙招

447

# 测 阳台的布局检测

　　撇开别墅，单就普通屋宅而言，阳台是其最空旷辽阔的地方，与大自然比邻而居，吸收屋外阳光、雨露，是家居的纳气之处。若想化解屋外的煞气，阳台往往是第一道防线，其重要性可想而知。

　　阳台的作用和庭院有些相似。由于空间较为空旷，很多人都会选择在阳台栽种一些花草植物，不仅美观，也可化煞旺财，这也是阳台用于改善风水的利器。

　　阳台检测要点：阳台的朝向、大小、采光、布局、面对的环境等。

◎阳台是室内与室外的过渡区间，宜保持空旷通爽。

◎如果阳台空旷，放置家具时则应考虑到防风防雨。

◎在阳台种植适宜的植物，不仅可以生旺，还可以化解外部煞气。

◎阳台位于东面或者北面时，适宜露天种植花木及摆放盛水的器具。